Christof Nachtigall, Markus Wirtz
Wahrscheinlichkeitsrechnung und Inferenzstatistik

Christof Nachtigall, Markus Wirtz

Wahrscheinlichkeitsrechnung und Inferenzstatistik

Statistische Methoden für Psychologen
Teil 2

6. Auflage

BELTZ JUVENTA

Die Autoren

Christof Nachtigall, Jg. 1962, Dr. phil., Dipl.-Psych., Dipl.-Math., hat in Münster
Mathematik und Psychologie studiert. Er arbeitet im Bereich Methodenlehre
und Evaluationsforschung an der Friedrich-Schiller-Universität Jena. Derzeit
ist er als Projektleiter von kompetenztest.de im Bereich schulischer Vergleichs-
arbeiten und empirischer Bildungsforschung tätig.

Markus Wirtz, Jg. 1969, Dr. phil., Dipl.-Psych., hat in Münster Psychologie
studiert und promoviert. Anschließend war er als wissenschaftlicher Mitarbeiter
an der Universität Tübingen und der Universität Freiburg tätig. Seit 2006 ist
er Professor für Pädagogische Psychologie an der Pädagogischen Hochschule
Freiburg und leitet dort die Abteilung für Forschungsmethoden.

Bibliografische Information Der Deutschen Bibliothek
Die Deutsche Bibliothek verzeichnet diese Publikation in der Deutschen
Nationalbibliografie; detaillierte bibliografische Daten sind im Internet über
http://dnb.ddb.de abrufbar.

1. Auflage 1998
2., überarbeitete und erweiterte Auflage 2002
3. Auflage 2004
4., überarbeitete Auflage 2006
5. Auflage 2009
6. Auflage 2013

© 1998 Juventa Verlag Weinheim und München
© 2013 Beltz Juventa · Weinheim und Basel
www.beltz.de · www.juventa.de
Druck und Bindung: Beltz Druckpartner GmbH & Co. KG, Hemsbach
Druck nach Typoskript
Printed in Germany

ISBN 978-3-7799-2890-4

Inhalt

Vorwort...8

Kapitel I: Wahrscheinlichkeitsrechnung....................................... 16

I.A Zufall und Wahrscheinlichkeit... 18
I.A.1 Zufällige Ereignisse... 18
I.A.2 Wahrscheinlichkeit.. 22
I.A.3 Zur Bestimmung von Wahrscheinlichkeiten 25
    I.A.3.1 Theoretische Herleitung von Wahrscheinlichkeiten 26
    I.A.3.2 Schätzung von Wahrscheinlichkeiten 27

I.B Wichtige Verteilungen.. 29
I.B.1 Laplace-Verteilung... 29
    I.B.1.1 Einschub: Kombinatorik.. 32
I.B.2 Binomialverteilung... 36
    I.B.2.1 Darstellung der Binomialverteilung 39
I.B.3 Multinomialverteilung.. 40
I.B.4 Poissonverteilung: Die Verteilung seltener Ereignisse.......... 41
I.B.5 Diskrete und stetige Verteilungen 43
I.B.6 Gleichverteilung.. 44
I.B.7 Zur Berechnung von Wahrscheinlichkeiten bei stetigen Verteilungen....45
I.B.8 Normalverteilung... 47
    I.B.8.1 Rechnen mit der Normalverteilung 50
    I.B.8.2 Eigenschaften der Normalverteilung 52
1. Aufgabenblock..54

I.C Zufallsvariablen und ihre Kennwerte 56
I.C.1 Zufallsvariablen.. 56
    I.C.1.1 Vertiefung: Definition von Zufallsvariablen 57
I.C.2 Kennwerte der Verteilung einer Zufallsvariablen 59
    I.C.2.1 Modus.. 59
    I.C.2.2 Erwartungswert 60
    I.C.2.3 Kennwerte der Streuung: Varianz und Standardabweichung..... 63
I.C.3. Verteilungsfunktion... 67
    I.C.3.1 Verteilungsfunktionen bei stetigen Zufallsvariablen................ 68
2. Aufgabenblock 70

I.D Zusammenhänge von Zufallsvariablen.................................. 71
I.D.1 Bedingte Wahrscheinlichkeit 71

I.D.2 Stochastische Abhängigkeit und Unabhängigkeit 75
    I.D.2.1 Stochastische Abhängigkeit 75
    I.D.2.2 Stochastische Unabhängigkeit 77
I.D.3 Zum Rechnen mit bedingten Wahrscheinlichkeiten 82
    I.D.3.1 Satz der totalen Wahrscheinlichkeit 82
    I.D.3.2 Satz von Bayes 84
I.D.4 Kennwerte für den Zusammenhang von Zufallsvariablen 86
    I.D.4.1 Kovarianz 87
    I.D.4.2 Korrelation 90
    I.D.4.3 Stochastische Abhängigkeit und Korrelation 92
I.D.5 Abschließende Bemerkungen zum Begriff der Wahrscheinlichkeit 95
3. Aufgabenblock 98

Kapitel II: Schließende Statistik 100

II.A Stichprobe und Population 101
    Einschub: Vermeidung systematischer Fehler:
    Repräsentative Stichproben 104
II.A.1 Parameterschätzung 105
    II.A.1.1 Verteilungen von Stichprobenkennwerten 105
    II.A.1.2 Standardfehler 109
    II.A.1.3 Kriterien für gute Schätzer 111
    II.A.1.4 Schätzung der Populationsvarianz 112
    II.A.1.5 Schätzung des Standardfehlers σ_x 113
    II.A.1.6 Methoden der Parameterschätzung 114
II.A.2 Vertrauensintervalle (Konfidenzintervalle) 115
    II.A.2.1 Vertrauensintervall für den Populationsmittelwert µ 116
    II.A.2.2 Vertrauensintervalle für andere Kennwerte 120

II.B Signifikanztests 122
II.B.1 Statistische Hypothesen und Irrtumswahrscheinlichkeit 123
    II.B.1.1 Idee des Signifikanztests 124
    II.B.1.2 p-Wert und Prüfgrößen 125
    II.B.1.3 Statistische Entscheidungen 127
4. Aufgabenblock 135
II.B.2 Das Testen von Unterschieden 137
    II.B.2.1 t-Test für unabhängige Stichproben 138
    II.B.2.2 t -Test für abhängige Stichproben 141
    II.B.2.3 Unterschiede von Varianzen 143
    II.B.2.4 Weitere Tests für Unterschiedshypothesen 144
II.B.3 Das Testen von Zusammenhängen 145
    II.B.3.1 Statistische Absicherung von r gegen null 145

II.B.3.2 Weitere Korrelationstests 147
II.B.3.3 Das Testen von Regressionskoeffizienten 148
II.B.4 Verteilungen von Prüfgrößen 149
II.B.4.1 Normalverteilung 149
II.B.4.2 Weiterverarbeitung von normalverteilten Zufallsvariablen 150
II.B.4.3 Ermittlung von Kennwerteverteilungen 153
5. Aufgabenblock 155

II.C Verschiedene Testverfahren 157
II.C.1 Verteilungsfreie Verfahren 157
II.C.1.1 Rangtests 158
II.C.1.2 Verfahren zur Analyse von Häufigkeiten: χ^2-Verfahren 164
II.C.2 Varianzanalyse 175
II.C.2.1 Idee der Varianzanalyse 176
II.C.2.2 Durchführung einer einfaktoriellen Varianzanalyse 176
II.C.2.3 Voraussetzungen der Varianzanalyse 182
II.C.2.4 Quadratsummenzerlegung u. Allgemeines Lineares Modell .. 184
II.C.2.5 Zur Anwendung von Varianzanalysen 188
II.C.2.6 Zwei- und mehrfaktorielle Varianzanalysen 193
II.C.2.7 Varianten und verwandte Verfahren 199
II.C.2.8 Kleine Checkliste zur Anwendung von Varianzanalysen 202
6. Aufgabenblock 203

II.D Zur Anwendung statistischer Verfahren 205
II.D.1 Bedeutsamkeit inferenzstatistischer Ergebnisse 205
II.D.1.1 Effektstärke 206
II.D.1.2 Kontrolle des β-Fehlers bei spezifischen
       Alternativhypothesen 207
II.D.1.3 Teststärke (Power) und Wahl der Stichprobengröße 207
II.D.1.4 Äquivalenztests 210
II.D.1.5 Zum historischen Hintergrund des Signifikanztests 211
II.D.1.6 Metaanalyse 211
II.D.1.7 Effekte und Kausalität 212
II.D.2 Möglichkeiten und Grenzen der Statistik 214
II.D.2.1 Zur Auswahl statistischer Verfahren 215
II.D.2.2 Grenzen statistischer Verfahren 217
II.D.2.3 Besonders beliebte Fehler 219
II.E. Anhang 221
Literaturverzeichnis 231
Sachverzeichnis 234
Schlusswort 238

Vorwort zur 1. Auflage

Für Studierende, die mit dem Psychologiestudium beginnen, kommt es im ersten Semester oft zu einer Überraschung. Statt der erwarteten Erkenntnisse über Menschen wird ihnen etwas über Wahrscheinlichkeit und Kennwerte, Stichproben und statistische Tests erzählt. So Manchem, dem die Mathematik in der Schule nicht gerade das Liebste war oder dessen Schulzeit lange zurückliegt, fällt es zunächst schwer, sich mit diesen Begriffen zurechtzufinden. Die folgende Abbildung[1] mag die Situation vieler Erstsemester wiedergeben.

Zahlen, Formeln, und wo bleibt die eigentliche Psychologie? Ziel dieses Buches ist zweierlei: Erstens soll deutlich werden, *warum* diese technischen Begriffe auf dem Weg zu inhaltlichen psychologischen Theorien wichtig sind. Zweitens soll die Arbeit mit diesem Buch helfen, diese Begriffe zu *verstehen* und das praktische Umgehen damit zu erlernen. Dazu werden sehr viele Beispiele aufgeführt. Sie beziehen sich zumeist auf Daten, die von Studierenden der Psychologie stammen und in Vorlesungen des Grundstudiums erhoben wurden. Dabei werden inhaltliche Fragen in statistische Begriffe übersetzt, mit statistischen Methoden behandelt und die Resultate inhaltlich interpretiert. Dieses Vorgehen soll die Verknüpfung von inhaltlicher Fragestellung und statistischer Analyse verdeutlichen und einüben helfen.

Wie kann mit diesem Buch gearbeitet werden? Zunächst einmal ist nicht alles gleich wichtig. Zu Beginn der *Kapitel I – Wahrscheinlichkeitsrechnung* und *II – Inferenzstatistik* finden sich Übersichten und Hinweise darauf, was unverzichtbares Basiswissen ist und was eher als Ergänzung und Vertiefung anzusehen ist. Zu *Kapitel II* ist zu sagen, dass die Abschnitte *B.1* und *B.2* solch unverzichtbares Basiswissen darstellen. Abschnitt *A* und *B.4* zeigen auf, *warum* und *wie* schließende Statistik überhaupt funktioniert, sie bilden die Grundlage für das Verstehen von Inferenzstatistik. Abschnitt *C* enthält eine Vielzahl von statistischen Tests. Hier geht es nicht darum, alle technischen Einzelheiten aus-

---

[1] aus Bamdad's Math Comics, www.csun.edu/~hcmth014/comicfiles/allcomics. html.

wendig zu lernen, sondern das gemeinsame Prinzip zu verstehen und bei Bedarf selbständig statistische Verfahren auswählen und anwenden zu können. Abschnitt *D* schließlich beschäftigt sich wieder grundsätzlicher mit Statistik und soll zu einer kritischen Beurteilung der Möglichkeiten und Grenzen dessen, was bis dahin an Handwerkzeug vermittelt wurde, anregen.

In dem vorliegenden Band 2: *Wahrscheinlichkeitsrechnung und Inferenzstatistik* der Reihe „*Statistische Methoden für Psychologen*" finden sich viele Parallelen zu Band 1: *Deskriptive Statistik*. Dies ist keineswegs ein Zufall. Während man sich in der deskriptiven Statistik mit der Beschreibung und Darstellung *von Daten aus Stichproben* beschäftigt, versucht man in der Inferenzstatistik, über die dahinter liegende *Population* Aussagen zu machen. Interessiert man sich in der deskriptiven Statistik z. B. für Mittelwerte und Streuung eines Merkmals, so fragt die Inferenzstatistik nach den entsprechenden Mittelwerten und Streuungen in der Population, und ermöglicht Entscheidungen darüber, ob z. B. zwei Mittelwerte in der Population gleich oder verschieden sind. Beschreibt die deskriptive Statistik den Zusammenhang zweier gemessener Merkmale z. B. durch einen Korrelationskoeffizienten, so fragt die Inferenzstatistik nach der Korrelation dieser Merkmale in der Population. Die Abbildungen auf den nächsten Seiten zeigen die Inhalte beider Bände „Statistische Methoden für Psychologen" und die Gliederung der beiden Kapitel dieses Bandes.

Danksagung:
Viele haben mitgeholfen, um das Manuskript in eine präsentable Form zu bringen. Dank gebührt den Korrekturlesern, Graphikexperten und „Simulanten", Anja Lemm, Johannes Kuhn, Katrin Schmelz, Ute Suhl, Nico Pannier und Bertram Wagner, von denen viele Verbesserungsvorschläge kamen.
Ebenfalls Dank gebührt den Psychologiestudierenden aus Jena und Münster, die uns mit ihren Kritiken und Anregungen sehr unterstützten, und die bereitwillig viele Fragebögen ausfüllten, so dass immer genug „Datenmaterial" zur Illustration vorhanden war. Ohne die Rückmeldungen wären viele Fehler im Manuskript unentdeckt geblieben, und die Nachfragen von Studierenden haben uns immer wieder gezeigt, welche Punkte schwer verständlich sind, so dass wir gezielt auf diese Inhalte genauer eingehen konnten.

Jena und Münster, den 25.4.1998,

Christof Nachtigall & Markus Wirtz

Vorwort zur 2. Auflage

Das Ziel ist geblieben: Die beiden Bände *Statische Methoden für Psychologen* sollen für Studierende eine Hilfe sein, zu verstehen, wofür Statistik gebraucht wird und wie Statistik funktioniert. Dazu haben wir diese 2. Auflage gründlich überarbeitet und einiges verändert. Zunächst wurden die Druckfehler korrigiert, auf die uns Leser dankenswerter Weise aufmerksam machten. Darüber hinaus wurde der Teil 'Wahrscheinlichkeitsrechnung' deutlich umstrukturiert und gestrafft, die anderen Kapitel nach didaktischen Gesichtspunkten klarer gegliedert, entschlackt und um weiterführende Literatur ergänzt. Beibehalten wurde die Konzeption, statistische Verfahren anhand von Beispielen einzuführen. Diese Beispiele verwenden in der Regel Daten, die per Fragebogen mit den Teilnehmern der Methodenvorlesung erhoben wurden (im Buch heißt das dann 'Vorlesungsbefragung'). Die meisten Daten sind also echt und stammen von Ihren Kommilitonen.

Gemäß dem Grundsatz, dass Statistik ein Handwerkzeug ist und Handwerk geübt werden muss, wurden bei der Überarbeitung dieses Buches die Möglichkeiten für praktisches Üben weiter ausgebaut. So ist es wichtig und sinnvoll, zum Verstehen statistischer Verfahren diese zunächst anhand von kleinen Datensätzen 'mit der Hand' zu rechnen. In diesem Sinn sind auch die Übungsaufgaben am Ende jedes Kapitels gedacht. Auf Wunsch vieler Leser werden jetzt Lösungen zu den Übungsaufgaben angeboten. Sie finden sie auf der Netzseite www.statistik-fuer-psychologen.de. Auf diese Weise können Sie Ihre eigenen Lösungen überprüfen. Wir warnen aber vor einer Falle, in die manche Teilnehmer von Übungsgruppen in Statistik getappt sind: Wenn man statt eigene Lösungsversuche zu machen nur Musterlösungen anguckt und gewissermaßen 'abnickt', entwickelt sich eine trügerische Illusion von Verständnis des Stoffes. Diese zerplatzt dann, wenn man (z.B. in einer Klausur) ohne Musterlösungen statistische Probleme lösen muss. Daher empfehlen wir dringend, zunächst eigene Lösungsversuche zu unternehmen. Nur selber Lösen macht schlau. Sehr hilfreich ist es hingegen, die eigenen Überlegungen mit Kommilitonen anschließend zu diskutieren. Austausch und Teamarbeit sind nicht nur für die 'statistische Psychohygiene' wichtig, sondern auch im Hinblick auf mündliche Prüfungen. Auch hier gilt das geflügelte Psychologenwort: Gut, dass wir drüber gesprochen haben.

Spätestens bei eigenen Datenanalysen im Rahmen von Hausarbeiten, Praktika oder Diplomarbeiten reicht das Rechnen 'von Hand' nicht mehr aus und der Einsatz von statistischen Programmen wird unverzichtbar. In der Psychologie hat sich das Programmpaket SPSS-Statistical Package for the Social Sciences zwar nicht unbedingt als die Beste, aber als die am weitesten verbreitete Software etabliert. Dem wird in diesem Buch dadurch Rechnung getragen, dass am Ende der einzelnen Kapitel Hinweise zur Durchführung der besprochenen Verfahren mit SPSS gegeben werden (siehe unten stehende 'Feature'-Liste). Wir raten den Lesern, sich möglichst früh mit der Bedienung eines solchen Programms vertraut zu machen. Auf der Netzseite finden sich zusätzliche Informationen zu statistischer Software und Einführungsliteratur. Die Programme sind meist so einfach zu bedienen, dass die Unterstützung durch ein Handbuch oder, noch besser, einen erfahrenen Kommilitonen, ausreicht. Gleichwohl ist es mit der Bedienung allein keineswegs getan, sondern die Ergebnisse des Programms müssen auch verstanden, der Output interpretiert werden. Um es ganz klar zu sagen: Kenntnisse in statistischen Programmen sind wichtig, aber entscheidend ist das Wissen darüber, was da eigentlich gerechnet wird und was das für die inhaltlichen Fragen bedeutet. 'Klicken' in SPSS allein reicht keineswegs aus. Vielmehr ist es eine der wichtigsten Kompetenzen von Diplompsychologen, aufgrund ihrer Kenntnisse über 'wissenschaftliches Handwerkszeug' zu beurteilen, welche psychologischen Theorien aufgrund empirischer Daten als ausreichend gestützt gelten dürfen und welche eher dem weiten Gebiet mehr oder weniger plausibler Spekulation zuzurechnen sind.

Die Netzseite statistik-fuer-psychologen

Als Ergänzung zu den beiden Büchern wurde eine Internetseite eingerichtet. Unter der Adresse www.statistik-fuer-psychologen.de finden Sie die Lösungen zu den Übungsaufgaben. Darüber hinaus enthält die Seite eine Fülle von weiteren Informationen und Ergänzungen zu den Büchern. So findet man dort ein Forum, in dem Sie Ihre Fragen und Anmerkungen zum Arbeiten mit den Büchern mit anderen Lesern austauschen können. Weiter enthält die Seite die im Buch besprochenen Beispiele, berechnet mit SPSS und versehen mit kommentiertem Output. Auch können die Beispiel-Datensätze für eigenes Üben herunter geladen werden. Zusätzlich finden sich dort Links zu anderen relevanten Seiten sowie ergänzende und vertiefende Texte, die sich mit spezielleren statistischen Problemen beschäftigen, welche über die erste Einführung hinausgehen.

Die "Features"

Die 2. Auflage ist noch stärker auf Übersichtlichkeit und das praktische Üben von Statistik ausgerichtet. Dazu wurden in den einzelnen Kapiteln Rubriken mit den folgenden Symbolen eingerichtet:

Dieses Symbol weist auf wichtige Formeln und Lehrsätze hin.

SPSS: Es wird angegeben, mit welchem "Klick" man mit dem Programmpaket SPSS die beschriebenen statistischen Verfahren ausführen kann. Den kommentierten Output dieser Analyse finden Sie auf der Netzseite www.statistik-fuer-psychologen.de.

Weiterführende Literatur: Am Ende der einzelnen Abschnitte finden sich Angaben zu weiterführender Literatur.

Aufgaben: Am Ende der einzelnen Kapitel befindet sich jeweils eine Reihe von Übungsaufgaben. Lösungen für diese Übungsaufgaben können unter www.statistik-fuer-psychologen.de herunter geladen werden.

Technische Hinweise: Mit diesem Symbol sind Abschnitte gekennzeichnet, die für das erste Verstehen nicht notwendig sind, sondern die technischen Aspekte bei der Durchführung eines Verfahrens näher erläutern.

Ausblick: Es werden Inhalte angesprochen, die in den nachfolgenden Kapiteln genauer behandelt werden

Vertiefungen: Diese Abschnitte können beim ersten Lesen übergangen werden. Sie dienen dazu, den Stoff sowohl tiefer zu verstehen als auch mit anderen Bereichen zu verknüpfen.

Wir wünschen allen Lesern eine verständnisvolle und ertragreiche Beschäftigung mit diesem methodischen Thema, in der Hoffnung, dass Sie die investierte Arbeit später als nützlich empfinden werden.

Jena, den 1.5.2002,   Christof Nachtigall & Markus Wirtz

Vorwort zur 3. und 4. Auflage

In den neuesten Auflagen wurden einige Textpassagen hinsichtlich Verständlichkeit und Präzision verbessert sowie noch vorhandene Fehler korrigiert. Die 4. Auflage erhielt zudem einen ergänzenden Abschnitt über Äquivalenztests.

Wir möchten uns herzlich bei all denen bedanken, die in den letzten Jahren mitgeholfen haben, die beiden Bände „Statistische Methoden für Psychologen" zu dem zu machen, was sie nicht nur in unseren Augen heute sind: Gute Lehr- und Lernbücher.

Ein besonderer Dank gilt unserem Kollegen Hans Müller. Ihm verdanken wir viele hilfreiche Anregungen für dieses Buch. Er starb im Jahr 2005 an Krebs, und sein Tod gemahnt uns, die Aufmerksamkeit auf die wirklich wichtigen Dinge im Leben zu lenken.

Herzlichen Dank auch an Walter Schreiber für die wertvollen Hinweise zur Überarbeitung, an Ulrike Enders für die sorgfältigen Manuskriptergänzungen sowie an alle Studierenden, die über die gemeinsame Arbeit zum Gelingen dieses Buches beigetragen haben.

Jena, den 1.12.2005,   Christof Nachtigall & Markus Wirtz

Band 1
Deskriptive Statistik

Beschreibung und Darstellung von Merkmalsverteilungen in Stichproben

Band 2
I. Wahrscheinlichkeitsrechnung

Beschreibung und Analyse der Eigenschaften von Zufallsvariablen und deren Verteilung

Band 2
II. Inferenzstatistik

Entscheidungsverfahren, die es ermöglichen, von Stichprobendaten auf die Population zu schließen

---

Messtheorie (II.A)

Was bedeutet es, wenn Merkmalsausprägungen durch Zahlen beschrieben werden? Welche Informationen werden durch Zahlen abgebildet?

Der Wahrscheinlichkeitsbegriff (I.A)

Was bedeutet es, wenn man ein Ereignis oder die Ausprägung eines Merkmals als zufällig bezeichnet?
Was bedeutet es, die Wahrscheinlichkeit eines Ereignisses zu bestimmen?

Vertrauensintervalle und Signifikanzaussagen (II.A-D)

Wie stark unterscheiden sich Ergebnisse aufgrund von Zufallseinflüssen (Vertrauensintervalle)?
Wie kann Zufall als Ursache eines Effekts ausgeschlossen werden (Signifikanz)?

Beschreibung und Darstellung Merkmals eines Merkmals
(II.B)

Beschr. u. Darstellung des Zusammenhangs zweier Merkmale
(II.C, D)

Beschr. u. Darstellung des Zusammenhangs mehrerer Merkmale
(II.E, F)

Beschreibung und Darstellung der Verteilung einer Zufallsvariablen
(I.B,C)

Beschreibung und Darstellung des Zusammenhangs zwischen Ereignissen bzw. Zufallsvariablen
(I.D)

Intervalle für die Kennziffern der Verteilung eines Merkmals (II.A,B)
Unterscheiden sich Gruppen hinsichtlich der Verteilung eines Merkmals? (II.B,C)

Besteht ein verallgemeinerbarer Zusammenhang zwischen zwei Merkmalen?
(II.B.3 u. .C.1)

Inhaltsübersicht von Band 1 und 2 – Statistische Methoden für Psychologen

I. Wahrscheinlichkeitstheorie

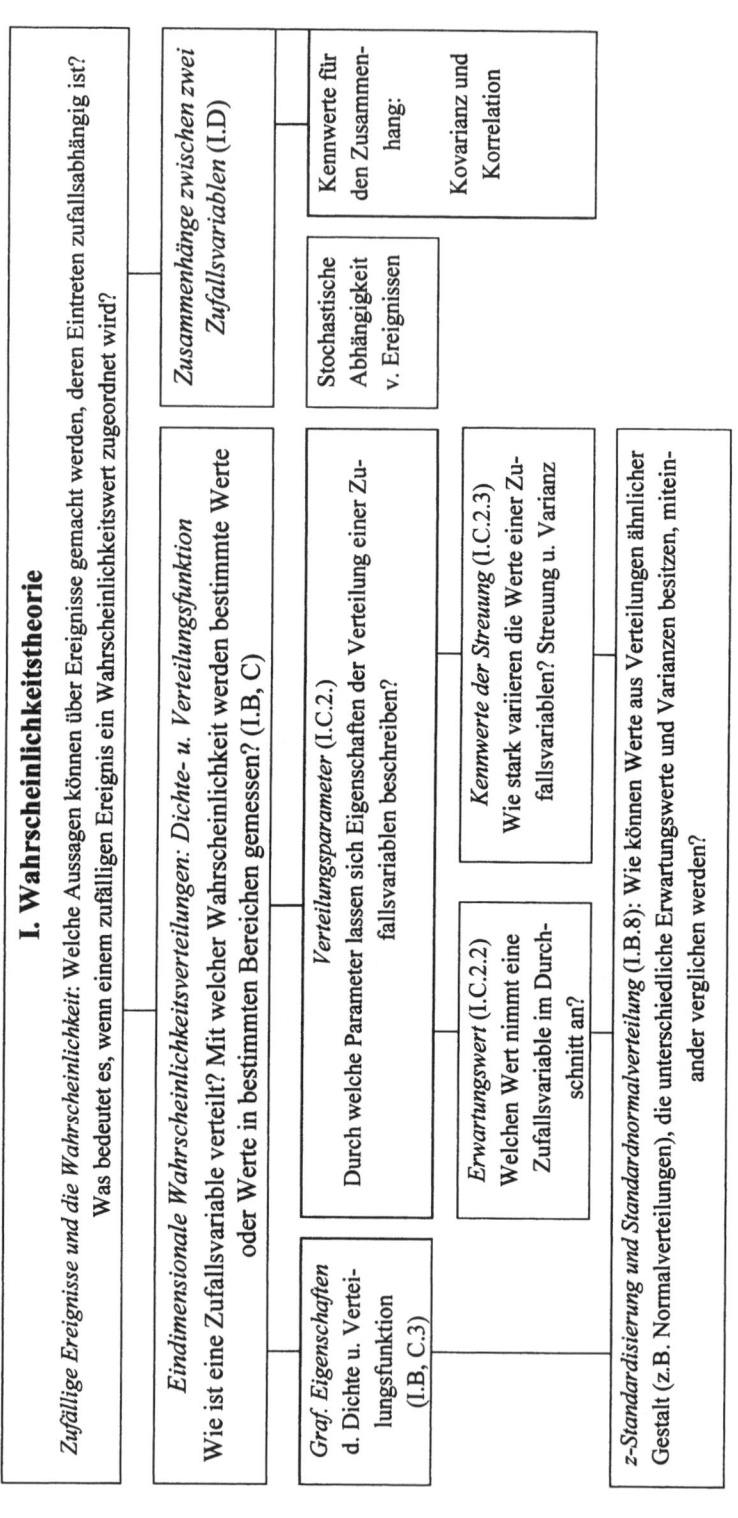

Zufällige Ereignisse und die Wahrscheinlichkeit: Welche Aussagen können über Ereignisse gemacht werden, deren Eintreten zufallsabhängig ist? Was bedeutet es, wenn einem zufälligen Ereignis ein Wahrscheinlichkeitswert zugeordnet wird?

Eindimensionale Wahrscheinlichkeitsverteilungen: Dichte- u. Verteilungsfunktion Wie ist eine Zufallsvariable verteilt? Mit welcher Wahrscheinlichkeit werden bestimmte Werte oder Werte in bestimmten Bereichen gemessen? (I.B, C)

Zusammenhänge zwischen zwei Zufallsvariablen (I.D)

Kennwerte für den Zusammen-hang:

Kovarianz und Korrelation

Stochastische Abhängigkeit v. Ereignissen

Verteilungsparameter (I.C.2.) Durch welche Parameter lassen sich Eigenschaften der Verteilung einer Zu-fallsvariablen beschreiben?

Kennwerte der Streuung (I.C.2.3) Wie stark variieren die Werte einer Zu-fallsvariablen? Streuung u. Varianz

Graf. Eigenschaften d. Dichte u. Vertei-lungsfunktion (I.B, C.3)

Erwartungswert (I.C.2.2) Welchen Wert nimmt eine Zufallsvariable im Durch-schnitt an?

z-Standardisierung und Standardnormalverteilung (I.B.8): Wie können Werte aus Verteilungen ähnlicher Gestalt (z.B. Normalverteilungen), die unterschiedliche Erwartungswerte und Varianzen besitzen, mitein-ander verglichen werden?

Inhaltsübersicht über Kapitel 1: Wahrscheinlichkeitsrechnung

II. Inferenzstatistik

Stichprobe und Population (II.A): Welche Aufschlüsse über die Verhältnisse in der Allgemeinheit (Population) kann man aufgrund von Ergebnissen in Stichproben gewinnen

Verteilung von Stichprobenkennwerten (II.A.1): Wie verteilen sich Stichprobenkennwerte (z.B. Mittelwerte), wenn man sehr viele Stichproben untersuchen würde?

Vertrauensintervalle (II.A.2)
In welchen Bereichen liegen die Parameter (z.B. Erwartungswerte, Varianzen) der Population mit einer bestimmten Sicherheit?

Hypothesen testen: Wie kann ausgeschlossen werden, dass gemessene Unterschiede oder Zusammenhänge in Stichproben zufällig zustande gekommen sind? *Kriterium der Signifikanz* = Ein Stichprobenergebnis ist sehr unwahrscheinlich, wenn in der Population kein Unterschied oder kein Zusammenhang vorliegen würde. *(II.B.-C)*

Zusammenhangsanalyse bei Merkmalen verschiedener Skalenniveaus (II.C.1 und II.B.3)
Ist der Zusammenhang zwischen zwei Merkmalen zufallsbedingt?

Mittelwertvergleiche (II.B.2 und II.C.2):
Unterscheiden sich Gruppen nur zufallsbedingt oder systematisch hinsichtlich der durchschnittlichen Ausprägung eines Merkmals (t-Test und Varianzanalyse)

Interpretation inferenzstatistischer Aussagen (II.D)
Effektstärken vs. Signifikanz, mögliche Fehlentscheidungen, typische Fehler bei der Anwendung

Inhaltsübersicht über Kapitel 2: Inferenzstatistik

Kapitel I: Wahrscheinlichkeitsrechnung

Wofür brauchen Psychologen Wahrscheinlichkeitsrechnung? Hat man sich als Studierender der Psychologie mit der Statistik als Teil des Lehrplans gerade abgefunden, so stellt sich beim Thema „Wahrscheinlichkeit" erneut die Frage nach dem Sinn. Besteht doch zunächst die Motivation vieler Studierender darin, mehr über Menschen, ihr Denken, Fühlen und Handeln lernen zu wollen. Man möchte salopp gesagt herausbekommen, wie Menschen funktionieren. Es gilt z.B. zu ermitteln, unter welchen Bedingungen Menschen zu Gewalt neigen, mit welcher Therapie eine bestimmte psychische Störung behandelt werden kann oder welche Strategien für ein erfolgreiches Studium günstig sind. In wissenschaftlicher Sprechweise geht es darum, Zusammenhänge zwischen interessierenden Merkmalen zu finden. Das Konzept „Wahrscheinlichkeit" ist hierbei auf zwei Ebenen von Bedeutung.

Zum einen handelt es sich bei Zusammenhängen in der Psychologie fast immer um stochastische Zusammenhänge (vgl. Band I, Abschnitt II.C). Damit ist gemeint, dass bei Kenntnis eines Merkmals X die Ausprägung eines anderen Merkmals Y nicht präzise vorhergesagt werden kann. Wird z.B. bei einer Person mit Panikstörung eine Konfrontationstherapie durchgeführt, so wird diese Therapie *wahrscheinlich* helfen. Man kann jedoch nicht sicher sein. Stehen mehrere Therapien zur Verfügung, so sollte ein Therapeut diejenige auswählen, welche mit *größerer Wahrscheinlichkeit* hilft. Alle Aussagen in der Psychologie sind gewissermaßen Wahrscheinlichkeitsaussagen.

Ist diese Herangehensweise unserer alltäglichen Denkweise so fremd? Kalkulieren wir nicht auch, wenn wir ins Kino gehen, ob der Film sich wohl lohnt, hoffen wir nicht, bei einem Rendezvous bessere Chancen zu haben, wenn wir uns schick machen oder uns auf eine bestimmte Weise verhalten. Wir stellen ständig Kalkulation darüber an, welche Resultate unsere Handlungen wahrscheinlich erzielen werden.

Daher müssen wir uns mit dem Konzept „Wahrscheinlichkeit" vertraut machen. Unsere psychologischen Aussagen sollen wissenschaftlichen Kriterien genügen, somit ist es unumgänglich, *Wahrscheinlichkeiten* möglichst präzise und objektiv angeben zu können. Aus diesem Grund wird in den folgenden Abschnitten allerlei Aufwand getrieben, um präzise und objektiv festzulegen, was Wahrscheinlichkeit ist und wie die Wahrscheinlichkeiten von interessierenden Ereignissen bestimmt werden können.

Es gibt noch einen weiteren Grund, warum die Beschäftigung mit *Wahrscheinlichkeit* für Psychologen wichtig ist. Dabei geht es wieder mehr um das Thema Statistik. Warum Statistik für Psychologen wichtig ist, war ein zentrales Thema in Band I. Es wurden Verfahren beschrieben, die dazu dienen, die Informationen aus Stichprobendaten zusammenzufassen und daraus inhaltliche Schlüsse zu ziehen. Behandelt man z.B. eine Gruppe von 30 Patienten mit einer neuen Therapie, so kann man am Ende der Therapie den Anteil der geheilten Patienten bestimmen und auf dieser Basis Aussagen über den Therapieerfolg machen. Allerdings bezieht sich dieses Ergebnis zunächst nur auf die untersuchte Stichprobe. Nun ist es aber wünschenswert, allgemeine Aussagen über die Wirksamkeit einer Behandlungsmethode zu treffen. Es soll über die Stichprobe hinaus auf eine bestimmte Population, z.B. alle erwachsenen Deutschen, geschlossen werden. Schließlich möchte der Therapeut wissen, ob dieses neue Verfahren generell zu empfehlen ist. Diese Frage ist typisch für die *Inferenzstatistik* oder *schließende Statistik*, mit der sich dieser Band schwerpunktmäßig befasst. In der Inferenzstatistik geht es darum, aufgrund von Ergebnissen aus Stichproben auf die Population zu schließen. Hier taucht nun ein zentrales Problem auf: Selbst wenn z.B. in der Stichprobe 90% der Patienten geheilt wurden, so kann die Situation in der Population ganz anders aussehen. Vielleicht wurden zufällig nur Leute in die Studie aufgenommen, die auf die Therapie gut ansprechen. Möglicherweise gibt es außerhalb der untersuchten Stichprobe *niemanden*, dem die Therapie hilft. Dies ist zwar *sehr unwahrscheinlich*, aber möglich. In Stichproben können die Ergebnisse ganz anders aussehen als in der Population, je nachdem, welche Personen zur Stichprobe gehören. Hier eröffnet sich das zweite wichtige Anwendungsgebiet von Wahrscheinlichkeitsrechnung: Wir brauchen dieses Konzept, um den „Stichprobenfehler" (das ist die Abweichung von Ergebnissen aus Stichproben von dem, was in der Population tatsächlich vorliegt) in den Griff zu bekommen.

Aus diesem Grunde gliedert sich dieses Buch in 2 Kapitel: Zunächst wird in *Kapitel I - Wahrscheinlichkeitsrechnung* geklärt, was Wahrscheinlichkeit ist und wie man damit umgeht. *Kapitel II - Inferenzstatistik* beschäftigt sich anschließend mit dem Schließen von Stichproben auf die Population. Letztlich ist dies das zentrale Anliegen wissenschaftlicher Psychologie: möglichst allgemeine Aussagen über Regelhaftigkeiten in menschlichem Denken, Fühlen und Handeln zu machen.

Kapitel I ist folgendermaßen aufgeteilt: In Abschnitt *A* wird dargestellt, was wir unter zufälligen Ereignissen und Wahrscheinlichkeiten verstehen. Dieser Abschnitt ist zentral für das Verständnis von Wahrscheinlichkeitsrechnung und Inferenzstatistik. Die Abschnitte *B bis D* beschäftigen sich mit dem praktischen Arbeiten mit Wahrscheinlichkeiten. In *B* werden wir die wichtigsten Wahrscheinlichkeitsverteilungen kennenlernen. Ab Abschnitt *C* wird die Wahrscheinlichkeitsrechnung wieder mehr mit der Statistik zusammengeführt. Ging es in der deskriptiven Statistik um psychologisch relevante Variablen in Stichproben und deren Kennwerte, so werden nun Variablen behandelt, deren Werte noch nicht vorliegen sondern sich zufällig ergeben können: Wir sprechen von *Zufallsvariablen*. Abschnitt *C* stellt das Konzept der Zufallsvariablen und ihre Kennwerte vor. Im letzten Abschnitt *D* geht es ebenfalls in Analogie zur deskriptiven Statistik darum, wie man mit Hilfe der Wahrscheinlichkeitsrechnung Zusammenhänge zwischen Zufallsvariablen beschreiben kann.

I.A Zufall und Wahrscheinlichkeit

I.A.1 Zufällige Ereignisse

Bevor wir klären, was unter Wahrscheinlichkeit verstanden wird, präzisieren wir zunächst, über *wessen* Wahrscheinlichkeit wir sprechen. Hier hat sich der Begriff der *zufälligen Ereignisse* eingebürgert. Ereignisse sind all die Dinge, für deren Eintreten man sich interessiert, z.B. die Heilung (oder Nichtheilung) von Patienten in einer Therapie, das Verschlafen (oder Nichtverschlafen) vor einer Methodenvorlesung, das Kennenlernen eines „Traummannes" (oder einer „Traumfrau") auf einer Party oder die berühmten 6-Richtigen im Lotto. Ein Ereignis wird als „zufällig" bezeichnet, wenn sein Eintreten unter den gegebenen Bedingungen nicht mit Sicherheit vorhergesagt werden kann. Alle oben genannten Beispiele sind offensichtlich solche „zufälligen Ereignisse". Wir sind ständig von zufälligen Ereignissen umgeben. Der Erfolg einer Therapie bei einem Patienten z.B. ist immer ein zufälliges Ereignis. Dies bedeutet jedoch nicht, dass der Therapieerfolg genauso wenig vorhergesagt werden kann wie das Ergebnis eines Münzwurfs oder das Wetter des kommenden Sommers. Gute Therapien zeichnen sich dadurch aus, dass ihr Erfolg mit großer Sicherheit eintrifft. Nur wirkt keine psychologische Therapie mit 100%iger Sicherheit. Therapieerfolg steht nicht *vollkommen* fest, deshalb sprechen wir von einem zufälligen Ereignis.

Um präzise mit zufälligen Ereignissen umgehen zu können, werden nun einige technische Begriffe eingeführt. Dabei bedienen wir uns der Mengenlehre. Mengenlehre ist gewissermaßen die Sprache, in der zufällige Ereignisse aufgeschrieben werden.

Die Menge all dessen, was überhaupt passieren kann, wird als *Ereignisraum* Ω (griechisch *omega*) bezeichnet. Ereignisse sind formal definiert als Teilmengen von Ω. Die folgenden Beispiele illustrieren diese Begriffe.

Beispiel: Beim Werfen einer Münze sind „Zahl" und „Wappen" mögliche Ereignisse. $\Omega = \{\text{„Zahl"}, \text{„Wappen"}\}$.

Beim Werfen eines Würfels sind die Augenzahlen 1, 2, 3, 4, 5, 6 mögliche Ereignisse. Auch das Werfen einer Augenzahl von mehr als vier Augen ist ein mögliches Ereignis. $\Omega = \{1,..,6\}$.

Beim Erfolg einer Therapie könnte man z.B. zwei interessierende Ereignisse unterscheiden: $\Omega = \{Erfolg, kein Erfolg\}$.

Durch Verknüpfung von Ereignissen ergeben sich neue Ereignisse. Betrachten wir die Ereignisse Z: ein Patient leidet an einer Zwangsstörung, und D: ein Patient leidet an einer depressiven Störung. Es können auch depressive Patienten mit Zwangsstörung, depressive Patienten ohne Zwangsstörung oder Patienten, die eine Zwangsstörung oder eine Depression haben, vorkommen. Ein solches Verknüpfen von Ereignissen zu neuen Ereignissen wird ebenfalls mit den Symbolen der Mengenlehre beschrieben.

Bleiben wir der Einfachheit halber beim Beispiel des Würfelwurfes: Sei A das zufällige Ereignis, beim Würfeln eine gerade Zahl zu erzielen, und B das zufällige Ereignis, eine Zahl größer als 4 zu erzielen. Der englische Mathematiker *John Venn* (1834-1923) entwickelte die folgende Art der grafischen Darstellung, mit der Mengen und ihre Beziehungen verdeutlicht werden können. Dabei repräsentieren Ellipsen die betrachteten Ereignisse. Bezeichnet werden Ereignisse traditionell mit großen Buchstaben A, B, C... . Der Ereignisraum Ω wird als viereckiger Rahmen dargestellt, in dem die anderen Ereignisse enthalten sind. Ω wird als das „sichere Ereignis" bezeichnet.

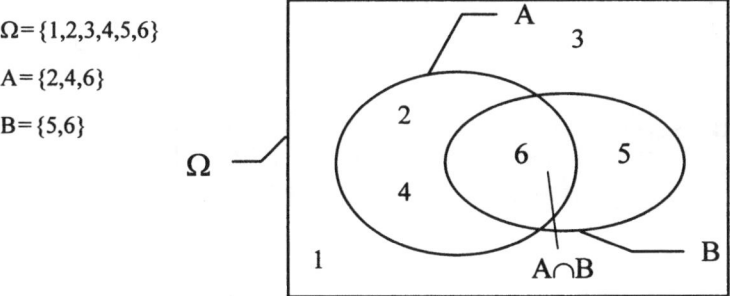

Abbildung 1. Ein sogenanntes Venn-Diagramm veranschaulicht die Mengenbegriffe.

Die Ereignisse A und B sind Teilmengen von Ω. Eine Menge ist genau dann Teilmenge einer anderen Menge, wenn alle ihre Elemente in der anderen Menge enthalten sind. Beispielsweise ist B keine Teilmenge von A, da die 5 nicht in A enthalten ist.

➤━━ Die folgende Liste zeigt, wie durch Verknüpfung von Ereignissen neue Ereignisse entstehen.

$A \cap B$: Die Schnittmenge von A und B bezeichnet das Ereignis, dass sowohl A als auch B eintreten. Im Beispiel bedeutet dies sowohl eine gerade Zahl, als auch eine Zahl größer 4 zu werfen. Es ist $A \cap B = \{6\}$. Im Venn-Diagramm (vgl. Abb. 1) ist die Schnittmenge der Bereich, in dem sich A und B überschneiden. Es gilt: $A \cap B = B \cap A$.

$A \cup B$: Die Vereinigungsmenge von A und B bezeichnet das Ereignis, dass A oder B (oder beide) eintreten. Im Beispiel ist $A \cup B = \{2, 4, 5, 6\}$.

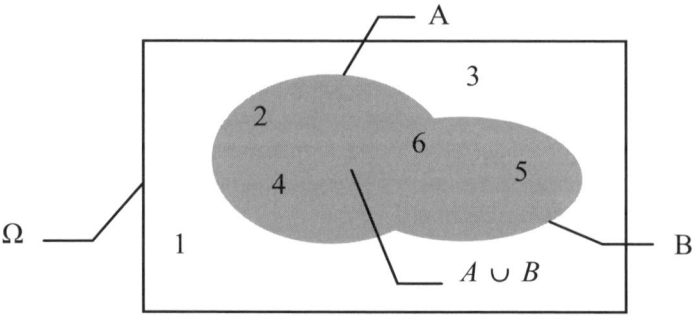

Abbildung 2: Darstellung der Vereinigungsmenge A∪B.

-A (nicht A) bezeichnet das Ereignis, dass A *nicht* eintritt (andere Schreibweise: A^c oder $\overline{A}$). -A heißt das *Gegenereignis* zu A. Im Beispiel ist -A={1,3,5}; -B={1,2,3,4}.

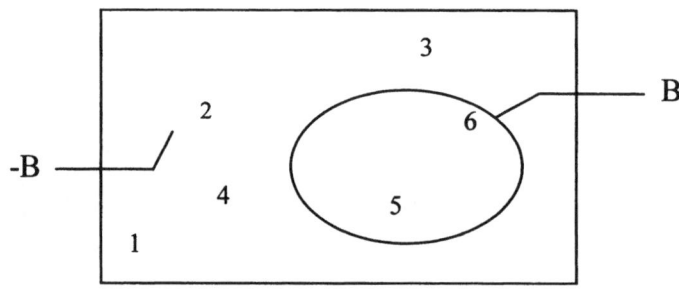

Abbildung 3: Darstellung der Ereignisse B und -B.

A\B (A ohne B) bezeichnet die Menge der Ereignisse, bei denen A, jedoch *nicht* B eintritt. Im Beispiel ist A\B = {2, 4}. Es gilt A\B = A∩-B.

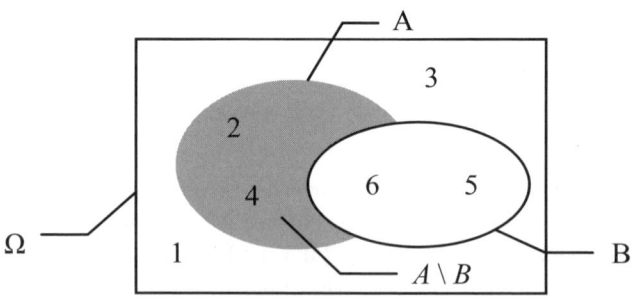

Abbildung 4: Darstellung von A\B.

Ein Ereignis C={ω}, (ω ist der kleine griechische Buchstabe Omega), das nicht als eine Kombination anderer Ereignisse beschrieben werden kann, wird als *Elementarereignis* bezeichnet. Das Ereignis eine 6 zu würfeln (C = {6}) ist ein Elementarereignis. Die Ereignisse A und B im Beispiel sind keine Elementarereignisse.

Die leere Menge $\varnothing$ = {} ist die Menge, die keine Elemente enthält. Sie ist ebenfalls eine Teilmenge von Ω und wird als das „unmögliche Ereignis" bezeichnet. Sie wird der Vollständigkeit halber eingeführt, damit jedes Ereignis auch ein Gegenereignis hat. Es ist $\varnothing = -\Omega$.

Beispiel: Eine Münze werde fünfmal geworfen. Sei A das Ereignis, mindestens 3 mal „Zahl" zu erzielen und B das Ereignis, bei den letzten beiden Würfen jeweils „Wappen" zu werfen.

Ω besteht also aus allen möglichen 5-stelligen „W"-"Z"-Folgen (z.B.: W,Z,W,Z,Z). A und B sind Teilmengen von Ω. Es ist

-A: Höchstens zweimal Zahl,

-B: Mindestens einmal Zahl im 4. oder 5. Wurf,

$A \cap B$: {Z,Z,Z,WW},

$A \cup B$: Entweder soll mindestens dreimal Zahl fallen oder die letzten beiden Würfe müssen Wappen zeigen,

$A \setminus B$: Alle Ereignisse in A ohne {Z,Z,Z,W,W}.

Damit haben wir geklärt, was unter zufälligen Ereignissen verstanden wird und wie aus zufälligen Ereignissen andere Ereignisse durch Verknüpfung entstehen. Dabei haben wir vermieden, das *Wesen* des Zufalls zu erklären. Gibt es Zufall überhaupt? Offensichtlich können die meisten Ereignisse nicht mit Sicherheit vorhergesagt werden. Bereits der Wetterbericht für die kommende Woche macht dies deutlich. Aber wenn unser Wissen über die Entstehungsbedingungen von Ereignissen zunehmend wächst, könnte man nicht nach und nach alles exakt vorhersagen? Diese Überlegung des Philosophen und Mathematikers Pierre-Simon Laplace (1749-1827) markiert den deterministischen Pol in der Debatte um das Wesen des Zufalls. Und noch Einstein beharrte darauf, dass Gott nicht würfelt. Auf der anderen Seite besagt die heutige Sicht der Quantenphysik, dass es zumindest auf der Ebene des Mikrokosmos eine Determiniertheit nicht gibt, es existiert vielmehr eine grundsätzliche Unbestimmtheit im Verhalten von Elementarteilchen, der auch durch noch so genaue Kenntnis der aktuellen Zustände solcher Teilchen prinzipiell nicht beizukommen ist.

Die Frage nach dem Wesen des Zufalls soll an dieser Stelle nicht weiter verfolgt werden. Woran es auch immer liegen mag - in der Praxis, speziell in der psychologischen Praxis sind die meisten interessierenden Ereignisse gemäß obiger Definition zufällige Ereignisse. Wir müssen lernen, mit dem Zufall umzugehen. Dazu dient der Begriff der *Wahrscheinlichkeit*. Unser Ziel wird es sein, Aussagen darüber zu machen, wie wahrscheinlich zufällige Ereignisse sind.

I.A.2 Wahrscheinlichkeit

Im normalen Sprachgebrauch gibt der Begriff *Wahrscheinlichkeit* die subjektive (Un-) Gewissheit über das Eintreten eines zufälligen Ereignisses wieder. Ein Ereignis wird als um so wahrscheinlicher bezeichnet, je sicherer man von dessen Eintreten ausgehen kann. Ereignis A wird als wahrscheinlicher als Ereignis B eingeschätzt, wenn unter gleichen Ausgangsbedingungen Ereignis A häufiger eintritt als Ereignis B.

Aufgrund der Anforderung, solche „Sicherheitsaussagen" möglichst präzise und objektiv zu machen, wurde es notwendig, Wahrscheinlichkeiten durch Zahlen auszudrücken. Wenn das Eintreten eines Ereignisses sicher ist, dann hat dieses Ereignis die Wahrscheinlichkeit 1. Tritt das Ereignis ganz sicher nicht ein, so ist seine Wahrscheinlichkeit 0. Die Wahrscheinlichkeit eines Ereignisses liegt immer in dem Bereich von 0 bis 1. Je höher die Wahrscheinlichkeit ist, desto sicherer wird das Ereignis eintreten, je geringer sie ist, desto sicherer wird das Ereignis nicht eintreten. In diesem Sinne kann Wahrscheinlichkeit als Kennwert für die Eintretenssicherheit von Ereignissen aufgefasst werden. Im Unterschied zur deskriptiven Statistik bezieht sich dieser Kennwert jedoch nicht auf Daten, die schon vorliegen, sondern auf Ereignisse, die noch nicht geschehen sind.

Die Wahrscheinlichkeit eines Ereignisses A wird durch das Symbol $P(A)$ ausgedrückt. P steht dabei als Abkürzung für „Probability".

Die Wahrscheinlichkeit von Ereignissen besteht aber nicht losgelöst voneinander. Wenn die Wahrscheinlichkeit eines Ereignisses A sehr hoch ist, z.B. $P(A)$ =0.9, dann muss die Wahrscheinlichkeit des Gegenereignisses $P(-A)$ sehr klein sein, in diesem Fall $P(A) = 0.1$. Wenn z.B. Heilung bei einer Therapie sehr wahrscheinlich ist, dann ist Nichtheilung sehr unwahrscheinlich. Daher wird Wahrscheinlichkeit immer für *alle* Ereignisse eines Ereignisraumes Ω angegeben[1]. Dies wird als *Wahrscheinlichkeitsverteilung* bezeichnet.

Die heute als verbindlich angesehene formale Definition einer Wahrscheinlichkeitsverteilung stammt von dem russischen Mathematiker *Andrej Nicolajewitsch Kolmogoroff*. Nach Kolmogoroff spricht man von einer Wahrscheinlichkeitsverteilung, wenn für Ereignisse A und B folgendes gilt:

(1)	$0 \leq P(A) \leq 1$	
(2)	$P(\Omega) = 1$	
(3)	Schließen sich Ereignisse A und B gegenseitig aus (d.h. $A \cap B = \varnothing$), dann gilt: $P(A \cup B) = P(A) + P(B)$.	

---

[1] Die hier gewählte Darstellung des Konzeptes „Wahrscheinlichkeitsverteilung" ist vereinfacht und ignoriert maßtheoretische Probleme. Diese spielen jedoch für unsere praktischen Fragestellungen keine Rolle. Wer hier interessiert ist, möge sich in die mathematische Fachliteratur einarbeiten (z.B. Bauer, 2001).

Ein solches P wird *Wahrscheinlichkeitsverteilung* genannt. $P(A)$ ist die *Wahrscheinlichkeit* des Ereignisses A.

Diese Definition enthält drei sogenannte Axiome (1) - (3). Sie drücken formal aus, was vorher in Worten über Wahrscheinlichkeit gesagt wurde: Die Wahrscheinlichkeit eines Ereignisses liegt zwischen 0 und 1 (Axiom 1) und sie wird 1, wenn das Ereignis sicher eintritt (Axiom 2). Zusätzlich ist in Axiom 3 noch festgelegt, dass sich Wahrscheinlichkeiten von vereinigten Ereignissen addieren, wenn die Ereignisse sich ausschließen.

Beispiele: Bei zufällig ausgewählten Ehepaaren in Deutschland wird nach dem Ereignis geschaut, wie viele Kinder sie haben. Es mögen folgende Wahrscheinlichkeiten gelten: P(keine Kinder) = 0.2, P(1 Kind) = 0.3, P(2 Kinder) = 0.2.

Dann gilt nach (3): P(weniger als 3 Kinder) = 0.2+0.3+0.2 = 0.7.
(3) kann angewendet werden, da niemand gleichzeitig 0, 1 oder 2 Kinder haben kann.

Bei Erwachsenen in Mitteleuropa wird nach dem Ereignis geschaut, ob sie psychische Störungen haben. Es möge gelten:
P(Angststörung) = 0.07, P(Depression) = 0.05.
Dann gilt nicht 👆 *P(Angst ∪ Depression) = 0.07+0.05, denn P(Angst ∩ Depression) ≠ ∅. Es gibt Menschen, die sowohl an Angststörung als auch an Depression leiden.*

Sind bestimmte Wahrscheinlichkeiten bekannt, so kann man die Wahrscheinlichkeit anderer durch Verknüpfung entstandener Ereignisse daraus berechnen. Die folgende Liste von Rechenregeln kann dabei helfen.

👉 *Rechenregeln für Wahrscheinlichkeit*:

i. $P(-A) = 1-P(A)$
    Das Gegenereignis $-A$ hat immer die *Gegenwahrscheinlichkeit* $1-P(A)$.

ii. $A \subset B \subset \Omega \Rightarrow P(B \setminus A) = P(B) - P(A)$
    Ist A in B enthalten, dann kann man die Wahrscheinlichkeit für $B \setminus A$ direkt durch die Differenz der beiden Wahrscheinlichkeiten angeben.

iii. $A \subset B \subset \Omega \Rightarrow P(A) \leq P(B) \leq P(\Omega) = 1$
    Ist A in B enthalten, dann hat B mindestens die Wahrscheinlichkeit von A.

iv. $P(A \cup B) = P(A) + P(B) - P(A \cap B)$
    Die Schnittmenge muss einmal subtrahiert werden, da sie sowohl in A als auch in B enthalten ist.

Diese Rechenregeln sind in Abbildung 5 und 6 illustriert. Die Wahrscheinlichkeiten werden über Venn-Diagramme dargestellt. Die Wahrscheinlichkeit eines Ereignisses entspricht der Fläche des Ereignisses im Diagramm. Die Gesamtfläche entspricht der Wahrscheinlichkeit von Ω mit $P(\Omega)=1$. Hat ein Ereignis A eine größere Fläche als ein Ereignis B, so hat es auch eine größere Wahrscheinlichkeit.

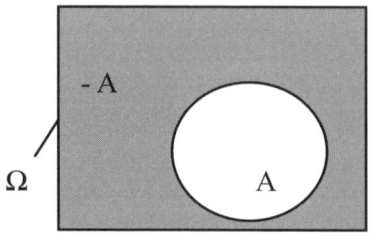 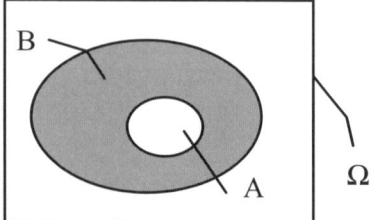

Abbildung 5: Illustrationen zu Rechenregel i (links) und den Rechenregeln ii und iii (rechts). Die graue Fläche entspricht der zu ermittelnden Wahrscheinlichkeit.

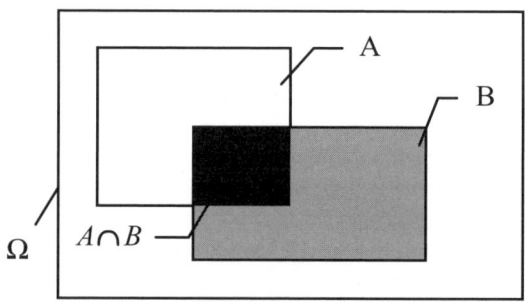

Abbildung 6: Illustration von Rechenregel iv.

Beispiele: Betrachten wir obiges Beispiel mit der Anzahl der Kinder von zufällig ausgewählten Ehepaaren. Es gilt: P(keine Kinder)=0.2, P(1 Kind)=0.3, P(2 Kinder)=0.2 und P(höchstens 2 Kinder)=0.7.
Nach Regel i ist
P(mehr als 2 Kinder) =1-P(höchstens 2 Kinder)=1-(0.2+0.3+0.2)=0.3.
Nach Regel ii gilt: P(höchstens 1 Kind) = P((höchstens 2 Kinder)\\(2 Kinder))=0.7 - 0.2=0.5.
Nach Regel iii ist P(mehr als 2 Kinder) $\leq$ P(mehr als 1 Kind).

Bei obigem Beispiel der psychischen Störungen bei Erwachsenen gilt:
P(Angststörung)=0.07, P(Depression)=0.05. Zusätzlich sei bekannt, dass P(Angst $\cap$ Depression)=0.03 ist (Depression und Angst treten häufig gemeinsam auf). Dann ist nach Regel iv
P(Angst$\cup$Depression)=0.07+0.05-0.03 =0.09. Erwachsene leiden mit einer Wahrscheinlichkeit von 0.09 mindestens an einer der beiden Störungen.

Q *Vertiefung:* Wenn von Wahrscheinlichkeit die Rede ist, dann gelten die Rechenregeln i-iv immer. Sie sind beweisbare Ableitungen aus den Axiomen (1)-(3) von Kolmogoroff. Rechenregel i kann z. B. folgendermaßen aus den Axiomen abgeleitet werden:
Nach Definition von -A gilt: $-A \cap A = \varnothing$ und $-A \cup A = \Omega$. Mit (2) und (3) gilt $1 = P(\Omega) = P(-A) + P(A)$. Durch Umstellen der Gleichung folgt $P(-A) = 1 - P(A)$. Der Nachweis der anderen Rechenregeln wird als Übungsaufgabe empfohlen.

Damit ist festgelegt, was wir unter Wahrscheinlichkeit verstehen wollen. Die Wahrscheinlichkeit eines Ereignisses A ist eine Zahl zwischen 0 und 1, die über die Sicherheit des Eintretens dieses Ereignisses Auskunft gibt. Eine Wahrscheinlichkeitsverteilung gibt für die Ereignisse aus einem Ereignisraum die jeweiligen Wahrscheinlichkeiten an. Dabei genügen die Wahrscheinlichkeiten gewissen Gesetzmäßigkeiten. Insbesondere kann man aus bereits bekannten Wahrscheinlichkeiten weitere Wahrscheinlichkeiten herleiten.

Als letzter neuer Begriff in diesem Abschnitt sei noch der Begriff des *Zufallsexperimentes* eingeführt. Unter einem Zufallsexperiment versteht man den Ausdruck (Ω, P), also einen Ereignisraum und eine Wahrscheinlichkeitsverteilung, die angibt, welche Wahrscheinlichkeit die Ereignisse aus diesem Ereignisraum Ω haben[2]. Gibt man bei einer praktischen Anwendung das Zufallsexperiment konkret an, dann sind alle Informationen versammelt, mit denen man Wahrscheinlichkeitsrechnung betreiben kann.

Eine wichtige Frage haben wir jedoch noch gar nicht behandelt: Wie kann man überhaupt die Wahrscheinlichkeit irgendeines Ereignisses bestimmen?

I.A.3 Zur Bestimmung von Wahrscheinlichkeiten

Die bisherigen Überlegungen zur Wahrscheinlichkeit waren eher theoretischer Natur. Noch fehlt es an konkreten Beispielen, in denen Wahrscheinlichkeiten tatsächlich angegeben werden können. Obige Beispiele hinsichtlich der Wahrscheinlichkeit der Anzahl von Kindern oder der Wahrscheinlichkeit psychischer Störungen beruhten darauf, dass bereits bestimmte Wahrscheinlichkeiten bekannt waren, aus denen dann andere hergeleitet werden konnten. Was ist aber, wenn man noch gar keine Wahrscheinlichkeit von interessierenden Ereignissen kennt?

Grundsätzlich gibt es zwei Wege, um zu Wahrscheinlichkeiten zu gelangen:

---

[2] In Büchern zur Wahrscheinlichkeitstheorie findet man bei der Definition eines Zufallsexperiments noch einen weiteren Bestandteil, nämlich *die Menge der Teilmengen* von Ω, für die Wahrscheinlichkeiten angegeben werden sollen. Die hier vorgenommene Vereinfachung hat jedoch keine praktischen Konsequenzen.

1. Die Wahrscheinlichkeiten ergeben sich aus theoretischen Überlegungen.

2. Die Wahrscheinlichkeiten werden aufgrund von Stichproben geschätzt.

Beide Wege werden in der Praxis häufig verwendet. Daher werden wir beide Wege genauer betrachten.

I.A.3.1 Theoretische Herleitung von Wahrscheinlichkeiten

Wird eine Münze geworfen, so sind zwei Elementarereignisse möglich: „Zahl" und „Wappen". Wenn die Münze hinsichtlich ihrer beiden Seiten symmetrisch ist und vor dem Wurf gut geschüttelt wird, dann ist das Eintreten des Ereignisses „Zahl" genau so sicher bzw. unsicher wie das Eintreten des Ereignisses „Wappen". Es muss daher gelten: P(Zahl)=P(Wappen). Das Ereignis, dass Zahl *oder* Wappen fällt, ist das sichere Ereignis[3]. Formal ausgedrückt: Es ist Ω = {Zahl, Wappen} und $P(\Omega)$=1. Nach Axiom (3) muss gelten:

$$P(\text{Zahl})=P(\text{Wappen})=0.5.$$

In analoger Weise kann man theoretisch erschließen, dass bei einem symmetrischen Würfel die Wahrscheinlichkeit für jede Augenzahl gleich 1/6 ist, denn alle sechs Augenzahlen haben die gleiche Wahrscheinlichkeit und die Gesamtwahrscheinlichkeit ist immer gleich 1. Diese Wahrscheinlichkeitsverteilung wird *Gleichverteilung*, oder, nach einem der ersten Mathematiker, der sie beschrieb, *Laplace-Verteilung* genannt. Bei der Laplace-Verteilung haben alle Elementarereignisse die gleiche Wahrscheinlichkeit.

Beispiel: Der einfache Würfelwurf mit einem fairen Würfel stellt das folgende Zufallsexperiment (Ω, P) dar: Es ist Ω = {1,2,3,4,5,6} und P die Laplace-Verteilung. Jedem Ereignis A, also jeder Teilmenge von Ω kann ihre Wahrscheinlichkeit P(A) zugeordnet werden. Z.B. ist P({1}) = P({2}) = ... = P({6}) = 1/6. Zum Berechnen der Wahrscheinlichkeit anderer Ereignisse vgl. Abschnitt I.B.1.

Doch offensichtlich ist die Laplace-Verteilung nicht die einzige Wahrscheinlichkeitsverteilung, die für die Psychologie wichtig ist. Betrachtet man z.B. die Körpergröße einer zufällig ausgewählten weiblichen Person, dann ist klar, dass nicht alle möglichen Ereignisse gleich wahrscheinlich sind. Eine Körpergröße um 170 cm ist wahrscheinlicher als eine Körpergröße um 150 cm oder um 190 cm. Es läßt sich theoretisch zeigen, dass sich viele Merkmale in der Psychologie recht gut durch die Gauß'sche Normalverteilung beschreiben lassen. In Abschnitt I.B. werden wir einige wichtige Wahrscheinlichkeitsverteilungen kennenlernen.

---

[3] Wir nehmen dabei an, dass die Münze nicht auf der Kante stehenbleibt.

I.A.3.2 Schätzung von Wahrscheinlichkeiten

In vielen Fällen kann die Wahrscheinlichkeit von Ereignissen nicht theoretisch bestimmt werden. Wie wahrscheinlich sind „Kopf" und „Wappen", wenn man eine verbogene Münze wirft? Wie wahrscheinlich ist die Heilung einer Krankheit bei Anwendung einer bestimmten Therapie? Offensichtlich kommt man hier mit der Laplace-Verteilung oder einer anderen theoretischen Verteilung nicht weiter. Fragen wir umgekehrt: Wie würden wir herausbekommen, ob z.B. eine Münze nicht mehr „fair" ist, ob also nicht mehr $P(\text{Zahl}) = P(\text{Wappen}) = 0.5$ gilt. Wir würden es vermutlich ausprobieren. Werfen wir $n = 100$ mal die Münze und es fällt 90 mal Zahl, so spricht das gegen die Fairness der Münze. Wir können vermuten, dass die Wahrscheinlichkeit von „Zahl" wohl eher bei 0.9 als bei 0.5 liegt. Dieses Gedankenbeispiel weist den Weg zur Schätzung von Wahrscheinlichkeiten.

Die Wahrscheinlichkeit eines Ereignisses A kann anhand von Stichproben über seine *relative Häufigkeit h(A)* geschätzt werden (zu relativen Häufigkeiten siehe Abschnitt II.B.1.1 in Band 1).

Es läßt sich mathematisch zeigen, dass die relative Häufigkeit $h(A)$ der Wahrscheinlichkeit $P(A)$ immer ähnlicher wird[4]. Es gilt

$$P(A) \approx \frac{n(A)}{n} = h(A) \text{ für große } n$$

Beispiele: Tritt bei einer verbogenen Münze bei einer Stichprobe von $n = 100$ Münzwürfen 90 mal das Ereignis „Zahl" auf, so wird P(Zahl) mit h(Zahl) = 90/100 = 0.9 geschätzt.

Eine neue Behandlung wird bei einer bestimmten Krankheit an einer Stichprobe von $n = 78$ Personen angewendet, was in 65 Fällen zu einer Heilung führt. P(Heilung) kann durch h(Heilung) = 65/78 = 0.833 geschätzt werden.

Die Schätzung der Wahrscheinlichkeit eines Ereignisses durch die relative Häufigkeit wird mit wachsendem Stichprobenumfang immer genauer. Bei kleinen Stichproben unterscheiden sich relative Häufigkeit und Wahrscheinlichkeit oft stark voneinander, die Schätzung kann sehr unzuverlässig sein.

Voraussetzung für diese Gesetzmäßigkeiten ist, dass die Zufallsexperimente unabhängig voneinander durchgeführt werden. Unabhängigkeit heißt z.B. beim Münzwurf, dass die Wahrscheinlichkeiten für „Zahl" und „Wappen" bei einem Wurf nicht davon abhängen, was in früheren Würfen geworfen wurde. Dies bedeutet insbesondere, dass die Wahrscheinlichkeit für „Zahl"

---

[4] Diese Darstellung ist vereinfacht, aber für unsere Zwecke ausreichend. Genauer wird der Zusammenhang von relativer Häufigkeit und Wahrscheinlichkeit durch die „Gesetzte der großen Zahlen" beschrieben, wie sie in Lehrbüchern der Wahrscheinlichkeitstheorie wiedergegeben werden (siehe z.B. Bauer, 2001).

bei einer fairen Münze immer 1/2 ist, unabhängig davon, ob vorher schon 10mal „Wappen" gefallen ist. Diese Tatsache widerspricht der Intuition vieler Glücksspieler, nach deren Überzeugung nach vielen „Wappen"-Würfen die Wahrscheinlichkeit von „Zahl" anwachsen müsste. Nach heutigem wissenschaftlichen Kenntnisstand haben Münzen jedoch kein Gedächtnis. Zum Begriff der Unabhängigkeit vgl. auch Abschnitt I.D.1.

Zu beachten ist, dass auch bei großen Stichproben die relative Häufigkeit die Wahrscheinlichkeit nicht exakt wiedergibt. Es kann theoretisch auch bei einer fairen Münze passieren, dass bei 100 Würfen 90 mal „Zahl" fällt. Nur passiert dies äußerst selten. Anders ausgedrückt: Die Wahrscheinlichkeit dafür, dass relative Häufigkeit und Wahrscheinlichkeit eines Ereignisses sich deutlich unterscheiden, wird mit wachsendem Stichprobenumfang immer kleiner. Es stellt sich die Frage, welche Stichprobengröße als ausreichend zu erachten ist und wie groß die Wahrscheinlichkeit für solche „Fehlschätzungen" ist. Wir werden in Abschnitt II.A.1 unter der Überschrift 'Parameterschätzung' dieses Problem ausführlich behandeln.

Mit den Begriffen „zufällige Ereignisse", „Wahrscheinlichkeit", „Wahrscheinlichkeitsverteilung" und „Zufallsexperiment" stehen die wichtigsten theoretischen Begriffe bereit, um Wahrscheinlichkeitsrechnung betreiben zu können. Als Wege zur praktischen Bestimmung von Wahrscheinlichkeiten wurden zum einen die theoretische Herleitung von Wahrscheinlichkeitsverteilungen, zum anderen die Schätzung von Wahrscheinlichkeiten aufgrund von Häufigkeiten aus Stichproben aufgezeigt. Der folgende Abschnitt zeigt einige wichtige Wahrscheinlichkeitsverteilungen (oder abgekürzt ausgedrückt: Verteilungen) und erläutert, wie man damit arbeitet.

📖 Weiterführende Literatur:

Wahrscheinlichkeit ist heute eines der zentralen Konzepte in den Natur-, Sozial- und Geisteswissenschaften. In dem Buch von Gigerenzer et al. (1999): „Das Reich des Zufalls" wird aus wissenschaftshistorischer Perspektive die Entwicklung und Verbreitung der Wahrscheinlichkeitslehre nachgezeichnet. Weniger wissenschaftlich aber sehr anregend zu lesen ist das Buch von Gero von Randow (2004): „Das Ziegenproblem. Denken in Wahrscheinlichkeiten". Eine mathematische Einführung in die Wahrscheinlichkeitsrechnung geben z.B. Plachky et al. (1983), während Bauer (2001) auf noch allgemeinerer Ebene die Wahrscheinlichkeitstheorie behandelt.

I.B Wichtige Verteilungen

Die konkrete Berechnung von Wahrscheinlichkeiten erfolgt in der Praxis entweder über Schätzungen mit Hilfe relativer Häufigkeiten oder aufgrund theoretischer Überlegungen (vgl. I.A.3.1 und 2). Bestimmte Wahrscheinlichkeitsverteilungen sind dabei für die Psychologie und andere Wissenschaften besonders wichtig. Sie werden in diesem Abschnitt besprochen.

Eine sehr wichtige, ja man könnte sagen, *die* klassische Wahrscheinlichkeitsverteilung ist eng mit dem Namen des Franzosen *Pierre-Simon Laplace* verknüpft und wird daher auch als Laplace-Verteilung bezeichnet.

I.B.1 Laplace-Verteilung

Betrachten wir das Zufallsexperiment des einfachen Würfelwurfes. Wie wahrscheinlich ist es, bei einem fairen Würfel eine bestimmte Augenzahl zu werfen? Bereits im letzten Abschnitt haben wir überlegt, dass die entscheidende Hilfe zur Beantwortung dieser Frage in dem Begriff „fair" steckt. Fair meint, dass alle Augenzahlen (technisch: alle Elementarereignisse) die gleiche Wahrscheinlichkeit haben. Dies ist bei einem Würfel, der symmetrisch ist hinsichtlich Form und Gewicht, eine plausible Annahme.

Ausgehend von dieser Überlegung können wir z.B. die Wahrscheinlichkeit für das Werfen der Augenzahl 5 berechnen. Es gibt $n = 6$ Elementarereignisse im Ereignisraum $\Omega = \{1,2,3,4,5,6\}$. Da alle Elementarereignisse die gleiche Wahrscheinlichkeit haben sollen und die Gesamtwahrscheinlichkeit 1 ist, muss gelten:

$$P(\{5\}) = 1/6 = 0.167$$

Wie steht es mit der Wahrscheinlichkeit von komplexeren Ereignissen? Wie groß ist z.B. die Wahrscheinlichkeit, eine gerade Augenzahl zu würfeln, also $P(A)$ mit A={2,4,6}? A setzt sich aus drei Elementarereignissen zusammen. Nach dem 3. Axiom von Wahrscheinlichkeit (vgl. I.A.2) ist die Gesamtwahrscheinlichkeit

$$P(A)=P(\{2\}) + P(\{4\}) + P(\{6\})=1/6+1/6+1/6=3/6.$$

Auf diese Weise ergibt sich die folgende allgemeine Berechnungsformel:

     Laplace-Verteilung: Die Wahrscheinlichkeit $P(A)$ eines Ereignisses A ist das Verhältnis der Anzahl günstiger Elementarereignisse $n(A)$ zur Anzahl möglicher Elementarereignisse $n(\Omega)$.

$$P(A) := \frac{n(A)}{n(\Omega)}$$

Dabei ist $n(A)$ die Anzahl der Elementarereignisse in A und $n(\Omega)$ die Anzahl der Elementarereignisse in Ω. Die so eingeführte Wahrscheinlichkeitsverteilung wird *Laplace-Verteilung* oder auch *Gleichverteilung* genannt.

Beispiele: Die Wahrscheinlichkeit eine 6 zu würfeln ist $P(\{6\}) = 1/6 = 0.167$, also genauso groß wie bei allen anderen Elementarereignissen. Es ist $A = \{6\}$, $\Omega = \{1,2,3,4,5,6\}$. Der folgende „Wahrscheinlichkeitsbaum" veranschaulicht das Eintreten der Ereignisse A bzw. –A.

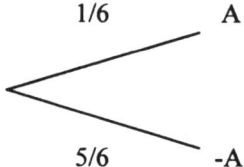

Die Wahrscheinlichkeit eine Zahl größer als 3 zu würfeln ist
$P(Zahl\ größer\ 3) = 3/6 = 0.5$, $A = \{4,5,6\}$, $\Omega = \{1,2,3,4,5,6\}$.

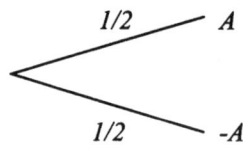

Die Wahrscheinlichkeit beim Werfen zweier Würfel eine Gesamtaugenzahl kleiner 5 zu erzielen ist
$P(Summe\ kleiner\ 5) = 6/36 = 1/6$.
$A = \{(1,1),(1,2),(2,1),(2,2),(1,3),(3,1)\}$, $n(A) = 6$,
$\Omega = \{(1,1), (1,2),...(1,6), (2,1),...(2,6),.......(6,6)\}$, $n(\Omega) = 36$.

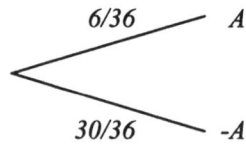

Die Wahrscheinlichkeit beim dreimaligen Werfen einer Münze, genau die Folge {Z,W,Z} zu werfen, ist gleich

$$P(Z,W,Z) = \frac{1}{2^3} = \frac{1}{8} = 0.125$$

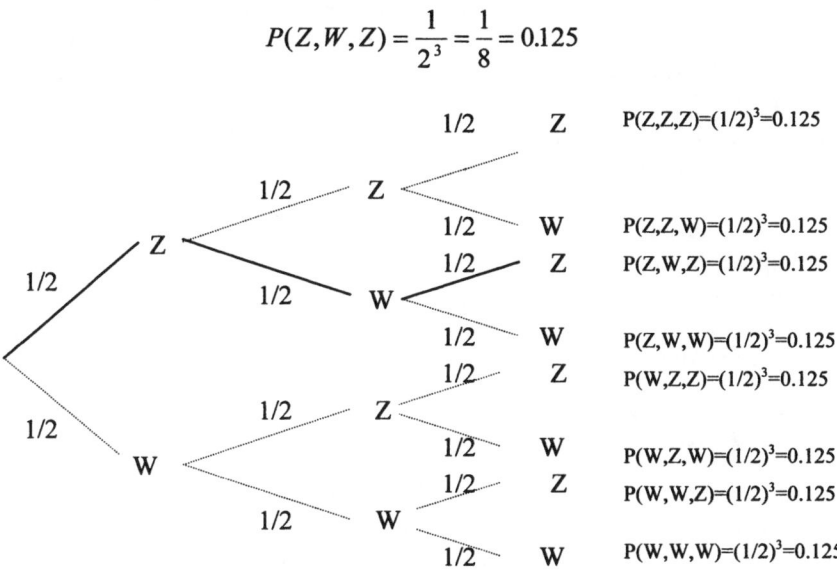

Es gilt, dass die Wahrscheinlichkeit einer Folge von Ereignissen gleich dem Produkt der Einzelwahrscheinlichkeiten ist, wenn die Wahrscheinlichkeit der Einzelereignisse unabhängig davon ist, welche Ereignisse in den vorhergehenden Versuchen eingetreten sind. Auf diesen Punkt werden wir im Abschnitt I.D.1 genauer eingehen.

Die Wahrscheinlichkeit jedes Pfades in diesem Ereignisbaum, der eine Dreierwurffolge beschreibt, ist also gleich ½ · ½ · ½ = 1/8.

Betrachtet man eine Dreierfolge als Elementarereignis, so ist nach Laplace (die Gleich-wahrscheinlichkeit der Elementarereignisse ist gegeben) die Wahrscheinlichkeit für einen bestimmten Pfad gleich der Anzahl der günstigen Pfade (hier n(A)=1) dividiert durch die Anzahl möglicher Pfade (n(Ω) =8).

Die Wahrscheinlichkeit, dass eine Dreierwurffolge vorliegt, bei der ein „W" an letzter Stelle erscheint ist somit P(?,?,W)=4/8=0.5.

Beachte: Um mit der Laplace-Verteilung arbeiten zu dürfen, müssen alle Elementarereignisse gleich wahrscheinlich sein.

Es muss immer genau überlegt werden, ob diese Bedingung zutrifft. In vielen Situationen kann davon ausgegangen werden, dass dies zumindest annähernd der Fall ist. Ist ein Würfel symmetrisch und wird vor dem Wurf gut geschüttelt, so ist die Voraussetzung erfüllt. Jede Augenzahl hat die gleiche Wahrscheinlichkeit. Werden beim Kartenspiel die Karten gut gemischt, so kann man ebenfalls mit Laplace-Wahrscheinlichkeiten rechnen. Mischt die Ziehungsmaschine beim Lotto die Kugeln gut durch, dann hat jede Zahl die gleiche Wahrscheinlichkeit, gezogen zu werden. Auch wenn man von der „rein zufälligen" Auswahl einer Person aus einer Population spricht, ist die Laplace-Verteilung zu verwenden. Diese Situation ist vergleichbar mit der Ziehung einer Kugel aus einer Urne - alle Kugeln haben die gleiche Ziehungswahrscheinlichkeit. Wenn diese Bedingung nicht erfüllt ist, muss mit anderen Wahrscheinlichkeitsverteilungen gerechnet werden. Darauf gehen die weiteren Abschnitte dieses Kapitels ein. Doch zunächst beschäftigen wir uns mit dem eher technischen Problem, wie Laplace-Wahrscheinlichkeiten berechnet werden können, wenn die Anzahl der günstigen bzw. möglichen Ereignisse groß ist. Es stellt sich heraus, dass es mit einfachem Auszählen schon bald nicht mehr getan ist. Hier hilft die sogenannte *Kombinatorik*.

I.B.1.1 Einschub: Kombinatorik ➤━

Dieser Abschnitt ist eher technischer Natur und kann beim ersten Lesen zurückgestellt werden. Er wird benötigt, wenn in komplexeren Situationen Laplace-Wahrscheinlichkeiten tatsächlich berechnet werden sollen. Wie wahrscheinlich ist es beispielsweise, bei einem Lotto-Tipp „6-Richtige" zu haben? Nach der Formel von Laplace ist die Anzahl der günstigen und der möglichen Fälle zu bestimmen. Es gibt genau einen günstigen Fall (die 6 getippten Zahlen werden gezogen). Die Anzahl der möglichen Fälle ist aber unübersehbar groß (versuchen Sie die Berechnung als Übungsaufgabe). Die Kombinatorik liefert Antworten auf die Frage, wie viele Möglichkeiten es gibt, aus einer oder mehreren Mengen Teilmengen auszuwählen und anzuordnen.

I.B.1.1.1 Kartesisches Produkt von Mengen

Gegeben seien Mengen $A = \{a_1,...,a_m\}$ und $B = \{b_1,...,b_n\}$ vom Umfang *m* bzw. *n*, so lassen sich $m \cdot n$ geordnete Paare (a_i, b_j) aus den beiden Mengen A und B bilden.

Bezeichnung: Man spricht vom *kartesischen*[5] Produkt $A \times B$ der Mengen A und B. Es ist $A \times B = \{(a, b) \text{ mit } a \in A \text{ und } b \in B\}$. Das Symbol $|A|$ bezeichnet die Anzahl der Elemente einer Menge. Es gilt:

$$|A \times B| = |A| \cdot |B|$$

---

[5] Der Name geht auf den Französischen Philosophen und Mathematiker René Descartes (1596-1650) zurück.

Beispiel: A = {Brötchen, Brot, Toast} B = {Käse, Wurst, Marmelade, Nutella}. Dann ist |A×B| = {(Brötchen, Käse), (Brötchen, Wurst),...(Toast, Nutella). Es gibt 3 ·4 = 12 Möglichkeiten zu frühstücken, wenn man aus jeder Menge ein Element wählen darf.

Entsprechendes gilt für das kartesische Produkt von mehr als zwei Mengen. Wird im Beispiel das Frühstück noch um die Menge C = {Kaffee, Tee, Saft, Milch} ergänzt, so gibt es $|A×B×C| = |A|·|B|·|C| = 3·4·4 = 48$ Möglichkeiten zu frühstücken.

Man kann auch das kartesische Produkt einer Menge mit sich selbst bilden:

Beispiel: Auf wie viele Arten können die Geburtstage von 4 Personen über ein Jahr hinweg verteilt sein?

Hier geht es um das kartesische Produkt der Menge A = Menge der Geburtstage = {1, 2, ...365} (Schaltjahre werden der Einfachheit halber weggelassen). Gefragt ist die Anzahl der Elemente des vierfachen kartesischen Produkts von A:

$$|A×A×A×A| = |A|^4 = 365^4 = 17\ 748\ 900\ 625$$

Die Zahl ist bereits so groß, dass sie die Weltbevölkerung von derzeit ca. 9 Milliarden Menschen weit übersteigt.

Wie wahrscheinlich ist es, dass 4 Personen alle am gleichen Tag Geburtstag haben? Es ist $\Omega = |A×A×A×A|$ mit $n(\Omega) = 365^4$ und B = „alle Personen haben am gleichen Tag Geburtstag". Es gibt 365 Termine für den gleichen Geburtstag, die Anzahl der günstigen Ereignisse ist $|B| = 365$. Geht man von der Laplace-Wahrscheinlichkeit aus, dann ist

$$P(B) = n(B)/n(\Omega) = 365/365^4 = 0.00000002.$$

Das Ereignis ist ziemlich unwahrscheinlich.

I.B.1.1.2 Auswählen aus einer Menge: Permutation und Kombination

Beispiel: Sie gehen in eine Eisdiele, wo es 8 Sorten Eis gibt, und bestellen 3 Kugeln: Wie viele Möglichkeiten gibt es, diese auszuwählen? Wie wahrscheinlich ist es, dass Ihr Lieblingseis serviert wird, wenn der Kellner rein zufällig auswählt?

Als *Permutationen (geordnete Teilmengen)* werden Teilmengen bezeichnet, bei denen die Reihenfolge der einzelnen Elemente berücksichtigt wird.

Als *Kombinationen (ungeordnete Teilmengen)* werden Teilmengen bezeichnet, bei denen die Reihenfolge der einzelnen Elemente nicht berücksichtigt wird.

Wir werden die folgenden Kombinatorikformeln anhand des Eisdielen-Beispiels einführen. Dort geht es um die Auswahl aus der Menge der 8 Eissorten. Es handelt sich um eine Permutation, wenn die Reihenfolge eine Rolle spielt. Dies ist der Fall, wenn Sie ein Hörnchen verlangen. Dann haben die Eisbällchen eine Reihenfolge (und Sie können das unterste Bällchen nur unter Schwierigkeiten zuerst essen). Ordern Sie jedoch ein Schälchen, dann sind für Sie alle Eisbällchen gleichzeitig zugänglich und es gibt beim Servieren keine Reihenfolge der Eisbällchen. Wenn die Reihenfolge keine Rolle spielt, handelt es sich um eine Kombination. Insgesamt sind vier Fälle zu unterscheiden:

1. *Permutation mit Wiederholung:* Es kommt auf die Reihenfolge an und die gleiche Eissorte darf mehrmals ausgewählt werden. Dann gibt es bei n Eissorten und k Kugeln

$$n^k$$

   Möglichkeiten. Beim ersten Bällchen hat man n Möglichkeiten, beim zweiten ebenso, usw. Das Ergebnis ist identisch mit der Anzahl der Elemente des k-fachen kartesischen Produktes einer n-elementigen Menge mit sich selbst. Im Beispiel mit $n=8$ und $k=3$ gibt es $n^k = 8 \cdot 8 \cdot 8 = 512$ Möglichkeiten.

2. *Permutation ohne Wiederholung:* Es kommt auf die Reihenfolge an und die gleiche Eissorte darf *nicht* mehrmals ausgewählt werden. Dann beträgt die Anzahl der Möglichkeiten bei n Eissorten und k Kugeln:

$$n(n-1) \cdot \ldots \cdot (n-k+1)$$

   Beim ersten Eisbällchen sind es n Möglichkeiten, beim nächsten $n-1$, da es keine Wiederholung geben darf, beim nächsten $n-2$ usw. Insgesamt werden k Eisbällchen ausgewählt, daher enthält die Formel k Faktoren. Im Beispiel sind es $8 \cdot 7 \cdot 6 = 336$ Möglichkeiten. Da der Ausdruck $n \cdot (n-1) \cdot \ldots \cdot 2 \cdot 1$ als $n!$ (sprich n Fakultät) abgekürzt werden kann, kann man die Anzahl der Permutationen auch als $n!/(n-k)!$ schreiben.

3. *Kombination ohne Wiederholung*: Es kommt nicht auf die Reihenfolge an und die gleiche Eissorte darf *nicht* mehrmals ausgewählt werden. Würde die Reihenfolge mit berücksichtigt, dann gäbe es bei n Eissorten und k Kugeln $n!/(n-k)!$ Möglichkeiten (Permutation ohne Wiederholung). Dabei würden die verschiedenen Reihenfolgen der ausgewählten k Kugeln zuviel gezählt. Dies sind $k!$ (Permutation ohne Wiederholung mit $n=k$). Die gesuchte Anzahl der Kombinationen erhält man durch

$$\binom{n}{k} = \frac{n!}{k!(n-k)!}$$

Der Ausdruck $n! / k! (n-k)!$ wird *Binomialkoeffizient* genannt. Er wird als $\binom{n}{k}$ (sprich: n über k) abgekürzt geschrieben.

Im Beispiel mit $n=8$ und $k=3$ gibt es $8\cdot7\cdot6 / 3\cdot2\cdot1=56$ Möglichkeiten.

4. *Kombination mit Wiederholung*: Es kommt nicht auf die Reihenfolge an und die gleiche Eissorte darf mehrmals ausgewählt werden. Dann beträgt die Anzahl der Möglichkeiten bei n Eissorten und k Kugeln

$$\binom{n+k-1}{k}.$$

Im Beispiel sind es $10\cdot9\cdot8 / 3\cdot2\cdot1=120$ Möglichkeiten.

Beispiel: Kehren wir zum Ausgangsbeispiel zurück: Wie wahrscheinlich ist es, bei einem Lotto-Tipp „6-Richtige" zu haben? Wenn die Lottomaschine gut mischt, können wir von der Laplace-Wahrscheinlichkeit ausgehen. Es ist die Anzahl der günstigen und der möglichen Fälle zu berechnen. Die Anzahl der günstigen Fälle beträgt 1(es wurden genau die 6 richtigen Zahlen getippt). Hinsichtlich der Anzahl der möglichen Fälle müssen wir die Kombinatorik zu Hilfe nehmen. Bei der Ziehung kommt es nicht auf die Reihenfolge an, auch kann dieselbe Kugel nicht mehrfach gezogen werden. Es handelt sich also um eine Kombination ohne Wiederholung mit $n=49$ und $k=6$. Es gibt demnach

$$\binom{n}{k} = \binom{49}{6} = 13983816$$

mögliche Fälle. Die Wahrscheinlichkeit für „6-Richtige" ist also $1/13983816=0.00000007$. Dieses Ereignis ist ziemlich unwahrscheinlich.

Die folgende Tabelle fasst die Rechenformeln bei Permutation und Kombination zusammen (dabei wird die Schreibweise mit den Binomialkoeffizienten verwendet). Bei einer konkreten Frage aus dem Bereich der Kombinatorik sollte man sich überlegen, ob es auf die Reihenfolge ankommt oder nicht, und ob es Wiederholungen geben kann oder nicht. Dann ist zumeist klar, welche Kombinatorikformel anzuwenden ist.

	Permutationen	*Kombinationen*
mit Wiederholung	n^k	$\binom{n+k-1}{k}$
ohne Wiederholung	$\dfrac{n!}{(n-k)!}$	$\binom{n}{k}$

Tabelle 1: Übersicht über die Rechenformeln bei Kombination und Permutation.

Fassen wir zusammen: Die Kombinatorik wird als Hilfsmittel gebraucht, um Wahrscheinlichkeiten mit Hilfe der Laplace-Verteilung berechnen zu können. Entscheidend ist jedoch die Frage, wann die Laplace-Verteilung vorliegt, und was in den Fällen getan werden kann, wenn sie nicht vorliegt. Die folgende Überlegung zeigt, zu welch unsinnigen Resultaten man kommen kann, wenn man fälschlich die Laplace-Verteilung voraussetzt.

Anmerkung: Gottesbeweis: Die Frage, ob Gott existiert, bewegt seit Jahrhunderten die Menschen. Aus Sicht der Wahrscheinlichkeitsrechnung gibt es hier zwei Elementarereignisse: „Gott existiert" und „Gott existiert nicht". Würde man die Laplace-Wahrscheinlichkeit verwenden, dann gilt P(Gott existiert) = ½, ein Ergebnis, mit dem in der heutigen säkularisierten Gesellschaft vermutlich mancher Theologe zufrieden wäre. Doch es geht noch besser: Aufbauend auf der Annahme der Laplace-Verteilung läßt sich die Existenz mindestens eines Gottes mit nahezu 100%-iger Sicherheit nachweisen. Wir postulieren einfach - wie die alten Griechen -, dass es 100 Götter mit den unterschiedlichsten Aufgabenbereichen (Schicksals-, Kriegs-, Liebes-, Wettergott usw.) geben könnte. Die möglichen Elementarereignisse hinsichtlich der existierenden und nichtexistierenden Götter können als Kartesisches Produkt der 100 Mengen {Gott a existiert; Gott a existiert nicht}×{Gott b existiert; Gott b existiert nicht}×... beschrieben werden. Die Anzahl der möglichen Elementarereignisse ist demnach 2^{100}, die Anzahl der „günstigen" Ereignisse „keiner dieser Götter existiert" ist 1. Mit der Formel für die Laplace-Wahrscheinlichkeit gilt

$$P(kein\ Gott\ exisiert) = \frac{1}{2^{100}} = 7.88 \cdot 10^{-31}\ (\text{eine verteufelt kleine Zahl}).$$

Somit ist die Gegenwahrscheinlichkeit, dass mindestens einer existiert, gleich 0.999999... . Je polytheistischer wir werden, desto überzeugter können wir demnach sein.

Ein solches Vorgehen, mit unsinnigen Voraussetzungen zu starten und dann (aufgrund durchaus korrekter Schlüsse) zu unsinnigen Ergebnissen zu kommen, ist einer der Hauptgründe für den oft zitierten Spruch: „Traue keiner Statistik, die du nicht selbst gefälscht hast". Daher ist es bei der Beurteilung statistischer Ergebnisse sehr wichtig, genau zu gucken, mit welchen Annahmen und Operationalisierungen dabei gearbeitet wurde. Nur so können unsinnige, aber scheinbar korrekt ermittelte Ergebnisse erkannt werden.

I.B.2 Binomialverteilung

Wir betrachten den n-fachen Münzwurf. Die Wahrscheinlichkeit, genau k-mal „Zahl" zu werfen, darf nicht mit der Laplace-Verteilung auf $\Omega = \{0,1,2,...n\}$ berechnet werden. Es ist intuitiv einleuchtend, dass beim $n = 12$-maligen Münzwurf das Ergebnis 12-mal „Zahl" unwahrscheinlicher ist als z.B. 6-mal „Zahl".

Die in dieser Situation vorliegende Wahrscheinlichkeitsverteilung heißt *Binomialverteilung*.

Beispiel: *Beim zweifachen Münzwurf einer fairen Münze ist die Wahrscheinlichkeit P(k) für k-mal „Zahl"*

$$P(k{=}0)=0.25$$
$$P(k{=}1)=0.5$$
$$P(k{=}2)=0.25$$

Dabei ist n = 2 und p = 0.5 die Wahrscheinlichkeit des Ereignisses „Zahl" beim einfachen Münzwurf. Es liegt also keine Laplace-Verteilung vor.

Es handelt sich *nicht* um eine Laplace-Verteilung, da sich $k = 1$ ergibt, wenn sich („Wappen", „Zahl") oder („Zahl", „Wappen") ereignet haben. Dagegen ist k nur in dem Fall 0, wenn („Wappen", „Wappen") fällt und $k = 2$ nur dann, wenn sich („Zahl", „Zahl") ereignet hat.

Allgemein betrachten wir n Wiederholungen eines Zufallsexperimentes, welches nur zwei Elementarereignisse A und -A liefert. Ein solches Zufallsexperiment wird als Bernoulliexperiment bezeichnet. Ein Beispiel dafür ist der einfache Münzwurf. Die Tatsache, dass in einem Durchgang das Ereignis A auftritt, soll keinen Einfluss auf das Auftreten von A in einem anderen Durchgang haben. Wir sprechen in diesem Fall von einer *Folge unabhängiger Zufallsexperimente* bzw. *Folge von unabhängigen Bernoulliexperimenten*.

Wir führen ein Bernoulliexperiment n-mal durch und fragen nach der Wahrscheinlichkeit für k-maliges Auftreten von A: In dieser Situation heißt die Wahrscheinlichkeitsverteilung auf $\Omega = \{0,1,2,...,n\}$ *Binomialverteilung* mit den Parametern[6] n und p.

Bezeichnung: Binomialverteilungen werden als $B(n, p)$ abgekürzt. Dabei ist p die Wahrscheinlichkeit des Ereignisses A (z. B. „Zahl"), welches k-mal auftreten soll. n und p sind die Parameter der Binomialverteilung. Es gibt also nicht nur *eine* Binomialverteilung, sondern für jede Konstellation dieser Parameter eine eigene Binomialverteilung.

Wahrscheinlichkeiten bei einer Binomialverteilung: Ist P eine $B(n,p)$-Verteilung, so ist

$$P(k) = \binom{n}{k} p^k (1-p)^{n-k}$$

Im Anhang befindet sich eine Tabelle der Wahrscheinlichkeiten von Binomialverteilungen mit unterschiedlichen Parametern n und p.

---

[6] Der Begriff „Parameter" beschreibt unbestimmt gelassene Hilfsvariablen. Anders ausgedrückt: Parameter sind technische Größen in Formeln.

Beispiel: Die Wahrscheinlichkeit, bei dreimaligem Münzwurf genau zweimal „Wappen" zu werfen, wird mit Hilfe der Binomialverteilung B(3, 1/2) berechnet. Es ist $\Omega = \{0, 1, 2, 3\}$ und

$$P(k = 2) = \binom{3}{2} \left(\frac{1}{2}\right)^2 \left(\frac{1}{2}\right)^{3-2} = 3 \cdot \frac{1}{4} \cdot \frac{1}{2} = 0.375$$

Herleitung der Binomialverteilung: Wenn das Ereignis A die Wahrscheinlichkeit p hat, muss das Gegenereignis -A die Wahrscheinlichkeit $1-p$ haben. Der Ausdruck $p^k \cdot (1-p)^{n-k}$ in der Formel ergibt sich, da k-mal das Ereignis A mit der Wahrscheinlichkeit p eintritt und $(n-k)$-mal das Ereignis -A mit der Wahrscheinlichkeit $1-p$ eintritt. Alle diese Ereignisse sind unabhängig. In Abschnitt I.D.1 werden wir sehen, dass dann die Wahrscheinlichkeit für eine Folge (A, A, -A,...) bei der insgesamt k-mal das Ereignis A vorkommt, gleich $p^k \cdot (1-p)^{n-k}$ ist. Der Binomialkoeffizient gibt nun an, wie viele solcher Folgen (A, A, -A,...) es gibt, bei denen k-mal A vorkommt (Kombination ohne Wiederholung). Daher ist die Gesamtwahrscheinlichkeit, dass bei n unabhängigen Durchführungen k-mal das Ereignis A vorkommt (und damit $n-k$-mal das Ereignis -A), gleich

$$\binom{n}{k} p^k (1 - p)^{n-k}$$

Beispiel: Wie wahrscheinlich ist es, beim dreimaligen Würfeln genau 2 Sechsen zu würfeln? Es ist $p = 1/6$, $n = 3$, $k = 2$. Dass Ereignis $k = 2$ ergibt sich aus (6, 6, k.6), (6, k.6, 6) und (k.6, 6, 6), k.6 bedeutet „keine 6". Die Wahrscheinlichkeit $P(k = 2)$ ergibt sich als

$$P(k=2) = \frac{1}{6} \cdot \frac{1}{6} \cdot \frac{5}{6} + \frac{1}{6} \cdot \frac{5}{6} \cdot \frac{1}{6} + \frac{5}{6} \cdot \frac{1}{6} \cdot \frac{1}{6}$$

$$= 3 \cdot \frac{1}{6} \cdot \frac{1}{6} \cdot \frac{5}{6} = \binom{3}{2} \cdot \left(\frac{1}{6}\right)^2 \cdot \frac{5}{6} = 0.07$$

1. Wurf   2. Wurf   3. Wurf

Anhand eines solchen Baumdiagramms kann die Wahrscheinlichkeit „per Hand" nachgerechnet werden. Es ist die Wahrscheinlichkeit aller „Pfade" auszurechnen, bei denen genau 2-mal das Ereignis „6" auftritt (hier die Pfade mit den durchgezogenen Linien). Innerhalb eines „Pfades" sind die einzelnen Wahrscheinlichkeiten miteinander zu multiplizieren.

Beispiel: Wie wahrscheinlich ist es, beim fünfmaligen Werfen einer Münze höchstens dreimal Zahl zu werfen? Es ist

$$P(k \le 3) = P(k=0) + P(k=1) + P(k=2) + P(k=3).$$

Einfacher zu berechnen ist

$$P(k \le 3) = 1 - P(k>3) = 1 - (P(k=4) + P(k=5))$$

$$P(k = 4) = \left(\frac{1}{2}\right)^4 \cdot \left(\frac{1}{2}\right)^1 \cdot \binom{5}{4} = 0.5^5 \cdot 5 = 0.156$$

$$P(k = 5) = \left(\frac{1}{2}\right)^5 \cdot \left(\frac{1}{2}\right)^0 \cdot \binom{5}{5} = 0.5^5 \cdot 1 = 0.031$$

$$P(k \le 3) = 1 - p(k > 3) = 1 - (0.156 + 0.031) = 0.813$$

Allgemein gilt $$\sum_{k=0}^{n} \binom{n}{k} p^k (1-p)^{n-k} = 1,$$

da beim n-fachen Bernoulliexperiment das gesuchte Ereignis mindestens nullmal, aber höchstens n-mal auftreten kann, und die Gesamtwahrscheinlichkeit gleich eins ist.

I.B.2.1 Darstellung der Binomialverteilung

Wie kann man Wahrscheinlichkeitsverteilungen veranschaulichen? Eine Möglichkeit ist, eine Grafik anzufertigen, bei der die Elemente des Ereignisraumes Ω auf der x-Achse und ihre Wahrscheinlichkeiten auf der y-Achse eingezeichnet werden. Ganz analog werden in der deskriptiven Statistik Häufigkeitsverteilungen dargestellt.

Bei der Binomialverteilung erhält man für unterschiedliche Parameter n und p unterschiedliche Werte der Wahrscheinlichkeiten $P(k)$. Die Verteilung ist eingipflig (unimodale). Für $p=0.5$ ist sie symmetrisch. In Abb. 7 ist die Situation im eingangs beschriebenen 12-fachen Münzwurf dargestellt. Tatsächlich sind die Wahrscheinlichkeiten für extreme Ergebnisse (z.B. 12-mal „Zahl") viel geringer als für „mittlere" Ergebnisse. Das Ereignis „6-mal Zahl" hat die höchste

Wahrscheinlichkeit. Gilt $p<0.5$, dann ist die Verteilung linkssteil, bei $p>0.5$ ist sie rechtssteil.

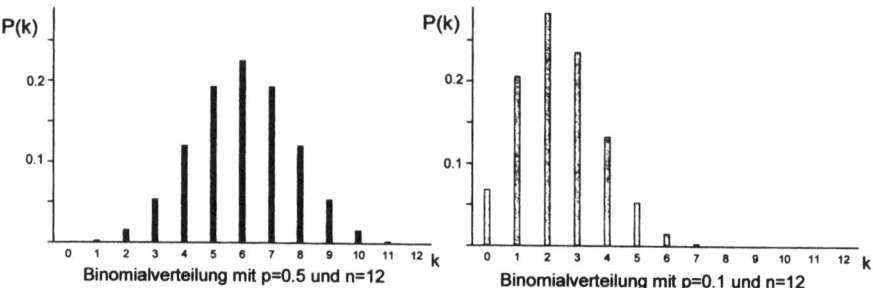

Abbildung 7 und 8: Darstellung der Wahrscheinlichkeiten $P(k)$ bei einer $B(12, 0.5)$- und $B(12, 0.1)$-Verteilung

I.B.3 Multinomialverteilung

Eine Verallgemeinerung der Binomialverteilung ist die Multinomialverteilung. Wenn in einem Zufallsexperiment nicht nur 2, sondern allgemein m Ausgänge A_1, A_2, ...A_m möglich sind und dieses Zufallsexperiment n-mal unabhängig wiederholt wird, dann gibt die Multinomialverteilung die Wahrscheinlichkeit dafür an, dass sich beispielsweise 3-mal A_1 und 0-mal A_2 und 4-mal A_3 usw. ereignen.

Beispiel: Beim 10-maligen Würfelwurf kann die Wahrscheinlichkeit dafür, dass 3-mal die Sechs, 3-mal die Fünf und je einmal alle anderen Ergebnisse vorkommen, mit der Multinomialverteilung angegeben werden.

Die Formeln für die einzelnen Wahrscheinlichkeiten sind bei der Multinomialverteilung etwas komplizierter als bei der Binomialverteilung. Haben die möglichen Ergebnisse A_1, A_2, ...A_m die Wahrscheinlichkeit p_1, p_2,...p_m und betrachten wir das Ereignis, dass A_1 k_1-mal vorkommt, A_2 k_2-mal vorkommt usw., dann ist die Wahrscheinlichkeit dafür

$$P_M(k_1, k_2,...k_m) = \frac{n!}{k_1! \cdot k_2! \cdot...\cdot k_m!} \cdot p_1^{k_1} \cdot p_2^{k_2} \cdot...\cdot p_m^{k_m}$$

Bezeichnung: Die Multinomialverteilung wird durch die Parameter n, p_1, $p_2,...p_m$ festgelegt und durch das Symbol $M(n, p_1, p_2,...p_m)$ abgekürzt.

Beispiel: Bei obigem Beispiel des 10-maligen Würfelwurfes handelt es sich um eine M(10, 1/6,..., 1/6)-Verteilung. Die Ergebnisse A_i, deren Häufigkeit gezählt wird, sind gerade die Augenzahlen i. Die Wahrscheinlichkeit dafür, dass 3-mal die Sechs, 3-mal die Fünf und je einmal alle anderen Ergebnisse vorkommen, ist

$$P_M(1,1,1,1,3,3) = \frac{10!}{1! \cdot 1! \cdot 1! \cdot 1! \cdot 3! \cdot 3!}\left(\frac{1}{6}\right)^1 \cdot \left(\frac{1}{6}\right)^1 \cdot \left(\frac{1}{6}\right)^1 \cdot \left(\frac{1}{6}\right)^1 \cdot \left(\frac{1}{6}\right)^3 \cdot \left(\frac{1}{6}\right)^3$$

$$= \frac{10!}{6 \cdot 6}\left(\frac{1}{6}\right)^{10} = 0.0017$$

Im Fall $m=2$ ist die Multinomialverteilung mit der Binomialverteilung identisch.

I.B.4 Poissonverteilung: Die Verteilung seltener Ereignisse

Betrachten wir sehr seltene Ereignisse, die aber sehr viele Gelegenheiten haben, einzutreten. Dies können z.B. tödliche Verkehrsunfälle, die Geburt von Kindern mit einer seltenen Erbkrankheit oder sexueller Missbrauch im Rahmen von Psychotherapie sein. Die Wahrscheinlichkeit, dass bei einer bestimmten Gelegenheit das Ereignis eintritt (bei einer bestimmten Autofahrt, bei einem bestimmten Kind oder bei einer bestimmten Therapie), ist sehr gering. Gleichzeitig gibt es aber sehr viele Autofahrten, Geburten, oder Therapiesitzungen und damit sehr viele Gelegenheiten für das unwahrscheinliche Ereignis, einzutreten. Betrachtet man nun die Anzahl solcher Ereignisse in einem bestimmten Zeitraum, so kann diese in sehr guter Näherung durch die *Poissonverteilung*[7] beschrieben werden.

Beispiel: Anzahl von tödlichen Verkehrsunfällen pro Wochentag. Der Ereignisraum ist $\Omega = \{0,1,2,3,...\}$. Theoretisch sind alle ganzen positiven Zahlen mögliche Elementarereignisse. Klar ist aber, dass die Wahrscheinlichkeiten für große Zahlen schnell sehr klein wird. So ist es extrem unwahrscheinlich (aber leider nicht ausgeschlossen), dass es an einem Tag 150 Verkehrstote gibt.

---

[7] *Siméon Denis Poisson* (1781-1840) war ein bedeutender französischer Mathematiker und „entdeckte" diese Verteilung.

Berechnung der Wahrscheinlichkeiten: Bei der Poissonverteilung berechnet sich die Wahrscheinlichkeit für das Ereignis *k* durch

$$P(k) = \frac{\mu^k}{k!} e^{-\mu} \ .$$

Dabei ist *e* die Eulersche Zahl[8] und μ beschreibt die zu erwartende durchschnittliche Anzahl der Ereignisse. μ ist der Erwartungswert der Verteilung (vgl. Abschnitt I.C.2.2).

Bezeichnung für die Poissonverteilung: $P(\mu)$.

Beispiel: Aus den Archiven der preußischen Kavallerie wurde die durchschnittliche Anzahl von jährlichen Todesfällen durch Huftritt ermittelt[9]: Sie betrug pro Regiment und Jahr $\mu = 0.61$. Die folgende Tabelle zeigt für die Todesfallzahlen k (erste Spalte) die Häufigkeiten n_k (zweite Spalte), die relativen Häufigkeiten h_k (dritte Spalte) und die Wahrscheinlichkeiten $P_{P(\mu)}(k)$ (vierte Spalte), die sich gemäß einer Poissonverteilung ergeben.

k	n_k	h_k	$P_{P(\mu)}(k)$
0	109	0.545	0.543
1	65	0.325	0.331
2	22	0.110	0.101
3	3	0.015	0.021
≥4	1	0.005	0.004

Tabelle 2: Beobachtete Häufigkeiten, relative Häufigkeiten und Wahrscheinlichkeiten einer Poissonverteilung (Erläuterung im Text).

Hintergrund: Die Poissonverteilung ergibt sich als Grenzfall einer Binomialverteilung, nämlich dann, wenn die Anzahl *n* von einzelnen unabhängigen Zufallsexperimenten sehr groß wird und die Wahrscheinlichkeit *p* des interessierenden Ereignisses A sehr klein ist.

Ist $n > 100$ und $p < 0.05$, so sind die Unterschiede zwischen Binomial- und Poissonverteilung vernachlässigbar.

---

[8] Die Zahl *e* hat ungefähr den Wert 2.7182 und wurde nach dem Mathematiker Leonhard Euler (1707-1783) benannt. Sie ist eine irrationale Zahl, d. h., sie kann nicht als Dezimalbruch geschrieben werden.

[9] Das Datenbeispiel stammt aus Schmitz, 1983, S.23.

Beispiel: Aus langjährigen Untersuchungen sei bekannt, dass pro Monat im Durchschnitt zwei Neuerkrankungen einer bestimmten Krankheit in der Bevölkerung auftreten. Ob eine Person erkrankt, sei unabhängig davon, ob eine andere Person erkrankt ist.

Wie wahrscheinlich ist es, dass es in einem beliebigen Monat 2, 5 oder 9 Neuerkrankungen diagnostiziert werden? Als Parameter μ wird der langjährige Durchschnittswert genommen.

$$P_{P(2)}(x) = \frac{\mu^x e^{-\mu}}{x!} = \frac{2^x e^{-2}}{x!} \qquad P_{P(2)}(2) = \frac{2^2 e^{-2}}{2!} = 0.27$$

$$P_{P(2)}(5) = \frac{2^5 e^{-2}}{5!} = 0.036 \qquad P_{P(2)}(9) = \frac{2^9 e^{-2}}{9!} = 0.0002$$

Grafische Darstellung der Poissonverteilung: Die Poissonverteilung ist unimodal und linkssteil.

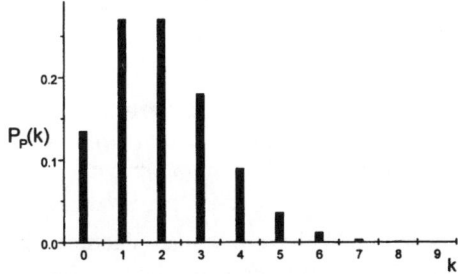

Abbildung 9: Wahrscheinlichkeiten $P_{P(\mu)}(k)$ einer Poissonverteilung mit $\mu = 2$.

I.B.5 Diskrete und stetige Verteilungen

Wir haben uns bisher mit „überschaubaren" Zufallsexperimenten beschäftigt. Damit ist gemeint, dass es nur relativ wenige mögliche Ergebnisse gibt. Die Menge der möglichen Ergebnisse kann immer in einer Liste der Form $\Omega = \{\omega_1, \omega_2, \omega_3 ...\}$ aufgeschrieben werden. Ein typisches Beispiel ist der einfache Würfelwurf mit seinen 6 möglichen Ergebnissen. Ein solches Zufallsexperiment, bei dem die Ergebnisse einzelne, isolierte Werte sind, wird *diskret* genannt, die zugehörige Wahrscheinlichkeitsverteilung wird *diskrete Wahrscheinlichkeitsverteilung* oder kurz: diskrete Verteilung genannt. Binomial-, Multinomial- und Poissonverteilung sind typische Beispiele für diskrete Verteilungen. Man kann mit ihnen arbeiten, indem man die Wahrscheinlichkeit für Elementarereignisse mittels der angegebenen Formel berechnet. Die Wahrscheinlichkeit komplexerer Ereignisse erhält man, indem die Wahrscheinlichkeiten der im Ereignis enthalten Elementarereignisse bestimmt und zusammengerechnet werden (vgl. das Beispiel auf Seite 39).

Weitere Vertreter dieses Typs sind die *geometrische Verteilung*, welche in Bernoulliexperimenten die Anzahl von Durchgängen bis zum ersten Auftreten eines Ereignisses A beschreibt (z.B. Warten auf die erste „Sechs" beim Würfeln) oder die *hypergeometrische Verteilung*, welche das Ziehen aus einer Urne *ohne Zurücklegen* beschreibt. Es ist allerdings nicht das Anliegen dieses Buches, möglichst vollständig zu sein. Wichtiger ist unseres Erachtens nach, dass der Leser anhand typischer Beispiele versteht, was diskrete Verteilungen sind und wie damit umgegangen werden kann.

 Problem: Ergebnisse von Zufallsexperimenten müssen nicht immer diskrete Werte sein. Z.B. kann die zufällige Wartezeit auf einen Bus *irgendeinen* Wert im Intervall [0, 4) annehmen. Der Bus kann in 1 Minute und 23.75 Sekunden, aber auch eine Zehntelsekunde später eintreffen. Prinzipiell ist jede positive Zahl möglich. Die möglichen Ergebnisse sind in diesem Fall nicht mehr diskrete Werte sondern bilden ein Kontinuum. In so einem Fall spricht man von einem *stetigen Zufallsexperiment* bzw. einer stetigen Verteilung. Um diese zu beschreiben, reicht unser Methodenrepertoire noch nicht aus.

Beispiel: Der Bus kommt alle 10 Minuten. Sie erreichen die Bushaltestelle zu einem rein zufälligen Zeitpunkt. Wie wahrscheinlich ist es, dass Sie genau 1 Minute und 23,75 Sekunden warten müssen?

Bisher haben wir Wahrscheinlichkeitsverteilungen dadurch charakterisiert, dass die Wahrscheinlichkeiten für die Elementarereignisse festgelegt wurden. Im Beispiel müßten alle möglichen Wartezeiten zwischen 0 und 10 Minuten die gleiche Wahrscheinlichkeit bekommen, da die Bushaltestelle zu einem rein zufälligen Zeitpunkt erreicht wird. Egal wie klein diese Wahrscheinlichkeit wäre, die Summe über all diese Werte wäre immer größer als 1, da es unendlich viele mögliche Wartezeiten gibt. Doch die Gesamtwahrscheinlichkeit muss gleich Eins sein. Unsere bewährte Methode zur Berechnung von Wahrscheinlichkeiten funktioniert bei stetigen Zufallsexperimenten nicht. Am folgenden Beispiel der Gleichverteilung werden wir eine neue Methode kennenlernen. Sie sieht so aus, dass nicht mehr für Elementarereignisse sondern für *Intervalle* die Wahrscheinlichkeit bestimmt werden.

I.B.6 Gleichverteilung

Wir betrachten einen Ereignisraum $\Omega=[a,b]$. Im Beispiel war Ω der Bereich der möglichen Wartezeiten (0 bis 600 Sekunden). Von einer Gleichverteilung auf $\Omega=[a,b]$ wird gesprochen, wenn Intervalle gleicher Länge aus Ω die gleiche Wahrscheinlichkeit haben. $\Omega=[a,b]$ ist das sichere Ereignis mit $P([a,b])=1$. *Bezeichnung*: G[a,b].

Bei einer Gleichverteilung ist die Wahrscheinlichkeit eines Intervalls proportional zu seiner Länge.

Obiges Beispiel des „Wartens auf den Bus" läßt sich mit der *Gleichverteilung* auf dem Intervall $\Omega = [0, 600]$ (Sekunden) beschreiben. Wenn jedes Intervall gleicher Länge aus Ω die gleiche Wahrscheinlichkeit bekommen soll, dann muss beispielsweise für das einminütige Intervall A=$[0, 60)$ gelten: $P(A)=1/10$.

Begründung: Es ist $\Omega = [0, 60) \cup [60, 120) \cup ... \cup [540, 600]$. Die Gesamtwahrscheinlichkeit teilt sich in 10 gleich große und überschneidungsfreie Intervalle auf. Da eine Gleichverteilung vorliegt, hat jedes Intervall die Wahrscheinlichkeit 1/10.

Beispiel: Die Wahrscheinlichkeit, dass man zwischen 1 Minute 20 Sekunden und 1 Minute 30 Sekunden warten muss, ist proportional zu der Länge dieses Intervalls. Hier handelt es sich um 10 Sekunden von insgesamt 600 Sekunden, also beträgt die Wahrscheinlichkeit 10/600 = 1/60.

Noch ist die Frage unbeantwortet, welche Wahrscheinlichkeit bei stetigen Verteilungen einzelne Elementarereignisse haben. Betrachten wir das Beispiel mit der Wartezeit. Ein exakter Zeitpunkt ist ein Intervall der Länge Null. Daher muss die Wahrscheinlichkeit für einzelne exakte Zeitpunkte gleich Null sein.

Beispiel: Die exakte Wartezeit 1 Minute 23,75 Sekunden hat die Wahrscheinlichkeit null.

Dies erscheint zunächst unbefriedigend, da der Bus doch zu irgendeinem exakten Zeitpunkt ankommt, z.B. nach 1 Min. 23,75 Sek. In der Praxis messen wir jedoch nur mit beschränkter Genauigkeit, eine Wartezeit von 1 Min. 23,75 Sek. bedeutet in Wirklichkeit das Intervall 1 Min. 23,745 Sek. und 1 Min. 23,755 Sek. Und dieses Intervall hat wiederum eine (wenn auch sehr kleine) positive Wahrscheinlichkeit (Berechnung als Übungsaufgabe empfohlen).

I.B.7 Zur Berechnung von Wahrscheinlichkeiten bei stetigen Verteilungen

Wir haben gesehen, dass bei stetigen Verteilungen die Wahrscheinlichkeiten nur für Intervalle bestimmt werden. Im konkreten Fall der Gleichverteilung konnte diese Berechnung mit Hilfe der Länge der fraglichen Intervalle durchgeführt werden. Im allgemeinen Fall erfolgt diese Berechnung mit sogenannten *Wahrscheinlichkeitsdichten*. Dieses Konzept soll am Beispiel der Gleichverteilung erklärt werden.

Dichte einer Gleichverteilung: Bei einer Gleichverteilung G[a, b] ist die Wahrscheinlichkeit von Intervallen proportional zu ihrer Länge. Intervalle gleicher Länge haben die gleiche Wahrscheinlichkeit. Wenn wir in Abbildung 10 die Fläche unter der Kurve für ein Intervall A = [x, x+Δx] betrachten[10], dann entspricht diese graue Fläche genau der Wahrscheinlichkeit des Intervalls.

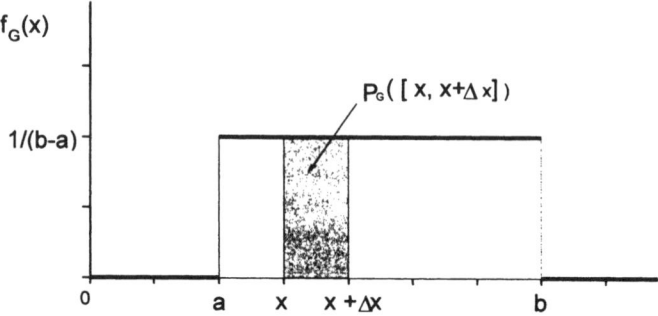

Abbildung 10: Dichte einer Gleichverteilung auf [a, b]

Diese Kurve wird *Wahrscheinlichkeitsdichte* (oder kurz: Dichte) f_G der Gleichverteilung genannt. Die graue Fläche entspricht der Wahrscheinlichkeit des Ereignisses A = [x, x+Δx]. Die gesamte Fläche unter der Dichte ist 1 (sonst wäre P_G keine Wahrscheinlichkeitsverteilung). Daher lautet die Formel für die *Wahrscheinlichkeitsdichte* f_G :

$$f_G(x) = \begin{cases} \dfrac{1}{b-a} & \text{für } a \leq x \leq b \\[2ex] 0 & \text{sonst} \end{cases}$$

Die Dichte einer Verteilung ist eine Kurve, mit der die Wahrscheinlichkeiten dieser Verteilung berechnet werden können. Für ein Intervall A (und nur solche Ereignisse betrachten wir) wird die Fläche unter der Dichte auf diesem Intervall ermittelt. Diese Fläche ist die Wahrscheinlichkeit des Intervalls A.

---

[10] Die Darstellung [x,x+Δx] ist in den Naturwissenschaften gebräuchlich, um gegebenenfalls auch sehr kleine Intervalle zu bezeichnen. Der Ausdruck x+Δx (Δ ist der griechischer Buchstabe *Delta*) bedeutet „ein kleines Stück weiter als *x*."

Allgemein gilt: Bei stetigen Wahrscheinlichkeitsverteilungen wird die Wahrscheinlichkeit eines Intervalls $[x_1, x_2]$ dadurch bestimmt, dass die Fläche unter der Dichte auf dem Intervall $[x_1, x_2]$ berechnet wird.

Im Beispiel ist die Dichte konstant gleich 1/600 auf dem Intervall [0, 600] und Null sonst. Für ein Intervall $[x_1, x_2] \subset \Omega$ ist die Fläche des Rechtecks mit den Seitenlängen x_2-x_1 und 1/600 zu berechnen. Für das Ereignis A = [1 Min. 20 Sek., 1 Min. 30 Sek.] ist die Wahrscheinlichkeit P(A) = 10/600 = 1/60.

Im allgemeinen Fall kann die Wahrscheinlichkeit eines Intervalls $[x_1, x_2]$ (also die Fläche unter der Dichte f) mit Hilfe der Integralrechnung ausgerechnet werden. Für ein Ereignis A=$[x_1, x_2]$ gilt:

$$P(A) = \int_{x_1}^{x_2} f(x)dx$$

Beispiel: Für die Gleichverteilung P_G auf dem Intervall [0, 100] soll zur Illustration die Wahrscheinlichkeit eines Ereignisses auch mittels Integralrechnung berechnet werden. Die Dichte ist f_G=1/600. Es ist

$$P_G([1 \text{ Min. } 20 \text{ Sek.}, 1 \text{ Min. } 30 \text{ Sek.}]) = P_G([80, 90])$$

$$= \int_{80}^{90} \frac{1}{600} dz = \left[\frac{z}{600} \right]_{80}^{90} = \frac{90}{600} - \frac{80}{600} = \frac{1}{60}$$

Mit der Wahrscheinlichkeit P_G = 1/60 = 0.1667 wird die Wartezeit zwischen 80 und 90 Sekunden betragen.

I.B.8 Normalverteilung

Die wichtigste Verteilung in der Psychologie (und auch in anderen Wissenschaften) ist die Gauß'sche Normalverteilung.[11]

Begründung: Wenn sich eine Vielzahl unabhängiger zufälliger und ungerichteter Effekte summieren, ergibt sich eine Normalverteilung.[12] Das kann mathematisch gezeigt werden. Bei vielen statistischen Verfahren wird davon ausgegangen, dass die Daten normalverteilt sind. Die Normalverteilung ist eine stetige Verteilung, deren Dichte die Form einer Glocke hat. Daher heißt sie auch Gauß'sche Glockenkurve. Inhaltlich bedeutet dies, dass Ereignisse im mittleren

---

[11] Diese Vereilung ist benannt nach dem Mathematiker, Physiker und Astronomen *Carl Friedrich Gauß* (1777-1855).
[12] Den mathematischen Hintergrund bildet der sogenannte *zentrale Grenzwertsatz* (vgl. II.A.1.1.2).

Bereich große Wahrscheinlichkeit haben, Ereignisse in den Randbereichen eher selten auftreten werden. Die folgende Abbildung zeigt die Dichte der Normalverteilung.

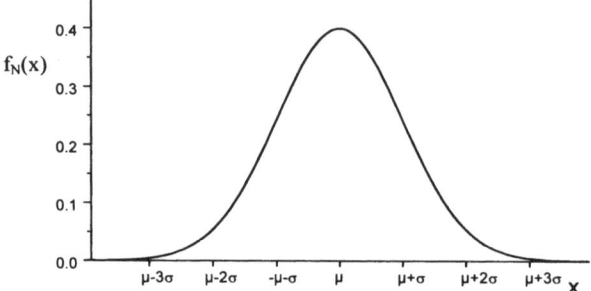

Abbildung 11: Dichte der Normalverteilung $N(\mu, \sigma^2)$

Beispiel: Die Körpergröße eines Menschen wird vor allem durch die Gene und durch sie ausgelöste hormonelle Prozesse bestimmt. Weitere Faktoren wie etwa die Ernährung und soziales Umfeld spielen ebenfalls eine (wenn auch untergeordnete) Rolle. Die das Wachstum steuernde genetische Information ist das Ergebnis eines langen Kombinationsprozesses der Gene der Vorfahren. Viele kleine Einflüsse der Ahnen werden hier gemeinsam wirksam. Das Ergebnis ist eine angenähert normalverteilte Körpergröße.

Die folgende Abbildung zeigt ein Histogramm (Häufigkeitsverteilung) der Variable „Körpergröße der Mutter" (die Daten stammen von n=140 Teilnehmern einer Statistikvorlesung) sowie die Dichte einer passenden Normalverteilung.

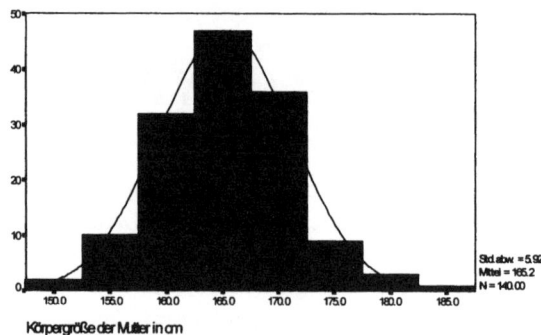

Abbildung 12: Die Normalverteilung beschreibt die empirischen Daten „augenscheinlich gut".

Bezeichnung: Die Normalverteilung wird mit $N(\mu,\sigma^2)$ abgekürzt. Dabei sind μ und σ Parameter der Normalverteilung, welche die Lage und die Breite der Glockenkurve bestimmen.

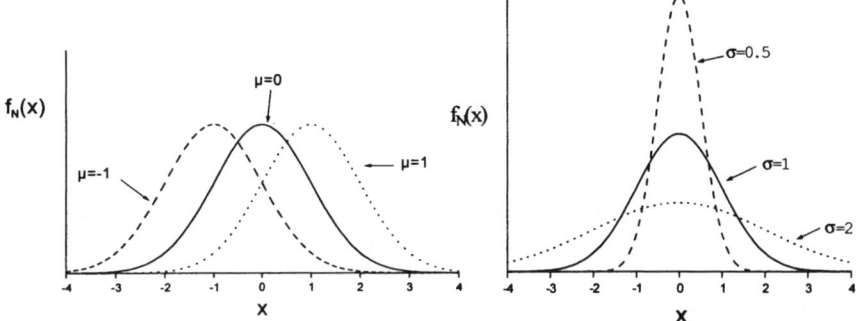

Abbildung 13: Dichte der Normalverteilung: Die linke Abbildung zeigt Dichten bei unterschiedlichem μ (dabei ist σ^2 immer Eins), in der rechten Abbildung wurde σ bei festem $\mu=0$ variiert.

Bedeutung von μ und σ:

Der Parameter μ kennzeichnet die Lage der Verteilung. An der Stelle μ hat die Dichte ihr Maximum. Dieser Bereich hat die größte Wahrscheinlichkeit. Wie wir in Abschnitt I.C.2.2.1 sehen werden, ist μ der *Erwartungswert* der Verteilung. Im Beispiel „Körpergröße" liegt μ bei ungefähr 165cm.

Der Parameter σ^2 bestimmt die Breite der Verteilung. Wie wir in Abschnitt I.C.2.3.1 sehen werden, ist σ^2 die *Varianz,* σ die Standardabweichung. Im Beispiel dürfte die Standardabweichung ungefähr 6cm sein.

Abbildung 13 zeigt, dass die Dichte der Normalverteilung immer eine glockenförmige Gestalt hat. Darin spiegelt sich die Tatsache wieder, dass bei einer Normalverteilung Werte in der Nähe des Erwartungswertes sehr wahrscheinlich sind, starke Abweichungen vom Erwartungswert sehr unwahrscheinlich (aber möglich) sind.

Beispiel: Messfehler: Misst man wiederholt dieselbe Eigenschaft eines Objekts, so werden sich die Ergebnisse meist ein wenig unterscheiden. Man spricht von Messfehlern. Diese Messfehler kommen oft durch eine Fülle kleiner Störeinflüsse zustande. Die Summe sehr vieler kleiner zufälliger und ungerichteter Einflüsse ist angenähert normalverteilt. Daher werden Messfehler oft durch eine Normalverteilung beschrieben. Kleine Messfehler haben eine hohe Wahrscheinlichkeit, große Messfehler werden zunehmend unwahrscheinlicher.

I.B.8.1 Rechnen mit der Normalverteilung

Bei einer Normalverteilung N(μ, σ²) hat jedes Intervall [a,b] eine bestimmte Wahrscheinlichkeit. Die Wahrscheinlichkeit ergibt sich aus der Fläche unter der Dichte f_N auf diesem Intervall.

Die Dichte f_N der Normalverteilung wird durch folgende komplizierte Formel beschrieben:

$$f_N(x) = \frac{1}{\sqrt{2\pi}\,\sigma}\ e^{-\frac{(x-\mu)^2}{2\sigma^2}}$$

➤━━ Man kann mit dieser Formel schlecht rechnen. Daher werden Wahrscheinlichkeiten bei der Normalverteilung mit Hilfe von Tabellen bestimmt. In den Tabellen stehen die Wahrscheinlichkeiten für die Intervalle von -∞ bis zum Wert x (Schreibweise: (-∞, x]) für unterschiedliche Werte x. Der Ausdruck $F_N(x) = P((-\infty, x])$ wird auch *Verteilungsfunktion* genannt (vgl. Abschnitt I.C.3).

I.B.8.1.1 Standardnormalverteilung

Statt riesige Tabellen für unterschiedliche Parameter μ und σ² zu erstellen, wurde nur eine Normalverteilung mit μ=0 und σ²=1 tabelliert. Dies reicht aus, weil eine N(μ, σ²)-Verteilung immer in eine N(0, 1)-Verteilung umgerechnet werden kann. Für μ=0 und σ²=1 heißt die Verteilung *Standardnormalverteilung*. Die Dichte der Standardnormalverteilung lautet

$$f_N(z) = \frac{1}{\sqrt{2\pi}}\ e^{-\frac{z^2}{2}}$$

Zur besseren Unterscheidung benutzt man bei der Dichte der Standardnormalverteilung den Buchstaben z, bei einer gewöhnlichen Normalverteilung den Buchstaben x.

🖱️ Das Umrechnen einer N(μ, σ²)-Verteilung in eine N(0, 1)-Verteilung geschieht durch die *z-Transformation*[13]:

$$z = \frac{x - \mu}{\sigma}$$

Beim Ausrechnen von Wahrscheinlichkeiten wird immer auf die Tabelle der Standardnormalverteilung zurückgegriffen. Sie befindet sich im Anhang.

---

[13] Bei der z-Transformation von Daten wird von einem Messwert der Stichprobenmittelwert abgezogen und das Ganze durch die Standardabweichung geteilt. Dadurch erhält man neue Werte, deren Mittelwert null und deren Streuung eins ist (vgl. Abschnitt II.B.3 in Band 1: Deskriptive Statistik).

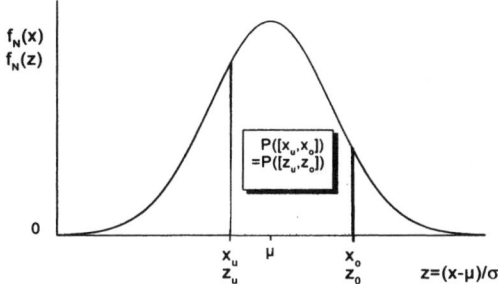

Abbildung 14: Die Wahrscheinlichkeit des Intervalls [x_u, x_o] entspricht der grauen Fläche.

Berechnungsbeispiel: Die Körpergröße von Frauen der heutigen Elterngeneration ist angenähert $N(\mu, \sigma^2)$-verteilt mit $\mu = 165$ cm, $\sigma = 6$ cm. Die Wahrscheinlichkeit, dass eine zufällig ausgewählte Frau eine Körpergröße zwischen $x_u = 161$ cm und $x_o = 173$ cm hat, berechnet sich folgendermaßen:

i) Es wird das entsprechende z-transformierte Intervall berechnet.

$$z_u = (x_u-\mu)/\sigma = (161-165)/6 = -0.667$$

$$z_o = (x_o-\mu)/\sigma = (173-165)/6 = 1.333$$

Das z-transformierte Intervall lautet [-0.667, 1.333].

ii) Es wird die Wahrscheinlichkeit dieses Intervalls mit Hilfe einer Tabelle der $N(0,1)$-Verteilung bestimmt. In der Tabelle sind die Wahrscheinlichkeiten von Intervallen $(-\infty, z]$ angegeben, also die Werte der Verteilungsfunktion $F_N(z)$.

Die Rechenschritte lauten:

$P_{N(165,6^2)}([x_u,x_o])=P_{N(0,1)}([z_u,z_o])=P_{N(0,1)}([-0.667,1.333])$ *(Intervall transformieren)*

$= P_{N(0,1)}((-\infty, 1.333]) - P_{N(0,1)}((-\infty, -0.667])$ *(Aufteilen in Differenz zweier Intervalle)*

$= F_N(1.333) - F_N(-0.667)$ *(diese Werte stehen in der Tabelle)*

$= 0.9087 - 0.2524 = 0.6563$ *(Differenz ausrechnen liefert das Ergebnis)*

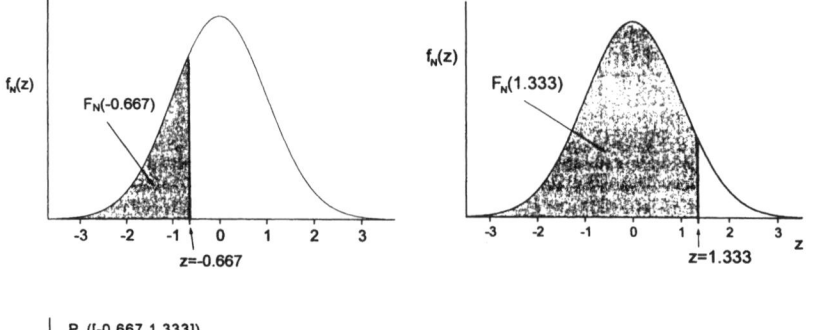

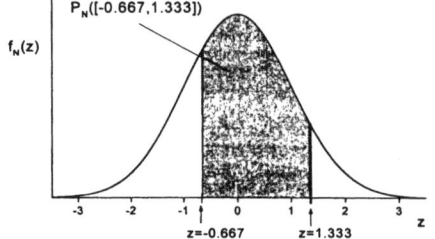

Abbildung 15: Berechnung von Wahrscheinlichkeiten mit Hilfe der Tabelle der Standardnormalverteilung.

Die Wahrscheinlichkeit, dass eine zufällig ausgewählte Frau der heutigen Elterngeneration eine Körpergröße zwischen $x_u = 161$ cm und $x_o = 173$ cm hat, beträgt 65.63%.

Q Eigentlich wurde bei dieser Rechnung die Wahrscheinlichkeit des Intervalls (161 cm, 173 cm] ausgerechnet (die runde Klammer bedeutet, dass der linke Eckpunkt nicht eingeschlossen ist). Da einzelne Punkte bei stetigen Verteilungen aber die Wahrscheinlichkeit Null haben, ist das Ergebnis trotzdem korrekt.

I.B.8.2 Eigenschaften der Normalverteilung

Mit der z-Transformation kann eine $N(\mu, \sigma^2)$-Verteilung in eine $N(0, 1)$-Verteilung überführt werden. Die Umkehrabbildung $x = \sigma \cdot z + \mu$ transformiert eine $N(0, 1)$- in eine $N(\mu, \sigma^2)$-Verteilung. Wir kommen bei der Berechnung von Wahrscheinlichkeiten also immer mit der Tabelle einer $N(0, 1)$-Verteilung aus.

Obwohl die Dichte der Standardnormalverteilung von $-\infty$ bis $+\infty$ definiert ist, nimmt sie nur im Bereich von ca. -3 bis $+3$ bedeutsam von Null verschiedene Werte an. Auf diesem Intervall sind über 99% der Wahrscheinlichkeit „konzentriert". Der Bereich $[-1.96, 1.96]$ hat eine Wahrscheinlichkeit von 0.95. Dies spielt später bei *statistischen Tests* eine große Rolle.

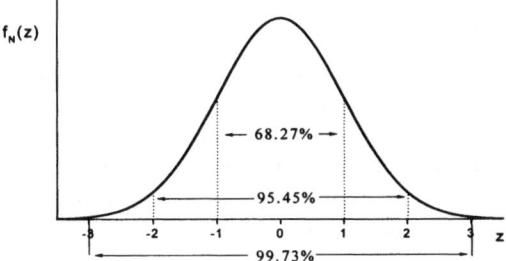

Abbildung 16: Dichte der N(0, 1)-Verteilung mit ausgewählten Flächenan-
teilen. Es ist μ=0 und σ=1.

Die Standardnormalverteilung ist symmetrisch um null. Die Verteilungsfunktion *F* hat an der Stelle Null den Wert 0.5, also *F*(0)=0.5 und es gilt

$$P_{N(0,1)}([-a,0]) = P_{N(0,1)} ([0,a])$$

für jede reelle Zahl a. Entsprechend ist eine N(μ, σ²)-Verteilung symmetrisch um μ.

Damit sind die für die Psychologie wichtigsten Wahrscheinlichkeitsverteilungen vorgestellt. Weitere, eher technische Verteilungen werden wir in Abschnitt
II.B.4 kennenlernen. Dort geht es um die Verteilung von statistischen Größen
(sogenannte Prüfgrößen), die für die Inferenzstatistik wichtig sind.

 In SPSS gibt es unter ‚Transformieren-Berechne‘ die Möglichkeit, zufällige Werte gemäß einer vorgegebenen Verteilung zu erzeugen. Die Funk-
tion ‚RV.Normal(Mittel, StdAbw)‘ liefert z.B. normalverteilte Werte mit
μ=Mittel und σ=StdAbw. Die Abkürzung RV steht dabei für random variable (Zufallsvariable).

📖 Weiterführende Literatur:

Über andere, hier nicht behandelte Wahrscheinlichkeitsverteilungen informiert beispielsweise das Buch von Plachky et al. (1983). Zur Wiederholung
der Laplace-, Binomial und Normalverteilung kann auch auf Schulbücher,
die das Thema Wahrscheinlichkeit behandeln, zurückgegriffen werden.

1. Aufgabenblock 🖋️▓

Aufgabe 1) Eine Kneipe führt 4 verschiedene Biersorten (Köstritzer, Warsteiner, Jever und Tuborg). Ein Gast mit robuster Konstitution ordert „drei Bier, egal welche Sorte". Wieviele Möglichkeiten gibt es für den Wirt, ein Tablett mit drei Bieren zusammenzustellen? Wieviele Reihenfolgen gibt es für den Gast, diese zu trinken?

Wie wahrscheinlich ist es, dass der Gast 3 Köstrizer erhält? Wie wahrscheinlich ist es, das er ein Jever, ein Warsteiner und ein Tuborg in dieser Reihenfolge trinkt?

Aufgabe 2) Nach einem anstrengenden Seminar drängen 8 Teilnehmer in die Cafeteria des psychologischen Institutes. In wie vielen verschiedenen Reihenfolgen können diese 8 Personen durch die Türe kommen?

Jeder möchte einen Kaffee trinken. Leider ist der Automat fast leer, nur 2 Personen bekommen noch ihr Getränk. Wieviele Möglichkeiten gibt es dafür?

Die Gruppe aus 8 Personen besteht aus 5 Frauen und 3 Männern. Es ist nur ein Tisch mit vier Plätzen frei. Wie viele Untergruppen zu vier Personen gibt es, die genau zwei Männer enthalten?

Wie wahrscheinlich ist es, dass es zwei Männer sind, die den Kaffee bekommen (alle Personen sollen die gleiche Chance haben)?

Aufgabe 3) Betrachten Sie die Menge Ω aller Personengruppen, die aus obigen acht Personen gebildet werden können. Als Ereignisse betrachten Sie die Teilgruppen, die sich durch das Platznehmen an einem freien Tisch mit vier Plätzen ergeben. Das Ereignis A seien all die 4-Personen-Gruppen, zu welchen mindestens eine Frau gehört. Das Ereignis B seien all die 4-Personen-Gruppen, zu welchen höchstens ein Mann gehört. Bestimmen Sie folgende Ereignisse:

- A, A∩B, A∪-B und A\B

Wieviele Elemente enthalten -B und B\A ?

Aufgabe 4) Ω sei die Menge aller Menschen. A sei die Menge aller Menschen, die an einer depressiven Störung leiden. B sei die Menge aller Menschen, die an einer Angststörung leiden. C sei die Menge aller Menschen, die an irgendeiner Störung leiden. Es ist bekannt, daß manche Personen sowohl unter einer Angststörung als auch unter einer Depression leiden. Zeichnen Sie ein Mengendiagramm dieser vier Mengen. Bestimmen Sie die Mengen -C, C\A, A∩B und A∩-B.

Aufgabe 5) Entscheidende Fortschritte in der Wahrscheinlichkeitsrechnung entstammen der Beschäftigung mit dem Glücksspiel.

Wie wahrscheinlich ist es, bei drei Münzwürfen genau zweimal „Zahl" zu werfen?

Wie wahrscheinlich ist es, dass mindestens einmal „Zahl" fällt. Welche allgemeingültige Regel hilft hier, die Berechnung zu vereinfachen?

Läßt sich diese Überlegung auch auf das Roulettespiel übertragen? Wie wahrscheinlich ist es, dort dreimal hintereinander zu verlieren, wenn man nur auf „Rot" oder „Schwarz" setzt? Hinweis: Eigene Erfahrungen mit dem Roulettespiel können Sie unter http://www.3wgraphics.net/games/roulette/ sammeln.

Aufgabe 6) Im 17. Jahrhundert beschäftigte sich der französische Edelmann Chevalier de Méré mit Problemen des Würfelspiels wie diesem: beim Werfen zweier Würfel kann man die Augensumme 6 durch die Ergebnisse 1 und 5, 2 und 4, 3 und 3 erhalten, die Augensumme 7 durch die Ergebnisse 1 und 6, 2 und 5, 3 und 4. Demnach müßten beide Augensummen doch gleich wahrscheinlich sein. Dies widerspricht aber der Erfahrung langjähriger Würfelspieler, denen zufolge die Augensumme 7 häufiger ist als die Augensumme 6. Wie ist das Problem zu lösen?

Aufgabe 7) Die Körpergröße von Studentinnen sei $N(\mu, \sigma^2)$-verteilt, mit $\mu = 170$ cm und $\sigma = 6$ cm. Wie wahrscheinlich ist es, dass eine Studentin, die Sie rein zufällig treffen,

- mindestens 170 cm groß ist?

- unter 170 cm groß ist?

- zwischen 170 cm und 180 cm groß ist?

Hat jedes Intervall der Länge 10 cm die gleiche Wahrscheinlichkeit? Berechnen Sie zur Beantwortung dieser Frage die Wahrscheinlichkeit für eine Körpergröße zwischen 180 und 190 cm.

Welches μ und welches σ ergibt sich, wenn man die z-standardisierte Körpergröße betrachtet? Welche Körpergrößen entsprechen den z-Werten -1 und 1?

Bestimmen Sie den Bereich, in dem die 2.5% größten und die 2.5% kleinsten Personen liegen.

Aufgabe 8) Unter DiplompsychologInnen beträgt der Frauenanteil ca. 70%. Unter den 10 PsychologieprofessorInnen der Uni Jena gibt es jedoch nur 2 Frauen und 8 Männer. Wie wahrscheinlich ist ein solches oder noch extremeres Geschlechterverhältnis, wenn man annimmt, dass auch 70% aller Bewerbungen um Professorenstellen von Frauen stammen und Frauen und Männer bei der Einstellung gleiche Chancen haben.

Aufgabe 9) Eine Fußgängerampel zeigt jeweils 1 Min. 30 Sek. rot und anschließend 15 Sek. grün. Sie treffen zu einem rein zufälligen Zeitpunkt dort ein und finden die Ampel rot. Wie wahrscheinlich ist es, dass Sie mindestens 20 Sekunden warten müssen, bis grün kommt?

Aufgabe 10) Erfahrungsgemäß sterben auf Thüringens Straßen an einem Wochenende durchschnittlich 3,15 Menschen bei Verkehrsunfällen. Wie wahrscheinlich ist es, dass am nächsten Wochenende mehr als 5 Menschen tödlich verunglücken? (Rechnen Sie mit $\mu = 3,15$)

Aufgabe 11) Beim Skatspiel erhält jeder Spieler 10 von 32 Karten, die rein zufällig ausgewählt werden. Wie wahrscheinlich ist es, dass ein Spieler

- keinen Buben

- mindestens einen Buben (welche Regel hilft hier bei der Berechnung? Nutzen Sie die vorherige Teilaufgabe).

- genau einen Buben

bekommt? Geben Sie das hier vorliegende Zufallsexperiment an. Gehen Sie davon aus, dass Sie alle 10 Karten auf ein Mal erhalten.

I.C Zufallsvariablen und ihre Kennwerte

In den bisherigen Abschnitten haben wir uns losgelöst von psychologischen Fragen damit beschäftigt, was Wahrscheinlichkeit ist und wie man damit umgehen kann. In diesem Abschnitt wird nun das Konzept „Wahrscheinlichkeit" mit Fragen der statistischen Analyse psychologischer Daten verknüpft. Wir werden sehen, dass es einige Analogien zwischen der Wahrscheinlichkeitsrechnung und der deskriptiven Statistik gibt. Bei beiden geht es um die Charakterisierung von Daten. Während in der deskriptiven Statistik bereits vorliegende Daten durch Häufigkeitsverteilungen, Grafiken und Kennwerte beschrieben werden, geht es in der Wahrscheinlichkeitsrechnung um zufällige Ereignisse und ihre Wahrscheinlichkeit. Solche zufälligen Ereignisse sind nichts anderes als ‚potentielle Daten', also Daten die sich einstellen könnten und die es zu charakterisieren gilt. Wenn es in der deskriptiven Statistik um psychologische Variablen geht, die bereits an Stichproben erhoben wurden, dann geht es in der Wahrscheinlichkeitsrechnung analog dazu um sogenannte ‚Zufallsvariablen'.

I.C.1 Zufallsvariablen

Psychologische Theorien beziehen sich auf menschliche Merkmale wie z.B. „Intelligenz", „Merkfähigkeit", „Geschlecht" „Reaktionszeit" „Alter", „soziale Kompetenz", „Depressivität" und viele andere mehr. Werden diese Merkmale gemessen, dann sprechen wir von *Variablen*.

Liegen noch keine Daten vor, dann interessieren wir uns dafür, welche Werte Variablen wie „Intelligenz", „Merkfähigkeit", „Geschlecht" usw. annehmen können. Es handelt sich um zufällige Ereignisse, deren Wahrscheinlichkeiten von Interesse sind. Werdende Eltern interessieren sich z.B. dafür, ob ihr Kind gesund ist oder welches Geschlecht es hat. „Gesundheit" oder „Geschlecht" sind *Zufallsvariablen*. Anschaulich kann man Zufallsvariablen als solche Variablen definieren, deren Werte noch nicht feststehen, sondern sich als zufällige Ereignisse ergeben.

Beispiel: Das Alter (in Jahren) X einer zufällig ausgewählten Person stellt eine Zufallsvariable dar. Die möglichen Werte dieser Zufallsvariablen sind z.B. 0,1,2,... Jahre.

Ähnlich wie in der deskriptiven Statistik geht es in diesem Abschnitt nicht mehr um die Betrachtung einzelner Ereignisse und ihrer Wahrscheinlichkeit, sondern um die Zusammenfassung und Charakterisierung von Zufallsvariablen und ihrer Verteilung. Dies geschieht wie in der deskriptiven Statistik durch Grafiken und insbesondere durch Kennwerte.

Im folgenden Abschnitt wird zunächst das Konzept von Zufallsvariablen vertiefend eingeführt. Anschließend werden Kennwerte für Zufallsvariablen bzw. ihre Verteilung vorgestellt. Im nächsten Kapitel D wird es darum gehen, wie Zufallsvariablen zusammenhängen, oder anders ausgedrückt, wie sich die Verteilung einer Zufallsvariablen durch andere Variablen ändert. Interessieren wir uns z. B. dafür, ob eine Therapie zu höherem Selbstwertgefühl führt, dann untersuchen wir den Zusammenhang der Zufallsvariablen „Therapie" und „Selbstwertgefühl".

⌕ I.C.1.1 Vertiefung: Definition von Zufallsvariablen

Wo steckt eigentlich der Zufall in einer Zufallsvariable? Das typische Zufallsexperiment in der Psychologie besteht darin, dass eine Versuchsperson zufällig ausgewählt wird und ihre Merkmale gemessen werden[14]. Das eigentliche Zufallsexperiment besteht dabei in der Auswahl der Person. Ihre Merkmale wie die Intelligenz, das Geschlecht, etc. (technisch: die Werte der Zufallsvariablen „Intelligenz", „Geschlecht", etc.) sind damit schon festgelegt. Wir interessieren uns in der Regel nur für diese Werte von Zufallsvariablen.

Allgemein: In der empirischen Wissenschaft interessiert man sich häufig nicht für das eigentliche Zufallsexperiment, also welche Person gezogen wurde, sondern nur für bestimmte Teile oder Zusammenfassungen in Form von Zufallsvariablen. Gibt uns z.B. die Variable X beim zweifachen Münzwurf an, wie oft „Zahl" gefallen ist, dann ist dieses X eine Zufallsvariable.

Beispiel: Der zweifache Wurf mit einer fairen Münze kann als Zufallsexperiment (Ω, P) mit $\Omega = \{(Z,W), (W,Z), (W,W), (Z,Z)\}$ und $P =$ Laplace-Verteilung beschrieben werden. Interessiert man sich nur für die Anzahl der „Zahlwürfe", dann betrachtet man die Zufallsvariable $X :=$ Anzahl „Zahlwürfe". Es ergibt sich ein neuer Ereignisraum $\Omega' = \{0,1,2\}$, bestehend aus den Werten von X, mit einer neuen Wahrscheinlichkeitsverteilung auf Ω'.

Wenn wir es in der Psychologie mit Daten zu tun haben, sind diese in aller Regel als Werte von Zufallsvariablen aufzufassen. Wenn etwa in einer Untersuchung die Kenntnisse in deutscher Rechtschreibung mit einem Diktat an Schülern der Hauptschule gemessen und anschließend mit den Ergebnissen von Gymnasiasten verglichen werden, dann interessieren nur die Ergebnisse der

---

[14] In der Praxis basiert ein Großteil empirisch psychologischer Forschung auf der Untersuchung von Psychologiestudierenden. Die ‚zufällige Auswahl' bedeutet nichts anderes, als dass Studierende aufgrund der Notwendigkeit, Versuchspersonenstunden leisten zu müssen, an empirischen Untersuchungen teilnehmen. Gleichwohl ist nicht festgelegt, welcher Studierende zu welchem Zeitpunkt untersucht wird. In diesem Sinne handelt es sich bei dieser Auswahlprozedur um ‚zufällige Auswahl'.

Messung (aus Ω'), nicht mehr die für die Untersuchung zufällig ausgewählten Personen selbst (aus Ω). Es interessieren uns die Ausprägungen der Zufallsvariable „Rechtschreibkenntnisse" in Abhängigkeit von der Ausprägung der Zufallsvariablen „Schulform".

Die Definition einer Zufallsvariable lautet:

Eine Zufallsvariable ist eine Abbildung $X: \Omega \rightarrow \Omega'$, mit deren Hilfe die Wahrscheinlichkeit von Ereignissen aus Ω' angegeben werden kann.

Genauer: Durch eine Zufallsvariable $X: \Omega \rightarrow \Omega'$ entsteht aus einem Zufallsexperiment (Ω, P) ein neues Zufallsexperiment (Ω', P'). Die Wahrscheinlichkeitsverteilung P' auf Ω' wird als *Verteilung von X* bezeichnet. Dabei ist $P'(A) := P(X^{-1}(A'))$ für ein Ereignis A' aus Ω', wobei $X^{-1}(A')$ das *Urbild* von A' unter der Abbildung X bezeichnet, also all die Elemente aus Ω, die durch X in die Menge A' abgebildet werden.

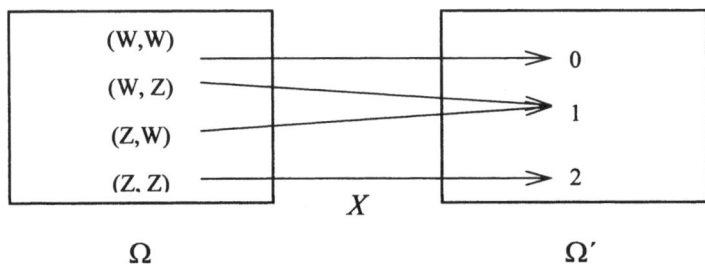

Abbildung 17: Zufallsvariablen sind Abbildungen von einem Wahrscheinlichkeitsraum in eine Menge Ω'. Auf dieser Menge Ω' erhält man eine neue Wahrscheinlichkeitsverteilung.

Abbildung 17 illustriert die Definition einer Zufallsvariable am Münzbeispiel: Beim zweifachen Münzwurf werden die Elementarereignisse (W,W), (W,Z) usw. aus Ω durch die Zufallsvariable X auf die Zahlen 0, 1 oder 2 aus Ω' abgebildet. Dabei wird die Wahrscheinlichkeitsverteilung von Ω nach Ω' „transportiert", indem einem Ereignis $A' \subset \Omega'$ die Wahrscheinlichkeit seines Urbildes $X^{-1}(A')$ zugeordnet wird.

Beispiel: Beim zweifachen Münzwurf ist

$P(X=0) = P_L(X^{-1}(\{0\})) = P_L(\{(W,W)\}) = 0.25$

$P(X=1) = P_L(X^{-1}(\{1\})) = P_L(\{(W,Z),(Z,W)\}) = 0.5$ *und*

$P(X=2) = P_L(X^{-1}(\{2\})) = P_L(\{(Z,Z)\}) = 0.25$

Es ist $\Omega'=\{0,1,2\}$. Allerdings ist die Verteilung von X keine Laplace-Verteilung mehr, sondern eine Binomialverteilung (vgl. I.B.2). Die drei möglichen Ergebnisse sind nicht mehr gleich wahrscheinlich, sondern $P(X=1)$ hat eine höhere Wahrscheinlichkeit als die anderen Ergebnisse.

Besonders beliebt sind Zufallsvariablen, deren Werte reelle Zahlen sind, also $\Omega' = 3$. Sie heißen *numerische Zufallsvariablen*. Mit den Werten kann dann weiter gerechnet werden.

Beispiel: Die Körpergröße X einer zufällig ausgewählten Person stellt eine numerische Zufallsvariable dar. Ω ist die Menge von Personen, aus der zufällig ausgewählt wird, die Abbildung X ordnet jeder Person ω ihre Körpergröße $X(\omega)$ zu. Betrachtet man nur die Körpergröße von Frauen oder nur von Männern, so ist X angenähert normalverteilt (vgl. Abschnitt I.B.8).

☞ *Ausblick*: In der Psychologie werden Messwerte in der Regel als Werte von Zufallsvariablen aufgefasst. Mit Hilfe der Statistik wird dann versucht, anhand dieser Messwerte Schlüsse auf die zugrunde liegende Wahrscheinlichkeitsverteilung zu ziehen. Ziel ist es, diese genauer kennenzulernen. Oft reicht es bereits, bestimmte *Kennwerte* von Verteilungen zu kennen.

I.C.2 Kennwerte der Verteilung einer Zufallsvariablen

Die Körpergröße einer zufällig ausgewählten Person ist ein Beispiel für eine Zufallsvariable. Wenn man in der Psychologie inhaltliche Aussagen über Zufallsvariablen machen möchte, wäre es sehr aufwendig und bei konkreten Untersuchungen oft praktisch gar nicht zu schaffen, die ganze Wahrscheinlichkeitsverteilung zu ermitteln und anzugeben. Oft möchte man auch nur wissen, welche Werte „typischerweise" zu erwarten sind. Man möchte mit einer einzigen Zahl die möglichen Werte der Variable kennzeichnen. Solche Zahlen werden *Kennwerte* genannt. Dabei ist erneut eine Analogie zur deskriptiven Statistik zu bemerken: Die Zufallsvariable „Geschlecht" muss anders charakterisiert werden als die Zufallsvariable „Körpergröße". Erstere entspricht einer nominalskalierten Variable, letztere einer verhältnisskalierten Variable (zum Begriff „Skalenniveau" vgl. Abschnitt II.A.2 in Band 1). Entsprechend unterschiedliche Kennwerte gibt es zur Kennzeichnung von Zufallsvariablen.

I.C.2.1 Modus

Liefert eine Zufallsvariable lediglich die Information einer Nominalskala, dann kann die Verteilung dieser Zufallsvariablen durch ihren Modus charakterisiert werden. Der Modus einer Zufallsvariable ist derjenige Wert, der *maximale Wahrscheinlichkeit* hat. Betrachtet man das Geschlecht von zufällig ausgewählten Psychologiestudierenden, dann ist „weiblich" der Modus mit $P(\text{weiblich}) \approx 0.75$.[15]

---

[15] Diese Wahrscheinlichkeit wurde durch die relative Häufigkeit in einer großen Stichprobe von Psychologiestudierenden geschätzt.

Entspricht eine Zufallsvariable einem ordinalskalierten Merkmal, dann können wie in der deskriptiven Statistik Median und Quantile zu ihrer Charakterisierung herangezogen werden. Der Unterschied zur deskriptiven Statistik liegt darin, dass dort die Häufigkeitsverteilung von Variablen, hier aber die Wahrscheinlichkeitsverteilung von Zufallsvariablen gekennzeichnet wird.

I.C.2.2 Erwartungswert

In der Regel versucht man psychologische Merkmale mindestens auf Intervallskalen zu messen, da diese mehr Information enthalten als Nominal- und Ordinalskalen. Der beliebteste (wenn auch keineswegs der einzige) deskriptive Kennwert für intervallskalierte Variablen ist das arithmetische Mittel $\bar{x}$. Ihm entspricht bei numerischen Zufallsvariablen der *Erwartungswert*. Ist X eine Zufallsvariable, die nur die Werte x_1, $x_{,2}$,...x_n annimmt, dann heißt

$$E(X) = \sum_{i=1}^{n} x_i \cdot P(X = x_i) \text{ der } \textit{Erwartungswert von } X.$$

Dieser Formel entspricht in der deskriptiven Statistik die Berechnungsformel für das arithmetische Mittel von kategorisierten Variablen (vgl. II.B.2.1.c in Band 1):

$$\bar{x} = \sum_{i=1}^{n} x_i h(x_i)$$

Dabei ist $h(x_i)$ die relative Häufigkeit von x_i. Wenn die Wahrscheinlichkeiten $P(X = x_i)$ nicht bekannt sind, kann $P(X = x_i)$ mit $h(x_i)$ geschätzt werden (vgl. I.A.3.2). Der Erwartungswert $E(X)$ kann daher mit dem arithmetischen Mittel $\bar{x}$ einer Stichprobe geschätzt werden. Er entspricht dem zu erwartenden durchschnittlichen Wert einer Zufallsvariable, er ist ein theoretischer Durchschnittswert.

Beispiel: X sei die Anzahl der „Zahl-Würfe" beim zweifachen Münzwurf mit einer fairen Münze. Dann ist

$$E(X) = 0 \cdot P(X=0) + 1 \cdot P(X=1) + 2 \cdot P(X=2)$$
$$= 0 \cdot 0.25 \quad + 1 \cdot 0.5 \quad 2 \cdot 0.25$$
$$= 1$$

Beispiel: X sei die Augenzahl beim einfachen Würfelwurf. Dann ist

$$E(X) = 1 \cdot 1/6 + 2 \cdot 1/6 + 3 \cdot 1/6 + 4 \cdot 1/6 + 5 \cdot 1/6 + 6 \cdot 1/6$$
$$= (1+2+3+4+5+6)/6 = 21/6$$
$$= 3.5$$

der Erwartungswert von X.

Der Erwartungswert ist der wichtigste Kennwert für Zufallsvariablen. In der Psychologie wird oft durch den Vergleich von Erwartungswerten versucht, psychologische Theorien zu präzisieren. Ein (zugegebenermaßen unpsychologisches) Beispiel ist die theoretische Aussage, dass die heutige Generation „im Schnitt" größer ist als ihre Eltern. Eine Präzisierung lautet: Der Erwartungswert der Zufallsvariable „Körpergröße" ist bei heutigen Studierenden größer als der Erwartungswert der Zufallsvariable „Körpergröße der Eltern".

Beispiel: Körpergröße von Frauen. Schätzt man aufgrund der Befragungsdaten den Erwartungswert der Zufallsvariable „Körpergröße" heutiger Studentinnen und deren Müttern durch die Stichprobenmittelwerte, so ergibt sich: $E(X_{Studentinnen}) \approx \bar{x}_{Studentinnen} = 170\,cm$ und $E(X_{Mütter}) \approx \bar{x}_{Mütter} = 165\,cm$. Der Erwartungswert der Körpergröße der heutigen Studentinnengeneration ist ca. 5 cm größer als bei der Elterngeneration. Trotzdem gibt es natürlich auch Töchter, die kleiner sind als ihre Mütter.

So eine allgemeine Aussage setzt voraus, dass man die Erwartungswerte auch ‚richtig' schätzt. Im Beispiel wurde der Erwartungswert der Körpergröße durch das arithmetische Mittel an einer großen Stichprobe geschätzt ($n > 500$), was zu einer recht genauen Schätzung führt. Die Frage der Genauigkeit von Schätzungen und die Fehleranfälligkeit der aus Schätzungen gezogenen Schlussfolgerungen sind das zentrale Thema der Inferenzstatistik in Kapitel II.

Bisher haben wir Erwartungswerte nur für diskrete Zufallsexperimente definiert. Bei stetigen Verteilungen mit Dichte $f(x)$ wird bei der Berechnung aus der Summe ein Integral, aus den Einzelwahrscheinlichkeiten $P(X = x)$ wird die Dichte $f(x)$. Der Erwartungswert wird berechnet durch

$$E(X) = \int_{-\infty}^{\infty} x \cdot f(x)dx \qquad (1.1)$$

Beispiel: Beim Warten auf den Bus, der rein zufällig im Intervall [0 Min., 10 Min.] eintrifft, ist X die Wartezeit und

$$f(x) = \begin{cases} 1/10....\text{für}..0 \leq x \leq 10 \\ 0.........\text{sonst} \end{cases}$$

die Dichte der Gleichverteilung. Der Erwartungswert ist

$$E(X) = \int_{-\infty}^{\infty} x \cdot f(x)dx = \int_{0}^{10} \frac{x}{10}dx = \left[\frac{x^2}{20}\right]_{0}^{10} = 5$$

Die zu erwartende durchschnittliche Wartezeit beträgt 5 Minuten.

I.C.2.2.1 Erwartungswerte bekannter Verteilungen

Haben numerische Zufallsvariablen bekannte Verteilungen wie die Binomial-oder die Normalverteilung, dann kann der Erwartungswert sofort durch bestimmte Formeln berechnet werden:

Binomialverteilung:

Ist eine Zufallsvariable binomialverteilt mit den Parametern n und p, dann kann der Erwartungswert sofort angegeben werden. Es ist

$$E(X) = n \cdot p$$

Beispiel: X sei die Anzahl von „Sechsen" bei 30 Würfelwürfen. Dann ist

$$E(X) = 30 \cdot 1/6 = 5$$

die durchschnittlich zu erwartende Anzahl von „Sechsen".

Anwendung: Berechnung erwarteter Häufigkeiten: Oft ist bei wiederholten Bernoulli-Experimenten (das sind Zufallsexperimente, bei denen nur zwei Elementarereignisse A und -A vorkommen können) von Interesse, mit wie vielen Ereignissen man rechnen muss.

Beispiel: Ein Kaufhaus hat täglich 1500 Kunden. Es ist bekannt, dass sich Kunden mit einer Wahrscheinlichkeit von 0.03 bei der Reklamation beschweren. Die Anzahl X täglicher Beschwerden ist demnach B(1500, 0.03)-verteilt. Die erwartete Häufigkeit täglicher Beschwerden ist der Erwartungswert von X:

$$E(X) = 1500 \cdot 0.03 = 45$$

Poissonverteilung:

Ist eine Zufallsvariable X poissonverteilt mit Parameter μ, dann ist μ der Erwartungswert von X. Im Beispiel mit den tödlichen Huftritten bei der preußischen Kavallerie in Abschnitt I.B.4 wurde μ durch den langjährigen Mittelwert von 0.61 geschätzt.

Gleichverteilung:

Ist eine Zufallsvariable X gleichverteilt auf einem Intervall [a, b], dann ist der Erwartungswert $E(X) = (a+b)/2$. Im Beispiel des Wartens auf den Bus ergibt sich $E(X) = 5$ Min. (vgl. obige Berechnung, die „zu Fuß" erfolgte).

Normalverteilung:

Ist eine Zufallsvariable X normalverteilt mit Parameter μ und σ, dann ist μ der Erwartungswert von X. Im Beispiel der Körpergröße der Mütter wurde μ in einer großen Stichprobe durch das arithmetische Mittel mit $\bar{x} = 165.2$ geschätzt.

I.C.2.2.2 Rechenregel für den Erwartungswert

Erwartungswerte sind für numerische Zufallsvariablen definiert. Man kann mit den Werten dieser Zufallsvariablen rechnen. Sind X und Y numerische Zufallsvariablen und a und b reelle Zahlen, so gilt:

$$E(aX+bY) = a\,E(X) + b\,E(Y).$$

Die Rechenregel ergibt sich aus den Regeln für das Rechnen mit dem Summenzeichen. Der Erwartungswert einer Summe von Zufallsvariablen ist die Summe der Erwartungswerte. Wird eine Zufallsvariable mit einer Zahl a multipliziert, so ist der resultierende Erwartungswert ebenfalls das a-fache des alten Erwartungswertes. Wir sagen, der Erwartungswert von Zufallsvariablen ist *linear*.

Beispiel: Sie gehen 2-mal an zufälligen Zeitpunkten zur Bushaltestelle und warten auf den im 10Min. Takt verkehrenden Bus (Wartezeit X ist G[0,10]-verteilt). Die gesamte Wartezeit X+X hat den Erwartungswert

$$E(X+X) = E(X)+E(X) = 5+5 = 10 .$$

Beispiel: 10 Mathematikaufgaben sollen von einer zufällig ausgewählten Person bearbeitet werden. Die richtigen oder falschen Lösungen werden als Realisierungen von Zufallsvariablen $X_1, X_2, ... X_{10}$ aufgefasst.
$X_i = 1$ bedeutet: Aufgabe i gelöst, $X_i = 0$ bedeutet: Aufgabe i nicht gelöst. Der Erwartungswert von X_i ist $E(X_i) = 0 \cdot P(X_i = 0) + 1 \cdot P(X_i = 1) = P(X_i = 1)$. Der Erwartungswert ist in diesem Fall die Lösungswahrscheinlichkeit der Aufgabe.
Haben alle Aufgaben die gleiche Lösungswahrscheinlichkeit (also $E(X_i) = p$ für alle X_i), dann ist der Erwartungswert des Summenscores $Y = \sum_i X_i$

$$E(Y) = E\left(\sum_{i=1}^{10} X_i \right) = \sum_{i=1}^{10} E(X_i) = 10 \cdot p .$$

I.C.2.3 Kennwerte für die Streuung: Varianz und Standardabweichung

Als Kennwert dafür, wie *unterschiedlich* die Werte einer numerischen Zufallsvariable X sind, wird ähnlich wie in der deskriptiven Statistik die *Varianz* bzw. die *Standardabweichung* der Zufallsvariable berechnet. Sie gibt an, *wie stark* die Werte von X um den Erwartungswert herum streuen. Genauer: Die Varianz gibt die *durchschnittliche quadrierte Abweichung* vom Erwartungswert an.

Nimmt X die Werte x_1, x_2,... an, dann berechnet sich die Varianz als

$$Var(X) = E[(X-E(X))^2] = \sum_i (x_i - E(X))^2 \, P(X = x_i)$$

Die Varianz ist also selbst ein Erwartungswert, und zwar der Erwartungswert der durchschnittlichen quadratischen Abweichung von $E(X)$. In vielen Fällen ist es einfacher, die Varianz mit der folgenden Formel zu berechnen:

$$Var(X) = E(X^2) - [E(X)]^2$$

Dass beide Formeln übereinstimmen, zeigt die folgende Rechnung:

$$Var(X) = E[(X-E(X))^2] = E[X^2 - 2XE(X) + E(X)^2]$$
$$= E(X^2) - 2E(X)E(X) + [E(X)]^2 = E(X^2) - [E(X)]^2$$

Dabei wurde von der Rechenregel des Erwartungswertes Gebrauch gemacht.

Beispiel: Wieder soll X die Anzahl der „Zahl-Würfe" beim zweifachen Münzwurf beschreiben. Dann ist

$$Var(X) = (0-1)^2 \cdot P(0) + (1-1)^2 \cdot P(1) + (2-1)^2 \cdot P(2)$$
$$= 1 \cdot 0.25 + 0 \cdot 0.5 + 1 \cdot 0.25 = 0.5$$

▬ *Technischer Hinweis:* Da die Varianz ein spezieller Erwartungswert ist, kann sie auch für Zufallsvariablen mit stetiger Verteilung berechnet werden.

$$Var(X) = E(X-E(X))^2 = \int_{-\infty}^{\infty} [x - E(X)]^2 \, f(x) dx$$

Bequemer zum Rechnen ist wieder die andere Variante der Formel:

$$Var(X) = E(X^2) - [E(X)]^2 = \int_{-\infty}^{\infty} x^2 f(x) dx - [E(X)]^2$$

Beispiel: Die Varianz der Wartezeit beim Warten auf den Bus beträgt

$$Var(X) = \int_{-\infty}^{\infty} x^2 f(x) dx - E(X)^2 = \int_{0}^{10} \frac{x^2}{10} dx - 5^2$$
$$= \left[\frac{x^3}{30} \right]_0^{10} - 25 = 33,\overline{3} - 25 = 8,\overline{3}$$

Varianz einer Zufallsvariable und Stichprobenvarianz:

Die Analyse der Daten von Stichproben ist Gegenstand der *Deskriptivstatistik*. Es wird z.B. bei intervallskalierten Daten die *Stichprobenvarianz s^2* berechnet (vgl. Band 1, B.2.2.b). Um aufgrund einer Stichprobe die Varianz der dahinter liegenden Zufallsvariable zu schätzen, böte sich die Stichprobenvarianz an. Allerdings wird zumeist *nicht* s² sondern der Ausdruck

$$\hat{\sigma}^2 = \frac{1}{n-1} \sum_{i=1}^{n} (x_i - \bar{x})^2$$

als Schätzer verwendet. Warum das so ist, wird in Abschnitt II.A.1.4. erklärt. Hier sei lediglich bemerkt, dass man dadurch eine „bessere" Schätzung erhält.

🔍 *Vertiefung*: Sei X eine numerische Zufallsvariable. Die Varianz *Var(X)* wird auch als zweites zentrales Moment von X bezeichnet. Allgemein wird $E(X^k)$ als *k-tes Moment* von X bezeichnet und $E[(X-E(X))^k]$ als das *k-te zentrale Moment*. Das dritte zentrale Moment wird *Schiefe* einer Verteilung genannt (man beachte die Analogie zur Formel für die Schiefe aus der deskriptiven Statistik, Band 1, II.B.5).

Standardabweichung

Da die erwarteten durchschnittlichen quadrierten Abweichungen inhaltlich schlecht zu interpretieren sind, wird oft die *Standardabweichung*

$$Std(X) = \sqrt{Var(X)}$$

als Maß für die Streuung verwendet. Ein Vorteil der Standardabweichung ist, dass sie in der Einheit der Variable angegeben werden kann.

Beispiel: Bei der Körpergröße X heutiger Studierender liefern die Daten eine Schätzung der Varianz von 31.36 cm². Besser zu interpretieren ist die Standardabweichung von Std(X) = 5.6 cm.

Die Standardabweichung entspricht *ungefähr* der durchschnittlichen Abweichung vom Erwartungswert $E(X)$, also $Std(X) \approx E(|X-E(X)|)$. Beide Ausdrücke sind aber in der Regel nicht exakt gleich.

I.C.2.3.1 Varianzen und Standardabweichungen bekannter Verteilungen

Haben numerische Zufallsvariablen bekannte Verteilungen wie die Binomial- oder die Normalverteilung, dann kann die Varianz sofort durch die folgenden Formeln berechnet werden. Die Standardabweichungen ergeben sich als Wurzel aus der Varianz.

Binomialverteilung:

Ist eine Zufallsvariable binomialverteilt mit den Parametern n und p, dann kann die Varianz sofort angegeben werden. Es ist $Var(X) = n \cdot p \cdot (1-p)$.

Beispiel: Wieder soll X die Anzahl der „Zahl-Würfe" beim zweifachen Münz-wurf beschreibe. Dann ist n = 2, p = 0.5 und Var(X) = 2·0.5·0.5 = 0.5, was mit obigem Ergebnis der Berechnung „zu Fuß" übereinstimmt.

Poissonverteilung:

Ist eine Zufallsvariable X poissonverteilt mit Parameter μ, dann ist μ auch die Varianz von X.

Gleichverteilung:

Ist eine Zufallsvariable X gleichverteilt auf dem Intervall [a, b], dann kann man nachrechnen, dass die Varianz von X gleich $(b-a)^2/12$ ist.

Normalverteilung:

Ist eine Zufallsvariable X normalverteilt mit den Parametern μ und σ, dann ist σ^2 die Varianz und σ die Standardabweichung von X. Im Beispiel der Körper-größe der Mütter wurde σ durch $\hat{\sigma} = 5.92$ cm in einer großen Stichprobe ge-schätzt.

I.C.2.3.2 Rechenregeln für Varianzen

Für die Varianz einer numerischen Zufallsvariable X gelten die folgenden Re-chenregeln (a und b seien reelle Zahlen, Y eine weitere numerische Zufallsvari-able):

X	$Var(X)$
$X = a$	0
$X = a + Y$	$Var(Y)$
$X = b \cdot Y$	$b^2 \cdot Var(Y)$

Tabelle 3: Rechenregeln für Varianzen.

Diese Rechenregeln ergeben sich, wenn man die Ausdrücke der linken Spalte in die Definition der Varianz einsetzt und mit den Rechenregeln des Erwar-tungswertes rechnet. So ist z.B. $E(a-E(a))^2 = 0$, da $E(a) = a$ nach der ersten Re-chenregel.

Beispiel: Betrachten wir erneut das Beispiel der Körpergröße X heutiger Stu-dierender. Die Daten einer großen Stichprobe liefern eine Schätzung der Standardabweichung von Std(X) = 5.6 cm und eine Varianz von 31.36 cm². Misst man die Körpergröße nicht in Zentimetern sondern in Metern (d.h. wir betrachten nicht die Variable X sondern Y = X/100), dann ist Var(Y) = (1/100)²·Var(X) = 0.003136 (siehe Rechenregeln). Die Standard-abweichung von Y ist 1/100 Std(X) = 0.056 m.

I.C.3. Verteilungsfunktion

Manchmal wird die Verteilung einer numerischen Zufallsvariable X nicht durch einzelne Kennwerte sondern durch ihre *Verteilungsfunktion* $F(x)$ beschrieben. Die Verteilungsfunktion $F(x)$ gibt die Wahrscheinlichkeit an, mit der eine Zufallsvariable X *höchstens* den Wert x annimmt:

$$F(x) = P(X \leq x)$$

In vielen Tabellen von Verteilungen wird statt Wahrscheinlichkeiten nur die Verteilungsfunktion wiedergegeben. Ist z. B. die Zufallsvariable X binomialverteilt (mit den Parametern n und p), dann gilt:

$$F_{B(n,p)}(k) = P(X = 0) + P(X = 1) + ... + P(X = k)$$

$$= \binom{n}{0} p^0 (1-p)^{n-0} + ... + \binom{n}{k} p^k (1-p)^{n-k}$$

Verteilungsfunktionen sind monoton wachsend, ihre Werte liegen zwischen null und eins.

k	$P_{B(5,0.5)}(k)$	$F_{B(5,0.5)}(k)$
0	0.03125	0.03125
1	0.15625	0.1875
2	0.3125	0.5
3	0.3125	0.8125
4	0.15625	0.96875
5	0.03125	1

Tabelle 4: Verteilungsfunktion einer $B(5, 0.5)$-Verteilung

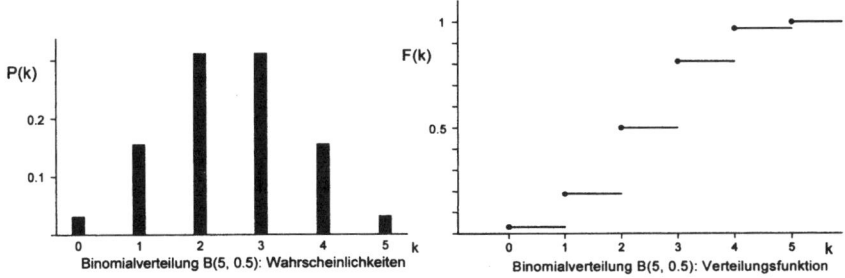

Abbildung 18 und 19 Darstellung der Wahrscheinlichkeiten und der Verteilungsfunktion einer Binomialverteilung ($n = 5, p = 0.5$).

Beispiel: Wie wahrscheinlich ist es, beim fünfmaligen Werfen einer Münze zwei- oder dreimal Zahl zu erhalten?

$$P(X=2)+P(X=3)=P(X\leq 3)-P(X\leq 1)$$

$$= F(3) - F(1) \quad = 0.8125 - 0.1875$$

$$= 0.625$$

I.C.3.1. Verteilungsfunktionen bei stetigen Zufallsvariablen

Auch bei stetigen Verteilungen kann man die Verteilungsfunktion $F(x)$ bestimmen und damit die Verteilung beschreiben. Die Verteilungsfunktion ist wie bei diskreten Verteilungen definiert durch $F(x) = P(X \leq x)$. Hat die Verteilung von X die Dichte $f(x)$, dann ist

$$F(x) = \int_{-\infty}^{x} f(t)dt$$

Hintergrund: Hat eine stetige Wahrscheinlichkeitsverteilung die Dichte f und die Verteilungsfunktion F, so gilt:

$$\frac{dF}{dx}(a) = f(a)$$

Die Dichte einer Verteilung ist die *Ableitung* der Verteilungsfunktion.

Beispiel: Die Verteilungsfunktion einer auf dem Intervall [0,10] gleichverteilten Zufallsvariable (siehe das Beispiel „Warten auf den Bus") ist

$$F_G(x) = \int_{-\infty}^{x} f_G(t)dt = \int_{0}^{x} \frac{1}{10}dt$$

da f_G ausserhalb von [0, 10] den Wert null hat.

Die Verteilungsfunktion hat auf dem Intervall [0, 10] eine konstante Steigung von 1/10. Sie ist in der folgenden Abbildung dargestellt. Oberhalb von X= 10 hat die Verteilungsfunktion den konstanten Wert eins, unterhalb von X=0 hat sie den konstanten Wert null.

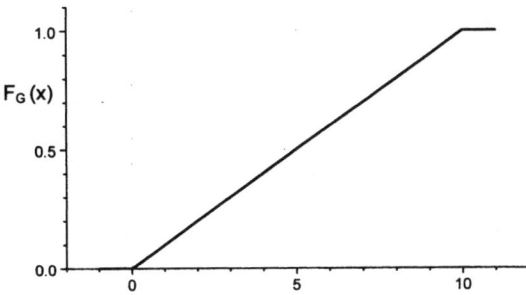

Abbildung 20: Verteilungsfunktion einer auf dem Intervall [0,10] gleichverteilten Zufallsvariablen.

Zu Beginn dieses Abschnitts wurde festgestellt, dass psychologische Merkmale
als Zufallsvariablen aufgefasst werden können und Messwerte als Ergebnisse
von Zufallsexperimenten. Mit Hilfe von Kennwerten wie dem Erwartungswert
und der Varianz ist es möglich, Zufallsvariablen näher zu kennzeichnen. Die
gesamte Verteilung einer Zufallsvariable kann durch Tabellen der Einzelwahrscheinlichkeiten bzw. Dichten oder durch die Verteilungsfunktion angegeben
werden.

Insgesamt gibt es eine starke Analogie zur deskriptiven Statistik, nur dass wir
es hier mit Wahrscheinlichkeiten und Zufallsvariablen statt Stichproben und
Merkmalen zu tun haben. Der Weg zur Bestimmung von Verteilungskennwer-
ten verläuft analog wie bei der Bestimmung von Wahrscheinlichkeiten in Abschnitt I.A. Sind bereits bestimmte Kennwerte bekannt, so können aufgrund
theoretischer Überlegungen die Kennwerte anderer Zufallsvariablen daraus abgeleitet werden. Hierzu dienen beispielsweise die Rechenregeln für Erwartungswerte, Varianzen und Kovarianzen. Der andere Weg zur Ermittlung von
Kennwerten besteht in ihrer Schätzung aufgrund von Stichprobendaten.

Im nächsten Abschnitt werden wir uns mit Zusammenhängen *zwischen* Zufallsvariablen beschäftigen. Die Ermittlung von Zusammenhängen ist eines der
wichtigsten Themen wissenschaftlicher Psychologie.

📖 Weiterführende Literatur:
Eine weitere Vertiefung zum Gebiet Zufallsvariablen und Kennwerte ist im
Rahmen des Psychologiestudiums in der Regel nicht notwendig. Für ma-
thematisch interessierte Leser seien exemplarisch erneut die Bücher von
Plachky et al. (1983) und Bauer (2001) genannt.

---

1) Beim Münzwurf spielen Sie um Geld: Werfen Sie eine Münze und es fällt „Wappen", so zahlen Sie 1 Euro, fällt „Zahl", so erhalten Sie 1,50 Euro. Wie groß ist der Erwartungswert, wenn Sie 10 mal die Münze werfen? Wie groß ist die Varianz der Gewinnausschüttung? Wie ändert sich diese Varianz, wenn Gewinn und Verlust verdoppelt werden?

Würden Sie das Spiel noch mitmachen, wenn die Münze nicht fair wäre, sondern die Wahrscheinlichkeiten $P(\text{„Wappen"})=2/3$, $P(\text{„Zahl"})=1/3$ vorliegen würden.

2) Sie warten auf den wichtigen Anruf eines Freundes, der ganz sicher irgendwann zwischen 17^{00} und 18^{00} erfolgen soll, jeder Zeitpunkt dazwischen ist gleich wahrscheinlich. Sie wollen aber von 17^{20} bis 17^{50} ihre Lieblingssendung im Fernsehen ungestört sehen. Wie wahrscheinlich ist das Ereignis, dass Ihr Freund sich bis 17^{20} Uhr gemeldet hat? Wie wahrscheinlich ist es, dass Sie wegen des Anrufs nicht ungestört fernsehen können? Mit welcher durchschnittlichen Wartezeit von 17^{00} an müssen Sie rechnen? Wie wahrscheinlich ist ein Anruf in den letzten 10 Minuten, unter der Bedingung, dass es bereits nach halb sechs ist?

3) Angenommen, Sie sind Inhaber einer psychotherapeutischen Praxis und können pro Monat 10 neue Patienten behandeln (die Warteliste ist lang). Sie wissen, dass 5% aller Patienten unter Zwangsstörungen leiden. Wie viele Zwangspatienten erwarten Sie im Jahr durchschnittlich zu bekommen? Drücken Sie diese inhaltliche Fragestellung durch eine Zufallsvariable und ihren Erwartungswert aus.

4) Einer Reihe von zufällig ausgewählten Personen wird ein psychologischer Test, der aus 4 Aufgaben besteht, vorgelegt. Gemessen wird $X :=$ *Anzahl der richtig gelösten Aufgaben.*
Es ist $P(0)=P(4)=0.0625$, $P(1)=P(3)=0.25$, $P(2)=0.375$. Wie viele gelöste Aufgaben sind im Durchschnitt zu erwarten? Berechnen Sie einen geeigneten Kennwert, der die Größe der *Unterschiede* bei den Werten von X beschreibt.

5) Bei einer Prüfung bei einem besonders strengen Prof. fallen die Prüflinge mit einer Wahrscheinlichkeit von 0.28 durch. Pro Jahr müssen 120 Studierende in diese Prüfung. Berechnen Sie die erwartete Häufigkeit von „Durchfallern" pro Jahr.

6) Wie weit dürfen Sie bei einem Brettspiel erwarten vorzurücken, wenn Sie dreimal würfeln dürfen?

7) Das Gewicht von Fluggästen ist annähernd $N(\mu, \sigma^2)$-verteilt mit $\mu=69.2$ kg und $\sigma = 10.2$ kg. Mit welchem Passagiergewicht müssen Fluggesellschaften rechnen, wenn die Flugzeuge 180 Plätze haben?

I.D Zusammenhänge von Zufallsvariablen

Führt eine therapeutische Behandlung zu Heilungserfolg? Macht Fernsehen aggressiv? Sind Psychologen sozial kompetenter als Nicht-Psychologen? Bei allen diesen Fragen geht es um den Zusammenhang von Ereignissen bzw. von den Variablen, die sie hervorbringen. In der deskriptiven Statistik in Band 1 wurden verschiedene Arten der Darstellung und der Kennzeichnung von Zusammenhängen von Merkmalen vorgestellt. In ähnlicher Weise geschieht dies in diesem Abschnitt für Zufallsvariablen. Statt wie in den Abschnitten A bis C nur die Wahrscheinlichkeit bzw. die Verteilung einzelner Zufallsvariablen zu betrachten, werden jetzt mehrere Ereignisse bzw. Zufallsvariablen durch ihre gemeinsame Verteilung und Kennwerte beschrieben. Wir beginnen mit diskreten Zufallsvariablen (z.B. „Teilnahme an Therapie" oder „Heilungserfolg") und betrachten die zufälligen Ereignisse A={Heilung} und B={Therapie}. Betrachten wir die Heilungswahrscheinlichkeit unter der Bedingung, dass eine Person eine Therapie gemacht hat Wenn die Therapie erfolgreich ist, dann sollte die Heilungswahrscheinlichkeit $P(B)$ von der Teilnahme an der Therapie „abhängen". Falls die Therapie unwirksam ist, sollten die Ereignisse A und B „unabhängig" sein. Wir beginnen diesen Abschnitt damit, die Begriffe „bedingte Wahrscheinlichkeit", „stochastische Abhängigkeit" und „stochastische Unabhängigkeit" einzuführen und die daraus resultierenden Anwendungsmöglichkeiten zu betrachten. Anschließend werden für metrische Zufallsvariablen Kennwerte für Zusammenhänge vorgestellt. Zum Schluss dieses Kapitels werden wir uns noch einmal abschließend mit dem Konzept „Wahrscheinlichkeit" beschäftigen.

I.D.1 Bedingte Wahrscheinlichkeit

Wenn wir in der Psychologie von „Effekten" von z.B. einer Behandlung sprechen, meinen wir damit, dass unter der Bedingung einer Behandlung sich die Heilungswahrscheinlichkeit verändert. Es geht um „bedingte Wahrscheinlichkeiten". Dieses Konzept wird anhand des folgenden Beispiels erklärt.

Beispiel: Im Jahr 1997 gibt es in der Bevölkerung 1000 Personen mit einer bestimmten seltenen psychischen Störung. 5 Jahre später haben 600 Personen Therapie gemacht, 350 Personen haben Therapie gemacht und sind geheilt und 50 Personen sind ohne Therapie geheilt. Als Zufallsexperiment betrachten wir die rein zufällige Auswahl einer Person aus dieser Population von 1000 Patienten. Wie wahrscheinlich ist das Ereignis „Heilung" unter der Bedingung, dass die Person Therapie gemacht hat?

Im Mengendiagramm (Venn Diagramm):

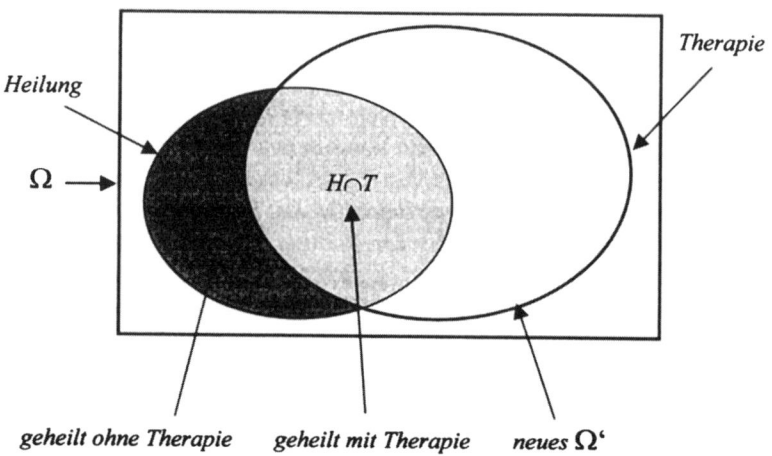

Abbildung 21: Therapiebeispiel als Mengendiagramm (Venn-Diagramm)

Im Beispiel geht es um das Zufallsexperiment (Ω, P) mit Ω = Menge der 1000 Personen nach fünf Jahren, P ist die Laplace-Verteilung. Mit der Laplace-Verteilung können die Wahrscheinlichkeiten für Ereignisse wie „Therapie", „Heilung", „Heilung und Therapie" u.a. ermittelt werden:

$P(Therapie)$=600/1000=0.6

$P(Heilung \cap Therapie)$=350/1000=0.35

$P(Heilung \cap keine\ Therapie)$=50/1000=0.05

Dann ergibt sich z.B. P(Heilung) nach dem 3. Axiom der Wahrscheinlichkeit (vgl. Abschnitt I.A.2) durch

$P(Heilung) = P(Heilung \cap Therapie) + P(Heilung \cap keine\ Therapie)$

= 400/1000=0.4

Alle diese Wahrscheinlichkeiten sind ‚unbedingte' Wahrscheinlichkeiten. Interessieren wir uns für die Heilungswahrscheinlichkeit unter der Bedingung, dass therapiert wurde, betrachten wir als neuen Ereignisraum Ω' nur die therapierten Personen und interessieren uns für Teilmengen (Ereignisse) von Ω'.

 $P(A|B)$ heißt die bedingte Wahrscheinlichkeit von A gegeben B (gesprochen: P von A gegeben B).

Bedingte Wahrscheinlichkeit bedeutet, dass die Bedingung „zum neuen Ω" wird. Im Beispiel bedeutet das:

Von den therapierten Patienten wurden 350 geheilt, also

$$\frac{350}{600} = \frac{350}{1000} \Big/ \frac{600}{1000} = \frac{P(Heilung \cap Therapie)}{P(Therapie)} = P(Heilung \,|\, Therapie).$$

Die bedingte Wahrscheinlichkeit ist P(Heilung | Therapie) = 350/600 = 0.583.

Allgemein berechnet sich die bedingte Wahrscheinlichkeit eines Ereignisses A unter der Bedingung B durch

$$P(A\,|\,B) = \frac{P(A \cap B)}{P(B)} \ .$$

Dabei muss gelten $P(B) > 0$. Sind die Wahrscheinlichkeiten für A$\cap$B und B bekannt, dann kann $P(A\,|\,B)$ berechnet werden. Im Beispiel ist die bedingte Wahrscheinlichkeit für „Heilung" mit $P(Heilung\,|\,Therapie) = 0.583$ höher als die unbedingte Wahrscheinlichkeit $P(Heilung) = 0.4$. Die Therapie scheint zu helfen[16].

➤— Zum Rechnen mit bedingten Wahrscheinlichkeiten:

Alle Rechenregeln, die für „normale" Wahrscheinlichkeiten gelten (siehe I.A.2), gelten entsprechend für bedingte Wahrscheinlichkeiten. Schließlich wird bei bedingten Wahrscheinlichkeiten $P(A\,|\,B)$ lediglich das bedingende Ereignis B als neuer Ereignisraum aufgefasst. Im Beispiel sind die möglichen Elementarereignisse nicht mehr die Menge aller 1000 Patienten, sondern wir gehen davon aus, dass die Person therapiert wurde. Wir betrachten daher nur noch die 600 therapierten Personen.

Es gilt insbesondere $P(B\,|\,B) = 1$ (Überprüfung durch Einsetzen in die Formel). Für die Gegenwahrscheinlichkeit gilt: $P(\text{-}A\,|\,B) = 1 - P(A\,|\,B)$. Mit einer Wahrscheinlichkeit von 0.417 ergibt sich keine Heilung unter der Bedingung, dass Therapie gemacht wurde.

☝ Achtung: Es gilt *nicht* $P(A\,|\,\text{-}B) = 1 - P(A\,|\,B)$. Über Ereignisse, die unter der Bedingung „keine Therapie" eintreten, können wir unmittelbar keine Aussagen machen.

Beispiel: Wie wahrscheinlich ist es, dass eine gerade Zahl (Ereignis A) gewürfelt wurde, wenn man bereits weiß, dass die gewürfelte Zahl größer ist als 3 (Ereignis B). Es ist A = {2, 4, 6}, B = {4, 5, 6}, A $\cap$ B = {4, 6}.

---

[16] Die vorsichtige Wortwahl ‚scheint' trägt dem Umstand Rechnung, dass keineswegs erwiesen ist, dass die höhere Heilungswahrscheinlichkeit *aufgrund* der Therapie zustande kommt. Es ist z.B. möglich, dass die Personen mit besseren Heilungschancen auch eher Therapie machen. Generell kann nicht oft genug davor gewarnt werden, Zusammenhänge naiv als kausal zu interpretieren.

$$P(A \mid B) = \frac{P(A \cap B)}{P(B)} = \frac{\sfrac{2}{6}}{\sfrac{3}{6}} = \frac{2}{3}$$

Wie wahrscheinlich ist es dass unter der Bedingung B keine gerade Zahl gewürfelt wurde? Es ist -A = {1, 3, 5}, -A∩ B = {5}

$$P(-A \mid B) = 1/3 = 1 - P(A \mid B).$$

Wie wahrscheinlich ist es, dass unter der Bedingung B eine „1" (Ereignis C) geworfen wird? Es ist C = {1}, C∩B=∅.

$$P(C \mid B) = 0, \text{ da } P(C \cap B) = 0.$$

Der kompetente Umgang mit bedingten Wahrscheinlichkeiten kann im Alltag durchaus wichtig sein und auch zu überraschenden Schlüssen führen, wie das folgende vertiefende Beispiel zeigt:

Das Ziegenproblem: In einer Gewinnshow haben Sie die Chance ein Auto zu gewinnen. Vor Ihnen sehen Sie drei verschlossene Türen A, B und C. Hinter zwei Türen sind Ziegen versteckt, hinter der dritten Ihr Traumauto. Der Moderator instruiert Sie folgendermaßen: „Entscheiden Sie sich für eine der drei Türen (1. Wahl). Anschließend öffne ich eine der beiden anderen Türen, und zwar immer eine, hinter der eine Ziege steht. Danach dürfen Sie nochmals entscheiden (2. Wahl), welche der beiden übrig gebliebenen Türen Sie öffnen wollen."

Ist das Auto, nachdem der Moderator die Tür geöffnet hat, eher hinter der Tür, die Sie als erste gewählt haben, zu erwarten oder hinter der anderen nicht geöffneten Tür? Anders ausgedrückt: Sollten Sie die erste Wahl beibehalten (Strategie 1) oder besser zur anderen Tür wechseln (Strategie 2)?

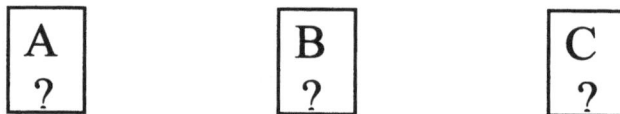

Angenommen, Sie entscheiden sich bei der ersten Wahl für Tür C. Dann gibt es zwei Möglichkeiten:

Das Auto befindet sich hinter Tür C. In diesem Falle ist Strategie 1 erfolgreich. Entscheidet man sich auch bei der zweiten Wahl für Tür C, erhalten Sie das Auto. Also: Strategie 1 ist erfolgreich, wenn man beim ersten Versuch die richtige Tür bereits gewählt hat.

Das Auto befindet sich nicht hinter Tür C. In diesem Falle ist Strategie 2 erfolgreich, denn von Tür A und B wird diejenige geöffnet, hinter der das Auto nicht steht. Das Auto steht dann sicher hinter der nicht geöffneten Tür und Sie sollten wechseln. Also: Strategie 2 ist immer erfolgreich, wenn man beim ersten Versuch eine falsche Tür gewählt hat.

Es gibt drei mögliche Fälle für den Aufenthaltsort der zwei Ziegen und des Autos. Wenn man sich bei der ersten Wahl für C entscheidet, ist nur im ersten Fall Strategie 1 erfolgreich, in beiden anderen Strategie 2.

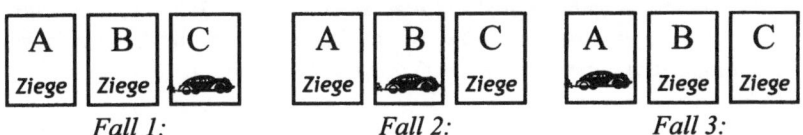

Fall 1:   Fall 2:   Fall 3:

$P(\text{Auto} | \text{Strategie } 1) = 1/3$ (Strategie 1 ist mit einer Wahrscheinlichkeit von 1/3 erfolgreich, nämlich genau dann, wenn man mit der ersten Wahl richtig liegt.)

$P(\text{Auto} | \text{Strategie } 2) = 2/3$ (Strategie 2 ist mit einer Wahrscheinlichkeit 2/3 erfolgreich, nämlich genau dann, wenn man mit der ersten Wahl falsch liegt.)

I.D.2 Stochastische Abhängigkeit und Unabhängigkeit

Wenn bei Eintreten eines Ereignisses B sich die Wahrscheinlichkeit von Ereignis A ändert, sprechen wir von *stochastischer Abhängigkeit* dieser Ereignisse. Ist das nicht der Fall, dann sind A und B *stochastisch unabhängig*.

I.D.2.1 Stochastische Abhängigkeit

Im Therapiebeispiel war nach erfolgter Therapie die Heilungswahrscheinlichkeit erhöht. Es gilt $P(\text{Heilung} | \text{Therapie}) = 0.583 \neq 0.40 = P(\text{Heilung})$. Die allgemeine Definition von stochastischer Abhängigkeit für Ereignisse A und B lautet:

A und B sind stochastisch abhängig, wenn $P(A | B) \neq P(A)$.

In der Praxis wird das Wort „stochastisch" oft weggelassen und nur von der Abhängigkeit von Ereignissen gesprochen. Synonym wird dafür auch der Begriff „Zusammenhang von A und B" gebraucht.

Beispiel: Die Wahrscheinlichkeit, dass ein zufällig ausgewählter Mensch eine Staublunge bekommt, ist deutlich höher, wenn es sich um einen Bergmann handelt (abhängige Ereignisse). Es ist

$$P(\text{Staublunge} | \text{Bergmann}) \neq P(\text{Staublunge}).$$

Beispiel: Die Ereignisse „überdurchschnittliche Intelligenz"(ü.I.) und „studieren" sind stochastisch abhängig. Es ist

$$P(\text{ü.I.} | \text{studieren}) \neq P(\text{ü.I.}) = 0.5.$$

Unter Studierenden ist der Anteil von überdurchschnittlich intelligenten Menschen deutlich höher als in der Gesamtbevölkerung.

Beispiel: Beim Ziegenproblem besteht stochastische Abhängigkeit zwischen dem Gewinn und der gewählten Strategie. Nutzt man die Zusatzinformation des Moderators, erhöht sich die Gewinnwahrscheinlickeit.

Bisher konnte man den Eindruck gewinnen, dass es bei stochastischer Abhängigkeit eine Richtung gibt: A ist abhängig von B. Wie ist es mit der Abhängigkeit von B hinsichtlich A?

Im Therapiebeispiel ist „Therapie" auch von „Heilung" stochastisch abhängig. Es ist

$$P(Therapie \mid Heilung) = P(Therapie \cap Heilung) / P(Heilung)$$
$$= 0.35 / 0.4 = 0.875 \neq 0.6 = P(Therapie).$$

Weiterhin sind auch die Ereignisse „Heilung" und „keine Therapie" stochastisch abhängig. Es ist

$$P(Heilung \mid k.~Therapie) = P(geheilt \cap k.~Therapie) / P(k.~Therapie)$$
$$= 0.05 / 0.4 = 0.125 \neq 0.4 = P(Heilung).$$

Allgemein gilt:

Bei stochastischer Abhängigkeit gibt es keine „Richtung". Ereignisse A und B sind gemeinsam voneinander stochastisch abhängig.

Sind A und B stochastisch abhängig, dann gilt dies automatisch auch für die Gegenereignisse -A und -B, -A und B sowie A und -B.

Überprüfung stochastischer Abhängigkeit

Stochastische Abhängigkeit kann überprüft werden, indem man $P(A \mid B)$ mit $P(A)$ vergleicht. Falls diese Wahrscheinlichkeiten unbekannt und statt dessen andere wie $P(A \cap B)$ oder $P(A \mid -B)$ gegeben sind, kann stochastische Abhängigkeit auch mit einer der beiden folgenden Formeln überprüft werden. Es gilt: A und B sind genau dann stochastisch abhängig, wenn

$$P(A \cap B) \neq P(A) \cdot P(B) \qquad oder \qquad P(A \mid B) \neq P(A \mid -B).$$

Die erste Formel besagt, dass bei stochastischer Abhängigkeit die Wahrscheinlichkeit für gemeinsames Auftreten von A und B nicht das Produkt der Wahrscheinlichkeiten von A und B ist.

Beispiel: Es sei bekannt, dass erwachsene Menschen mit der Wahrscheinlichkeit 1/3 rauchen und es gleich viele Männer und Frauen gibt. Wenn Rau-

*chen nichts mit dem Geschlecht zu tun hat, dass muss die Wahrscheinlich-
keit z.B. für weibliche Raucher P(rauchen ∩ weiblich) = 1/3·1/2 = 1/6 sein.
Weicht der tatsächliche Wert für P(rauchen ∩ weiblich) von 1/6 ab, dann
besteht stochastische Abhängigkeit.*

Die zweite Formel gibt obige Aussage allgemein wieder. Bei Abhängigkeit von
A und B liegt auch automatisch Abhängigkeit von A und -B vor.

➤━ *Herleitung der Formeln*: Es ist nach Definition $P(A|B)=P(A\cap B)/P(B)$.
Im Fall stochastischer Abhängigkeit muss daher gelten: $P(A \cap B)/P(B)\neq P(A)$.
Multiplikation der Gleichung mit $P(B)$ liefert die erste Formel. Die zweite
Formel erhält man nach einiger Formelschieberei, auf die an dieser Stelle ver-
zichtet werden soll.

Q Bisher haben wir nur die stochastische Abhängigkeit von Ereignissen betrachtet. Beispiele waren die Ereignisse „geheilt" und „Therapie gemacht".
Ereignisse können jedoch oft als Werte von Zufallsvariablen aufgefasst
werden. Z.B. gibt die Zufallsvariable $X = Therapie$ an, ob eine zufällig ausgewählte Person Therapie gemacht hat oder nicht. Im Beispiel haben wir also die stochastische Abhängigkeit der Zufallsvariablen $X = Therapie$ und
$Y = Heilung$ untersucht.

Allgemein gilt: Zwei Zufallsvariablen X und Y sind stochastisch abhängig,
wenn die möglichen Ereignisse A und B, die durch X und Y eintreten können, stochastisch abhängig sind. Entsprechend ist die stochastische Unabhängigkeit von Zufallsvariablen definiert.

I.D.2.2 Stochastische Unabhängigkeit

Wenn zwischen dem Eintreten zweier Ereignisse keine stochastische Abhängigkeit besteht, dann sprechen wir von *stochastisch unabhängigen* (oder kurz:
von unabhängigen) *Ereignissen*. Ist bekannt, dass ein Ereignis B eingetreten ist,
so soll sich die Wahrscheinlichkeit des Eintretens von A nicht verändern. Stochastische Unabhängigkeit von A und B bedeutet, dass die Vorhersagbarkeit
von Ereignis A durch das Eintreten von B nicht beeinflusst wird.

Zwei Ereignisse A und B heißen *stochastisch unabhängig*, wenn sie
nicht stochastisch abhängig sind, d. h., wenn gilt:

$$P(A|B)=P(A).$$

Zur Überprüfung stochastischer Unabhängigkeit kann auch die Gleich-
heit $P(A|B) = P(A|-B)$ untersucht werden (vergleiche den vorigen Ab-
schnitt).

*Beispiel: Wir betrachten die folgenden Ereignisse: A = Atemwegserkran-
kungen, R = Raucher, -R = Nichtraucher. Bei Unabhängigkeit der Ereignisse*

sollte gelten, dass sich die Wahrscheinlichkeit für Atemwegserkrankungen nicht verändert, wenn man weiß, ob eine Person raucht bzw. nicht raucht:

$$P(A) = P(A \mid Raucher) = P(A \mid Nichtraucher).$$

Gilt hingegen, dass Rauchen die Anfälligkeit für Atemwegserkrankungen erhöht, sind die beiden Merkmale stochastisch abhängig:

$$P(A|Raucher) \neq P(A|Nichtraucher).$$

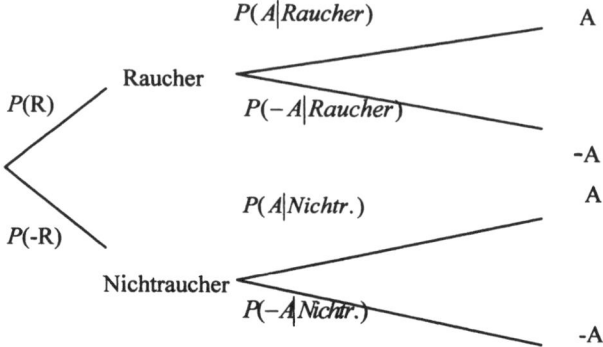

Eine wichtige Frage bei Schadenersatzprozessen gegen die Zigarettenindustrie lautet daher: Sind die Ereignisse „Raucher" und „Atemwegserkrankung" stochastisch unabhängig oder abhängig? In der Praxis werden solche Wahrscheinlichkeiten wieder anhand von Stichproben aufgrund von relativen Häufigkeiten geschätzt. Zu bemerken ist wiederum, dass selbst im Fall einer stochastischen Abhängigkeit nicht nachgewiesen wäre, dass Rauchen Atemwegserkrankungen verursacht.

I.D.2.2.1 Multiplikationsregel bei stochastischer Unabhängigkeit

Sind zwei Ereignisse A und B stochastisch unabhängig, so gilt:

$$P(A \cap B) = P(A) \cdot P(B).$$

Allgemein gilt für *m* stochastisch unabhängige Ereignisse A_i

$$P(A_1 \cap A_2 \cap .. \cap A_m) = P(A_1) \cdot P(A_2) \cdot ... \cdot P(A_m).$$

Beispiele: Bezeichne A das Merkmal, regelmäßig Sport zu treiben, und B das Merkmal „Geschlecht (m, w)". P(A) sei 0.6; P(m) und P(w) sei 0.5.

Sind A und B unabhängig, so sollten sowohl 60% der Frauen als auch der Männer regelmäßig Sport treiben.

$$P(A) = P(A \mid w) = P(A \mid m) = 0.6$$

In der Population sollten sich demnach 30% sporttreibende Männer und 30% sporttreibende Frauen befinden.

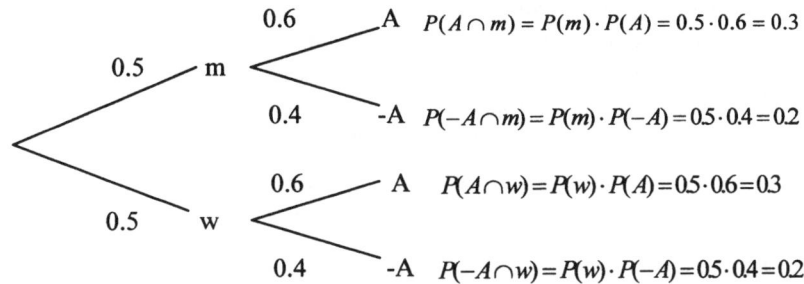

$$P(A \cap m) = P(m) \cdot P(A) = 0.5 \cdot 0.6 = 0.3$$

$$P(-A \cap m) = P(m) \cdot P(-A) = 0.5 \cdot 0.4 = 0.2$$

$$P(A \cap w) = P(w) \cdot P(A) = 0.5 \cdot 0.6 = 0.3$$

$$P(-A \cap w) = P(w) \cdot P(-A) = 0.5 \cdot 0.4 = 0.2$$

Die stochastische Unabhängigkeit ist in diesem Ereignisbaum insbesondere daran zu erkennen, dass nach dem Eintreten des ersten Ereignisses {m, w} die zu A bzw. -A hinführenden Pfade für beide Geschlechter identische Wahrscheinlichkeiten besitzen.(P(A) = 0.6 und P(-A) = 0.4). Man beachte, dass die Summe der Wahrscheinlichkeiten aller möglichen Ereigniskombinationen (Schnittmengen) 1 beträgt.

Beispiel: Zweifacher Münzwurf: Das Ergebnis im ersten Wurf beeinflusst die Wahrscheinlichkeit von „Zahl" im zweiten Wurf nicht. Es ist

P(zweiter Wurf „Z" | erster Wurf „Z")
= P(zweiter Wurf „Z" | erster Wurf „W")
= 0.5.

Man spricht in Fällen wie dem mehrfachen Münzwurf, bei dem mehrere Zufallsexperimente unabhängig voneinander durchgeführt werden und das Gesamtergebnis betrachtet wird, von *gekoppelten unabhängigen Zufallsexperimenten.*

Anwendung:

Bei der Binomialverteilung B(n, p) sind wir von *n* unabhängigen Münzwürfen ausgegangen. Die Wahrscheinlichkeit

$$P(k) = \binom{n}{k} p^k (1-p)^{n-k}$$

basiert gerade auf der Produktwahrscheinlichkeit $\underbrace{p \cdot p \ldots p}_{k\,\text{mal}} \underbrace{(1-p) \cdot (1-p) \ldots (1-p)}_{n-k\,\text{mal}} \cdot$

Beispiel: Wie wahrscheinlich ist es, beim dreimaligen Würfeln mindestens eine „6" zu würfeln? Anstatt die Wahrscheinlichkeit für 1-mal „6", 2-mal „6" usw. umständlich mit der Binomialverteilung zu berechnen, kann auch mit der Multiplikationsregel und der Gegenwahrscheinlichkeit gearbeitet werden. Aufgrund der stochastischen Unabhängigkeit der Würfelwürfe (der Würfel hat kein Gedächtnis) ist P(keine „6") das Produkt der drei Wahrscheinlichkeiten, in einem Wurf keine „6" zu werfen. Diese beträgt 5/6.

P(mind. eine „6") = 1- P(keine „6") = 1-(5/6)³ = 0.42

Angenommen Sie spielen Roulette: Sie dürfen auf eine der 37 gleich wahrscheinlichen Zahlen setzen. Wie wahrscheinlich ist es, dass Sie bei 37 Spielen mindestens einmal gewinnen? Der Lösungsweg führt auch hier wieder über die Multiplikationsregel und die Gegenwahrscheinlichkeit: Mindestens einmal zu gewinnen bedeutet, nicht 37-mal zu verlieren.

$$P(37 \text{ mal verlieren}) = \left(\frac{36}{37}\right)^{37} = 0.36$$

Aufgrund der stochastischen Unabhängigkeit der einzelnen Durchgänge wurde die Wahrscheinlichkeit mit der Multiplikationsregel berechnet. Die Gegenwahrscheinlichkeit liefert das Ergebnis.

$$P(\text{mindestens einmal gewinnen}) = 1 - 0.36 = 0.64$$

Q *Wie oft müssen Sie spielen, damit Sie mit 50% Sicherheit mindestens einmal gewinnen?*

$$P(\text{mind. einmal}) = 1 - \left(\frac{36}{37}\right)^{x} = 0.5 \Leftrightarrow x \cdot \log\left(\frac{36}{37}\right) = \log(0.5)$$

$$\Leftrightarrow x = \frac{\log(0.5)}{\log(36) - \log(37)} = 25.3$$

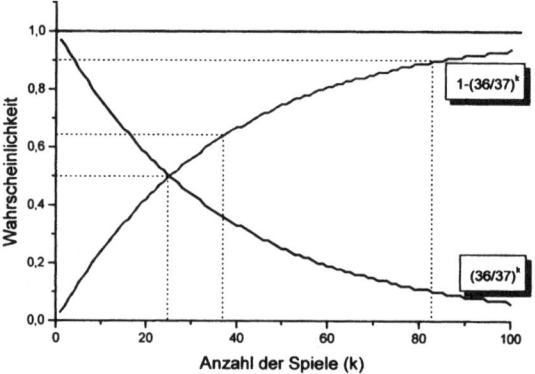

Abbildung 22 zeigt, wie sich die Gewinn- und Verlustwahrscheinlichkeiten mit der Anzahl der Durchgänge verändern.

Bei der Berechnung wurde log(1) = 0 verwendet (siehe Band 1, Einschub Logarithmen). Die Vorstellung, dass man in 37 Spielen mit Sicherheit einmal gewinnen muss, da es ja 37 Zahlen gibt, ist natürlich falsch: Angenommen man hat schon 36-mal verloren, dann müßte ja beim 37. Mal zwangsläufig die richtige Zahl fallen. Aber da die Roulettescheibe kein Gedächtnis besitzt (stochastische Unabhängigkeit der einzelnen Spiele) und der Einfluss einer ausgleichenden, kontrollierenden Schicksalsinstanz leider im allgemeinen nicht nachweisbar ist, ist die Wahrscheinlichkeit zu gewinnen stochastisch unabhängig davon, ob man bereits 36 mal oder lediglich einmal verloren hat.

Aus der stochastischen Unabhängigkeit der Roulettespiele folgt, dass man nur dann die Erfolgswahrscheinlichkeit für eine bestimmte Anzahl von Spielen angibt, wenn man sie im Vorhinein (a priori), d.h. vor Kenntnis des Ausganges des ersten Spieles, berechnet. Diese Schlussfolgerung erscheint zunächst paradox. Es ist sehr unwahrscheinlich, dass man das erste Spiel gewinnt. Hat man das erste Spiel jedoch verloren, so verringert sich die Gesamtwahrscheinlichkeit, in den 37 Spielen insgesamt zu gewinnen. Weiß man, dass man in 37 Spielen mit 64% Sicherheit gewinnt, so bedeutet dass nicht, dass man nach 30 verlorenen Spielen in den nächsten 7 Spielen mit 64% Sicherheit gewinnen wird. Man muss dann wieder bei 0 anfangen und sich überlegen, wie wahrscheinlich es ist, in den nächsten 7 Spielen *zu gewinnen. Legt man fest, wie viele Spiele man spielen wird, so verringert sich die Gewinnwahrscheinlichkeit mit jedem nicht gewonnenen Spiel: Wer glaubt, dass das Schicksal durch diese Verluste gezwungen wird, Wiedergutmachung zu leisten, überschätzt die empathischen Fähigkeiten einer Roulettescheibe.*

Mein Großvater pflegte zu klagen: „Jetzt spielt die Oma schon seit 30 Jahren Lotto, jetzt muss *sie doch bald auch mal 6 Richtige haben." Aber woher sollen die 49 vom Aufsichtsbeamten ordnungsgemäß kontrollierten Kugeln über die Geschichte von Frau F. aus R. Bescheid wissen?*

Wie bei der stochastischen Abhängigkeit ergibt sich auch die *stochastische Unabhängigkeit von Zufallsvariablen* aus der stochastischen Unabhängigkeit der Ereignisse, die durch X und Y eintreten können.

Beispiel: Randomisiertes Experiment.

In einem klinischen Experiment zur Wirksamkeit eines neuen Therapieverfahrens werden die Patienten rein zufällig einer Therapiegruppe (T) oder einer Kontrollgruppe (K) zugewiesen. Dieses Vorgehen wird Randomisierung genannt. Wir bezeichnen diese Zuweisung als Zufallsvariable X. Die Werte von X sind die Behandlungsgruppen T und K. Es ist P(T) = P(K) = 0.5. Dann ist X stochastisch unabhängig von allen Eigenschaften der Patienten. Es ist z.B. P(T | Patient ist hoch motiviert) = P(T | Patient ist niedrig motiviert) = 0.5.

Durch die Technik der Randomisierung werden potentielle Störvariablen eliminiert. Es wird z.B. sichergestellt, dass Versuchspersonen mit ‚hoher Motivation' oder ‚geringer Schwere der Störung' nicht bevorzugt in der Therapiegruppe landen. Ansonsten bliebe nämlich unklar, ob spätere Unterschiede zwischen Therapie- und Kontrollgruppe auf die Therapie selbst oder auf schon vorher bestehende Unterschiede zwischen den Personen zurückzuführen wären. Im Fall randomisierter Experimente dürfen Unterschiede zwischen Therapie- und Kontrollgruppe tatsächlich als *Effekt* der Therapie und damit kausal interpretiert werden.

I.D.3 Zum Rechnen mit bedingten Wahrscheinlichkeiten

Zum Bestimmen von Wahrscheinlichkeiten gibt es noch zwei häufig gebrauchte Formeln. Es handelt sich um den sogenannten ‚Satz der totalen Wahrscheinlichkeit‘ und den ‚Satz von Bayes‘. Bei beiden handelt es sich um Hilfsmittel, um unbekannte Wahrscheinlichkeiten aus bereits bekannten zu ermitteln. Beide basieren darauf, dass man die Formel für die bedingte Wahrscheinlichkeit umstellen kann. Es ist $P(A|B)=P(A \cap B) / P(B)$. Daher gilt z.B.

$$P(A \cap B)=P(A|B) \cdot P(B)=P(B|A) \cdot P(A).$$

Der ‚Satz der totalen Wahrscheinlichkeit besagt, dass man eine Wahrscheinlichkeit $P(B)$ aus bedingten Wahrscheinlichkeiten „zusammensetzen“ kann. Man hätte ihn daher auch ‚Satz der zusammengesetzten Gesamtwahrscheinlichkeit‘ nennen können, was jedoch noch umständlicher klingt.

I.D.3.1 Satz der totalen Wahrscheinlichkeit

Im einfachsten Fall betrachten wir zwei Ereignisse A und B. Dann kann B in B$\cap$A und B$\cap$-A ohne Überschneidung zerlegt werden. Für die Wahrscheinlichkeit von B gilt nach dem 3. Axiom für Wahrscheinlichkeit (vgl. I.A.2).

$$P(\text{B})=P(B \cap A) + P(B \cap \text{-}A)$$

$$=P(B|A) \cdot P(A) + P(B|\text{-}A) \cdot P(\text{-}A)$$

Kennt man nur die bedingten Wahrscheinlichkeiten und die Wahrscheinlichkeit von A, dann kann auf diese Weise $P(B)$ berechnet werden.

Beispiel: Angenommen, im Therapiebeispiel wären nur die folgenden Wahrscheinlichkeiten bekannt:

P(Heilung | Therapie)=0.583

P(Heilung | k. Therapie)=0.125

P(Therapie)=0.6, P(k. Therapie)=0.4.

Wie groß ist P(Heilung)? Nach dem Satz der totalen Wahrscheinlichkeit kann P(Heilung) berechnet werden:

P(Heilung)=P(Heilung ∩ Therapie) + P(Heilung ∩ k. Therapie)

=P(Heilung|Therapie)·P(Therapie)+P(Heilung|k. Therapie)·P(k.Therapie)

=0.35 + 0.05=0.40.

Satz der totalen Wahrscheinlichkeit: Im Allgemeinen gilt: Es seien $A_1,...,A_n$ paarweise disjunkte Teilmengen ($A_i \cap A_j = \varnothing$ für $i \neq j$, d.h. gilt A_i, so kann nicht gleichzeitig A_j gelten), die Ω ausschöpfen ($A_1 \cup ... \cup A_n = \Omega$). Ist B eine beliebige Teilmenge von Ω, so gilt:

$$P(B) = P(B \cap A_1) + ... + P(B \cap A_n)$$
$$= P(B \mid A_1) \cdot P(A_1) + ... + P(B \mid A_n) \cdot P(A_n).$$

Die folgende Abbildung veranschaulicht den Satz von der totalen Wahrscheinlichkeit:

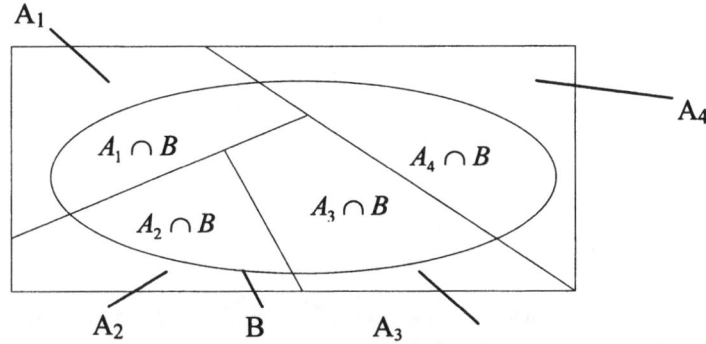

Abbildung 23: Wenn alle Objekte eindeutig genau einer Merkmalsausprägung A_i zugeordnet werden können, so gilt für alle Elemente einer Menge B aus Ω, dass sie eindeutig genau einer Schnittmenge von B und den Mengen A_i angehören.

Beispiel: Wir möchten wissen, wie wahrscheinlich es ist, dass ein/e zufällig ausgewählte/r Bundestagsabgeordnete/r weiblich ist (Ereignis „w "). Angenommen es gilt im Bundestag (fiktive Daten): P(Union) = 0.40; P(SPD) = 0.39; P(FDP)=0.1; P(B90/Grüne)=0.06; P(PDS)=0.05.

Weiterhin sei der Anteil weiblicher Abgeordneter in den Fraktionen bekannt: P(w|Union) = 0.2, P(w|SPD) = 0.3, P(w|FDP) = 0.25, P(w|Grüne) = 0.5, P(w|PDS)=0.3.

Dann berechnet sich P(w) als

$$P(w) = P(w|Union) \cdot P(Union) + ... + P(w|PDS) \cdot P(PDS)$$
$$= 0.40 \cdot 0.2 + 0.39 \cdot 0.3 + 0.1 \cdot 0.25 + 0.06 \cdot 0.5 + 0.05 \cdot 0.3$$
$$= 0.267$$

Fraktionsunabhängig sind ca. 27% der Bundestagsabgeordneten Frauen.

I.D.3.2 Satz von Bayes

Der Satz von Bayes[17] liefert eine Möglichkeit, eine bedingte Wahrscheinlichkeit aus der ‚umgedrehten' bedingten Wahrscheinlichkeit zu berechnen. Zur Illustration betrachten wir erneut die 1000 Patienten nach 5 Jahren.

Beispiel: Im Therapiebeispiel sei P(geheilt | Therapie) bekannt. Wie groß ist dann P(Therapie| geheilt)? Es ist

$$P(Therapie| geheilt) = \frac{P(Therapie \cap geheilt)}{P(geheilt)} = \frac{P(geheilt| Therapie) \cdot P(Therapie)}{P(geheilt)}$$

$$= 0.583 \cdot 0.6 / 0.40 = 0.87.$$

Bei geheilten Patienten ist die Wahrscheinlichkeit groß, dass sie auch therapiert worden sind. Nur 13% der Geheilten hatten keine Therapie.

Falls die Wahrscheinlichkeit der Bedingung (im Beispiel: B = geheilt) selbst auch nicht bekannt ist, sondern mittels des Satzes der totalen Wahrscheinlichkeit berechnet wird, erhält man die folgende Formel:

Satz von Bayes: Gegeben seien dieselben Bedingungen wie beim Satz der totalen Wahrscheinlichkeit. Dann ist

$$P(A_i|B) = \frac{P(B|A_i) \cdot P(A_i)}{P(B|A_1) \cdot P(A_1) + ... + P(B|A_n) \cdot P(A_n)} .$$

Beispiel: Sie kommen nach Hause und sehen, dass Ihre Wohnungstür offen steht und denken an einen Einbruch. Die Wahrscheinlichkeit eines Einbruches (Ereignis Eb) in Ihrer Wohnung an einem beliebigen Tag sei gleich 0.00007. Die bedingte Wahrscheinlichkeit, dass die Wohnungstür nach einem Einbruch offensteht sei 0.7. Die bedingte Wahrscheinlichkeit, dass die Wohnungstür aus anderen Gründen offensteht sei gleich 0.0005. Wie wahrscheinlich ist es, dass tatsächlich eingebrochen wurde, wenn Sie die Wohnungstür offen vorfinden?

Zur Lösung einer solchen Frage müssen zunächst die verbalen Angaben in bedingte und unbedingte Wahrscheinlichkeiten übersetzt werden.

$$P(Eb) = 0.00007 \qquad P(-Eb) = 0.99993$$
$$P(offen|Eb) = 0.7 \qquad P(offen|-Eb) = 0.0005$$

---

[17] Der Engländer Thomas Bayes veröffentlichte im Jahr 1763 diese Formel. Sie wird auch Bayes'sches Theorem genannt.

$$P(Eb|offen) = \frac{P(offen|Eb)P(Eb)}{P(offen|Eb)P(Eb) + P(offen|-Eb)P(-Eb)}$$

$$= \frac{0.7 \cdot 0.00007}{0.7 \cdot 0.00007 + 0.0005 \cdot 0.99993} = 0.089$$

$$P(-Eb|offen) = 1 - P(Eb|offen) = 1 - 0.089 = 0.911$$

Der Lösungsansatz des Bayes'schen Theorems läßt sich durch einen Wahrscheinlichkeitsbaum veranschaulichen:

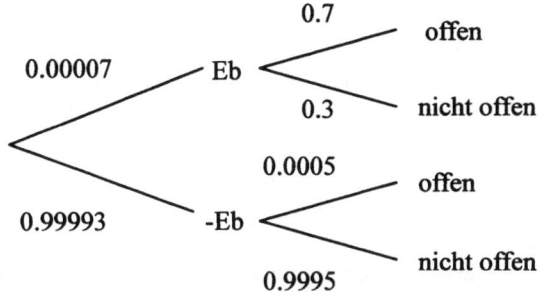

$$P(Eb \cap o) = P(Eb)P(o|Eb) = 0.000049$$

$$P(Eb \cap no) = P(Eb)P(no|Eb) = 0.000021$$

$$P(-Eb \cap o) = P(-Eb)P(o|-Eb) = 0.0005$$

$$P(-Eb \cap no) = P(-Eb)P(no|-Eb) = 0.99943$$

Im Nenner steht also die Summe aller Pfade, die zu der Bedingung führen (also alle Ereignisfolgen, die zu einer offenen Tür führen, d.h. alle *möglichen* Pfade), im Zähler steht der Pfad, der das gesuchte Ereignis (die Ereignisfolge, bei der ein Einbruch vorliegt, d.h. das *„günstige"* Ereignis) enthält.

Vertiefung: Bayes-Statistik

Der Satz von Bayes erscheint an dieser Stelle als einfache Umstellung der Formel für bedingte Wahrscheinlichkeit. Die Anwendungsmöglichkeiten dieser Formel wurden in der Vergangenheit jedoch intensiv und zum Teil erbittert diskutiert. Dazu ein Beispiel: Ist eine Münze fair, dann kann man mit Hilfe der Binomialverteilung berechnen, wie wahrscheinlich bei 100 Würfen Abweichungen der Anzahl der „Zahl-Würfe" vom Erwartungswert 50 um z.B. mehr als 5 sind. Wie ist es aber umgekehrt? Wie kann man aufgrund von Daten Wahrscheinlichkeitsaussagen über die Eigenschaften der Münze machen? Wenn z.B. eine relative Häufigkeit h(Zahl)=0.45 vorliegt, wie wahrscheinlich ist es dann, dass die Münze fair ist (oder sogar „Zahl" bevorzugt)? Der Satz von Bayes liefert hier eine Zugangsmöglichkeit. Die Abkürzung H bedeute, dass P(Zahl$\geq$0.5). -H bedeutet dann, dass die Münze unfair zugunsten von „Wappen" ist, also P(Wappen > 0.5). Nach dem Satz von Bayes ist

$$P(H \mid Daten) = \frac{P(Daten \mid H)P(H)}{P(Daten \mid H)P(H) + P(Daten \mid -H)P(-H)} .$$

Kann also basierend auf den Daten eine Wahrscheinlichkeitsaussage über die Eigenschaften der Münze gemacht werden? Das Problem besteht darin, dass wir für obige Berechnung die Wahrscheinlichkeiten von H und -H benötigen. H und -H sind aber gerade solche Aussagen, auf die wir eigentlich erst schließen wollen. Zur Berechnung müssen daher sogenannte *a priori Wahrscheinlichkeiten* für H und -H angenommen werden. Bayes selbst nahm eine Gleichverteilung an, war sich aber der Problematik dieser Annahmen bewusst. Den Anwendern der Bayes-Formel wurde daher auch vorgeworfen, nicht wissenschaftlich zu arbeiten, da die a priori Wahrscheinlichkeiten nicht objektiv seien. Die ‚Bayesianer' konterten, dass auf diese Weise bereits bestehendes Vorwissen wie z.B. Ergebnisse früherer Untersuchungen in die a priori Wahrscheinlichkeiten einfließen könne und damit alle verfügbaren Informationen nutzbar seien. Dies führe gerade bei kleinen Stichproben zu besseren Schlussfolgerungen.

Der Streit ist bis heute nicht beigelegt. Lange Zeit dominierte in den meisten Wissenschaften eine Ablehnung der Bayes-Statistik. Auch in diesem Buch wird im Kapitel ‚Inferenzstatistik' ein anderer Weg vorgestellt, um über die Daten hinausgehende Schlussfolgerungen zu ziehen. Allerdings finden Bayes-Statistik im Rahmen statistischer Software oder bei Anwendungen in den Wirtschaftswissenschaften zunehmend Verbreitung. Auf ihre weitere Anwendungen im Rahmen der Psychologie darf man gespannt sein.

I.D.4 Kennwerte für den Zusammenhang von Zufallsvariablen

Bisher haben wir Zusammenhänge zwischen Ereignissen untersucht. Sind Ereignisse stochastisch abhängig, dann besteht ein Zusammenhang zwischen diesen Ereignissen und damit zwischen den dahinterliegenden Zufallsvariablen. Stochastische Abhängigkeit ist die allgemeinste Form, Zusammenhänge zwischen Zufallsvariablen zu beschreiben. In der Praxis beschränkt man sich auf die Kennzeichnung von Zusammenhängen durch Kennwerte. In Analogie zur deskriptiven Statistik geht es dabei vor allem um die Kovarianz und die Korrelation.

Beispiel: Die in einer Studierendenbefragung erhobenen Daten der Variablen Körpergröße X und Gewicht Y sind im folgenden Streudiagramm dargestellt. In den Daten der Stichprobe findet sich ein Zusammenhang.

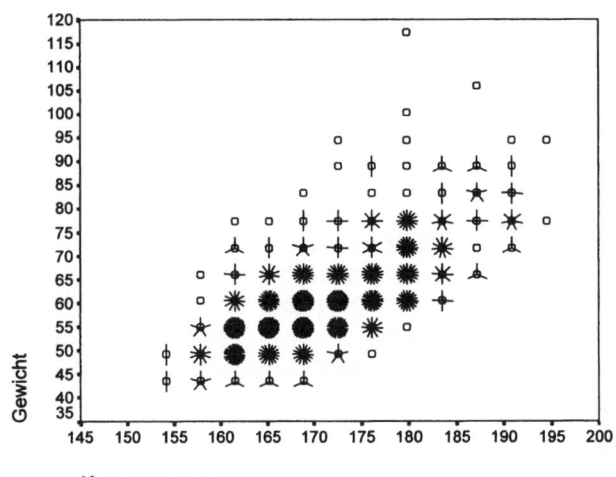

Abbildung 24: Streudiagramm von Daten der Merkmale ‚Körpergröße' und ‚Gewicht'. Die Anzahl der ‚Zacken' an jeder Merkmalskombination gibt die Anzahl der Personen mit diesen Werten wieder (Bezeichnung: ‚Sonnenblumen'-Diagramm).

Betrachten wir das Zufallsexperiment, dass eine Person zufällig ausgewählt und ihre Körpergröße sowie ihr Gewicht gemessen werden, dann wird es einen Zusammenhang dieser Zufallsvariablen geben. Ist eine Person sehr groß, so ist auch ein höheres Gewicht zu erwarten, ein sehr geringes Gewicht ist eher unwahrscheinlich. Die Merkmale Körpergröße und Gewicht sind stochastisch abhängig. Die Stärke dieser Abhängigkeit soll nun ganz analog zur deskriptiven Statistik durch Kennwerte beschrieben werden. Ähnlich wie in der deskriptiven Statistik muss hier das Skalenniveau berücksichtigt werden (vgl. auch Abschnitt I.C.2). Im Falle von Nominalskalen kann z.B. Odds Ratio verwendet werden (Band 1, II.D.2.2). Wir beschränken uns an dieser Stelle auf den Fall, dass mindestens Intervallskalenniveau vorliegt, d.h. wir betrachten metrische Zufallsvariablen.

I.D.4.1 Kovarianz

Der Erwartungswert einer metrischen Zufallsvariable ist ein Kennwert, der einen theoretischen Durchschnittswert angibt. Die Varianz ist ein Kennwert für die Streuung einer Zufallsvariable. In ähnlicher Weise wird nun ein Kennwert für das Ausmaß des (linearen) Zusammenhanges zweier numerischer Zufallsvariablen X und Y, die Kovarianz (englisch: Covariance, abgekürzt: $Cov(X,Y)$), definiert.

$$Cov(X,Y) := E[(X-E(X))\cdot(Y-E(Y))]$$

Aus der Deskriptivstatistik kennen wir bereits die Kovarianz zweier Merkmale bei Stichprobe. Diese kann man zur Schätzung der (theoretischen) Kovarianz der zugrunde liegenden Zufallsvariablen verwenden. Auch die Eigenschaften und Rechenregeln der Kovarianz zweier Zufallsvariablen entsprechen denen der Stichprobenkovarianz.

Eigenschaften der Kovarianz:

Die Eigenschaften der Kovarianz von Zufallsvariablen entsprechen genau den Eigenschaften der Stichprobenkovarianz. Sie ist positiv, wenn große X-Werte mit erhöhter Wahrscheinlichkeit mit großen Werten von Y einher gehen und entsprechend kleine Werte ebenfalls vermehrt gemeinsam auftreten. In diesem Fall sprechen wir von einem positiven Zusammenhang (X und Y heißen positiv korreliert).

Die Kovarianz ist negativ, wenn kleine Werte von X vermehrt mit großen Werten von Y gemeinsam auftreten und umgekehrt. In diesem Fall sprechen wir von einem negativen Zusammenhang (X und Y heißen negativ korreliert)

Die Kovarianz ist null, wenn die Werte von X in keiner der beiden Weisen mit den Werten von Y kovariieren. (z.B. dann, wenn die Ereignisse $X=x$ und $Y=y$ stochastisch unabhängig sind für alle Werte x, y $\in$ 3). In diesem Fall besteht kein (linearer) Zusammenhang. X und Y sind *unkorreliert.*

Die Kovarianz einer Zufallsvariable X mit sich selbst ist die Varianz dieser Zufallsvariable.

Beispiel: Körpergröße X und Gewicht Y haben eine positive Kovarianz. Sie sind positiv korreliert.

Berechnung von Kovarianzen:

Auch bei den Kennwerten für Zusammenhänge von Zufallsvariablen gibt es die beiden ‚Hauptwege‘ zur Berechnung: Zum einen die theoretische Herleitung aus bereits bekannten Werten, zum anderen die Schätzung aufgrund von Stichproben. Für die erste Möglichkeit ist die folgende Formel oftmals praktischer als die Definition.

$$Cov(X,Y) = E(X \cdot Y) - E(X) \cdot E(Y)$$

Herleitung: $Cov(X,Y) = E[\,(X-E(X))\cdot(Y-E(Y))\,] = E[\,X\cdot Y - X\cdot E(Y) - E(X)\cdot Y + E(X)\cdot E(Y)$
$$= E(X\cdot Y) - E(X)\cdot E(Y) - E(X)\cdot E(Y) + E(X)\cdot E(Y)$$
$$= E(X\cdot Y) - E(X)\cdot E(Y).$$

Es wurden dabei die Rechenregeln für das Rechnen mit Erwartungswerten verwendet (vgl. I.C.2.2.2).

Beispiel: Zweifacher Münzwurf mit fairer Münze

X=Anzahl „Wappen",

Y=Anzahl „Zahl".

$Cov(X,Y) = E(X \cdot Y) - E(X)(EY)$

$$= \sum_{k,l} k \cdot l \cdot P(X=k, Y=l) \ - 1 \ = \ \sum_{k=0}^{2} k \cdot (2-k) \cdot P(X=k, Y=2-k) \ - 1$$

$= 0 \cdot 2 \cdot P(X=0, \ Y=2) + 1 \cdot 1 \cdot P(X=1, Y=1) + 2 \cdot 0 \cdot P(X=2, Y=0) - 1$

$= \ 0.5 \ - 1 \ = - 0.5$

Die Anzahl der „Wappen" - und der „Zahlwürfe" sind negativ korreliert. Das liegt daran, dass viele „Wappenwürfe" automatisch wenige „Zahlwürfe" bedeuten und umgekehrt.

>— *Rechenregeln für Kovarianzen:*

Aus den Rechenregeln für den Erwartungswert (und damit aus den Rechenregeln für das Summenzeichen) folgen die folgenden Regeln für numerische Zufallsvariablen X, Y und Z. a und b seien dabei reelle Zahlen.

i) $Cov(X,Y) = Cov(Y,X)$

ii) $Cov(X,Y) = 0$, falls X nur einen festen Wert a annimmt

iii) $Cov(a \cdot X, \ b \cdot Y) = a \cdot b \cdot Cov(X,Y)$

iv) $Cov(a+X, \ b+Y) = Cov(X, \ Y)$

v) $Cov(X+Y, \ Z) = Cov(X,Z) + Cov(Y,Z)$

vi) $Var(X+Y) = Var(X) + Var(Y) + 2Cov(X,Y)$

Herleitungen der Rechenregeln:

zu i) $Cov(X,Y) = E[(X-E(X)) \cdot (Y-E(Y))] = E[(Y-E(Y)) \cdot (X-E(X))] = Cov(Y,X)$

zu ii) Wenn X=a, dann ist $X-E(X) = a - a = 0$ und damit auch $Cov(X,Y) = 0$

zu iv) $E(a+X) = a+E(X)$. Daher ist $Cov(a+X, \ b+Y)$

$= E[(a+X - E(a+X) \cdot (b+Y - E(b+Y)] = E[(X-E(X)) \cdot (Y-E(Y))] = Cov(X,Y)$

Die Herleitung von iii) geht analog, wenn man „+" durch „·" ersetzt.

zu v) Ausrechnen unter Verwendung der Rechenregel für den Erwartungswert:

$Cov(X+Y,Z) = E[(X+Y - E(X+Y))(Z-E(Z))] = E[(X-E(X)+Y-E(Y))(Z-E(Z))]$

$= E[(X-E(X))(Z-E(Z)) + (Y-E(Y))(Z-E(Z))]$

$= E[(X-E(X))(Z-E(Z))] + E[(Y-E(Y))(Z-E(Z))] = Cov(X,Z) + Cov(Y, Z)$.

zu vi) $Var(X) = Cov(X,X)$. Anwendung von v) und i) liefert vi).

Die erste Regel besagt, dass es bei der Kovarianz zweier Zufallsvariablen nicht auf die Reihenfolge ankommt. Regel ii) besagt, dass zwei Variablen nicht kovariieren, wenn eine der Variablen selbst nicht variiert sondern konstant ist. Regel iii) zeigt, wie sich die Kovarianz ändert, wenn man z.B. Körpergröße in *mm* misst:

Beispiel: Die Kovarianz von Körpergröße X und Gewicht Y ist ca. 36,45 (der Wert wurde aus einer Stichprobe geschätzt). Misst man die Größe in Millimetern statt in Zentimetern, so betrachtet man die Zufallsvariable Z = 10·X. Es gilt nach iii):

$$Cov(Z, Y) = Cov(10 \cdot X, Y) = 10 \cdot Cov(X, Y) = 364.5 .$$

Wichtig wird auch Regel vi), wenn es darum geht, die Varianz einer Summe von Zufallsvariablen zu bestimmen. Diese wird z.B. benötigt, wenn man ein Messinstrument aus mehreren Teilen zusammensetzt und als Messwert die Gesamtpunktzahl betrachtet. Oft wird irrtümlich angenommen, dass die Varianz einer Summe die Summe der Varianzen ist. Dass das nicht stimmt, verdeutlicht das folgende Beispiel:

Beispiel: Die beiden Brüder Ronald und Jerzy nehmen gemeinsam an einem Glücksspiel teil, bei dem auf den Ausgang eines Münzwurfs gesetzt wird. Bei richtiger Vorhersage wird ein Euro gewonnen, sonst geht ein Euro verloren. Beide sind überzeugt, die besseren Spieler zu sein, was dazu führt, dass einer immer auf das Gegenereignis des anderen setzt. Setzt Ronald auf „Zahl", setzt Jerzy auf „Wappen" und umgekehrt. Sei X das Spielergebnis von Ronald und Y dasjenige von Jerzy. Dann sind X und Y B(1, 0.5)-verteilt mit Var(X) = Var(Y) = 1/4 (vgl. I.C.2.3). Die Varianz von X+Y ist aber gleich null, da beim Gewinn des einen der andere automatisch verliert und daher X+Y immer null ist.

I.D.4.2 Korrelation

Die Kovarianz ist eine problematische Maßzahl für den Zusammenhang zweier Zufallsvariablen. Sie kann sehr große oder kleine Werte annehmen, ohne dass dies etwas über die *Enge* des Zusammenhanges sagt. Eine Kovarianz von 1000 sagt lediglich, dass es einen positiven Zusammenhang gibt, nicht aber, ob der Zusammenhang besonders eng ist[18].

---

[18] Das gleiche Problem haben wir bei der Stichprobenkovarianz, vgl. ausführlich dazu den Abschnitt II.C.1.2. in Band 1: Deskriptive Statistik.

Im obigen Beispiel der Kovarianz von Körpergröße X und Gewicht Y hatte die Kovarianz den Wert 36.45 oder 364.5, je nachdem, wie die Körpergröße gemessen wird.

Um die Abhängigkeit von der jeweiligen Maßeinheit der Skala zu vermeiden, wird die Kovarianz zweier Zufallsvariablen auf das Intervall [-1, 1] *normiert*, das heißt, auf den einheitlichen Maßstab von höchstens +1 bis mindestens -1 gebracht. Dies geschieht, indem durch die beiden Standardabweichungen geteilt wird.

$$Kor(X,Y) := \frac{Cov(X,Y)}{Std(X) \cdot Std(Y)}$$

Die normierte Kovarianz heißt *Korrelation*. Korrelationen liegen immer im Intervall [-1, 1]. Eine Korrelation ist nur definiert, wenn $Std(X)$ und $Std(Y)$ nicht null sind.

Beispiel: Zweifacher Münzwurf mit fairer Münze.
X = Anzahl „Wappen",
Y = Anzahl „Zahl".
Es ist Cov(X,Y) = - 0.5 (siehe oben).
Es sind X und Y B(2, 0.5)-verteilt. Std(X) = Std(Y) = (2·0.5·0.5)$^{1/2}$
Die Korrelation von X und Y ist

$$Kor(X,Y) = \frac{-0.5}{\sqrt{0.5} \cdot \sqrt{0.5}} = -1$$

X und Y haben also maximalen negativen Zusammenhang.

Beispiel: Zusammenhang von Körpergröße X und Gewicht Y:
Es ist Cov(X,Y) = 36.45, Std(X) = 6 cm, Std(Y) = 9 kg (die Werte wurden aus Daten geschätzt). Die Korrelation ist

$$Kor(X,Y) = \frac{36.45}{6 \cdot 9} = 0.675$$

Zur Interpretation von Korrelationen:

Für die Größe von Korrelationen gelten folgende Richtlinien:

Betrag von Kor(X, Y)	Interpretation
bis 0.5	geringe Korrelation
bis 0.7	mittlere Korrelation
bis 0.9	hohe Korrelation

Tabelle 5: Zur Interpretation der Größe einer Korrelation

An der Korrelation kann abgelesen werden, wie eng der (lineare) Zusammenhang zweier Zufallsvariablen ist. Je näher bei 1 (oder –1) die Korrelation ist, umso enger hängen die Variablen zusammen.

Aus der Deskriptivstatistik kennen wir Korrelationen zweier Merkmale in Stichproben. Den dort berechneten Produkt-Moment-Korrelationskoeffizienten r kann man verwenden, um daraus die (theoretische) Korrelation der zugrunde liegenden Zufallsvariablen zu schätzen.

I.D.4.3 Stochastische Abhängigkeit und Korrelation

Die Unkorreliertheit von Zufallsvariablen X und Y drückt aus, dass X und Y im Mittel nicht gemeinsam (linear) variieren. Trotzdem können zwei Zufallsvariablen voneinander abhängen. Stellt man sich unter Zufallsvariablen psychologische Merkmale wie Intelligenz, Depressivität, Aufmerksamkeit o.ä. vor, so kann es auch Abhängigkeiten zwischen zwei Merkmalen geben, obwohl die Korrelation null ist. Kovarianz und Korrelation sind sehr "grobe" Maße für Zusammenhänge. Sie können nur einen linearen Zusammenhang „entdecken“.

Die stochastische Unabhängigkeit von Zufallsvariablen verlangt hingegen mehr, als dass lediglich die Korrelation null ist. Dazu ein Beispiel:

Beispiel: Betrachtet man den Zusammenhang von Schulleistung X und Nervosität Y, so sind bei sehr hoher und sehr niedriger Nervosität geringe Leistungen zu erwarten, bei mittlerer Nervosität dagegen hohe Leistungen. Beide Variablen sind demnach stochastisch abhängig.

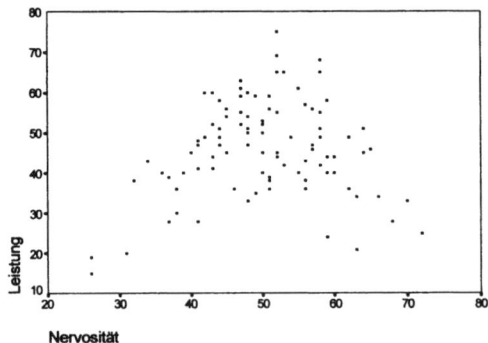

Abbildung 25: Streudiagramm von ‚Nervosität‘ und ‚Leistung‘. Die zugrunde-liegenden Zufallsvariablen sind unkorreliert, aber nicht stochastisch unabhängig.

Untersucht man bei 100 Studierenden die Variablen X und Y, dann könnte das Streudiagramm etwa aussehen wie in obiger Abbildung (die Variablen werden auf einer Skala von 0 bis100 gemessen, wobei hohe Werte hohe Ausprägungen der Variablen bedeuten). Berechnet man aufgrund dieser Daten die Korrelation mit Hilfe des Produkt-Moment-Korrelationskoeffizienten, dann ergibt sich der Wert $r \approx 0$.

Wir können davon ausgehen, dass die Korrelation der Zufallsvariablen „Nervosität" und „Leistung" nahe null ist. Es besteht kein linearer Zusammenhang zwischen Nervosität und Leistung, wie ihn die Korrelation ausdrückt, trotzdem sind beide Variablen stochastisch abhängig. Für geringe und hohe Ausprägungen der Variablen „Nervosität" sind eher geringe Ausprägungen der Variable „Leistung" zu erwarten, für mittlere Ausprägungen der Variable „Nervosität" dagegen hohe Ausprägungen von „Leistung". Die Zufallsvariablen sind stochastisch abhängig.

Das folgende Beispiel ist weniger anschaulich. Dafür beruht es nicht auf Schätzungen aus Stichproben, sondern es wird nachgewiesen, dass hier die Korrelation exakt gleich null ist und die Zufallsvariablen trotzdem stochastisch abhängig sind.

Beispiel: Die Brüder Ronald und Jerzy nehmen erneut an einem Glückspiel teil. Wieder ist das Ergebnis eines Münzwurfs vorherzusagen. Ronald gewinnt beim Ergebnis „Wappen" einen Euro (X = 1), bei „Zahl" verliert er einen Euro (X = −1). Mit einer Wahrscheinlichkeit von 0.05 fällt die geworfene Münze vom Spieltisch. In diesem Fall gibt es weder Gewinn noch Verlust. Dann hat der Gewinn bzw. Verlust X von Ronald die Verteilung P(X = 1) = 0.475, P(X=-1)=0.475, P(X=0)=0.05 und den Erwartungswert

$$E(X) = 1 \cdot 0.475 - 1 \cdot 0.475 + 0 \cdot 0.05 = 0 \,.$$

Jerzy hat mit dem Spielleiter vereinbart, dass sein Gewinn oder Verlust immer der quadrierte Wert von Ronalds Gewinn oder Verlust ist. Jerzys Gewinn bzw. Verlust Y ist also gleich X^2. Damit gewinnt Jerzy fast immer und muss nie zahlen (der Spielleiter war sehr dumm und kannte sich mit dem Quadrieren nicht aus).

Offensichtlich sind X und Y stochastisch abhängig, denn wenn X = 0 ist, dann ist auch automatisch Y = 0, also P(Y=0|X=0) = 1 ≠ 0.05 = P(Y=0). Es besteht aber kein linearer Zusammenhang, denn

$$
\begin{aligned}
Cov(X,Y) &= E(X \cdot Y) - E(X) \cdot E(Y) \\
&= E(X^3) = 1^3 \cdot 0.475 + (-1)^3 \cdot 0.475 + 0 \cdot 0.05 - 0 \cdot E(Y) \,. \\
&= 0.
\end{aligned}
$$

Die Kovarianz und damit die Korrelation ist null, X und Y sind also unkorreliert.

Allgemein gilt: Wenn X und Y stochastisch unabhängig sind, dann sind X und Y auch unkorreliert. Die Rückrichtung gilt aber nicht, wie das Beispiel zeigt.

Q *Vertiefung: Bedingte Erwartung und Regression*

Stochastische Abhängigkeit ist ein sehr feines Maß für jegliche Form der Abhängigkeit, Korrelation ein ziemlich grobes Maß, welches durch eine einzige Zahl die Enge des linearen Zusammenhang angibt. Dazwischen gibt es eine dritte Möglichkeit, Zusammenhänge von Zufallsvariablen zu beschreiben. Dazu wird für die verschiedenen Ausprägungen einer Zufallsvariable X der dann geltende Erwartungswert der Zufallsvariablen Y angegeben. Dies wird als *bedingte Erwartung* oder synonym, als *Regression* bezeichnet. Die einzelnen Erwartungswerte heißen *bedingte Erwartungswerte* und werden durch $E(Y|X=x)$ abgekürzt geschrieben.

Beispiel: Betrachten wir den Zusammenhang von Körpergröße Y von zufällig ausgewählten Studierenden und ihrem Geschlecht X. Aus einer großen Stichprobe können die bedingten Erwartungswerte durch die Stichprobenmittelwerte der weiblichen und männlichen Studierenden geschätzt werden:

$$E(Y|X=\text{E}) \approx 168.8 \text{ cm}$$

$$E(Y|X=\Gamma) \approx 181.0 \text{ cm}$$

Eine bedingte Erwartung bzw. Regression ist zwischen einer metrischen Zufallsvariable Y und einer beliebigen Zufallsvariable X definiert, solange X und Y teil desselben Zufallsexperimentes sind. Y heißt *regressiv unabhängig* von X, wenn die bedingten Erwartungswerte alle gleich sind. Im Beispiel handelt es sich um *regressive Abhängigkeit*, da sich die bedingten Erwartungswerte der Körpergröße bei Frauen und Männern unterscheiden.

Der Unterschied zur Regressionsrechnung (vgl. Band 1, II.C.2) besteht darin, dass hier mit Zufallsvariablen, also mit theoretischen Größen, bei der Regressionsrechnung mit konkret vorliegenden Daten gearbeitet wird. Bei der Regressionsrechnung nimmt man zudem meist einen linearen Zusammenhang an, während beim theoretischen Regressionsbegriff die Art des Zusammenhangs nicht spezifiziert ist. Man kann dann im Rahmen der Inferenzstatistik überprüfen, ob eine Regression tatsächlich linear ist.

Verglichen mit den anderen beiden Arten von Zusammenhängen zwischen Zufallsvariablen rangiert die bedingte Erwartung zwischen stochastischer Abhängigkeit und korrelativer Abhängigkeit. Es gilt: Korrelieren X und Y, dann sind sie auch regressiv abhängig. Aus regressiver Abhängigkeit folgt die stochastische Abhängigkeit. Umgekehrt folgt aus stochastischer Unabhängigkeit die regressive Unabhängigkeit und daraus die Unkorreliertheit.

Fassen wir zusammen: Wir haben mit der stochastischen Abhängigkeit einen sehr allgemeinen Begriff für den Zusammenhang von Ereignissen und den dahinter stehenden Zufallsvariablen kennengelernt. Möchte man die Enge von Zusammenhängen mit einer einzigen Zahl charakterisieren, dann stehen spezielle Kennwerte zur Verfügung. Bei numerischen Zufallsvariablen kann man lineare Zusammenhänge durch die Kovarianz oder die Korrelation kennzeichnen. Praktisch erfolgt so eine Kennzeichnung meist aufgrund der Schätzung der Kennwerte anhand von Stichprobenkennwerten. Entsprechend waren die Beispiele, die zur Illustration verwendet wurden, meist Datenbeispiele aus der deskriptiven Statistik. Diese Vorgehensweise, aufgrund von Stichprobenkennwerten theoretische Aussagen zu machen, wird uns in die Inferenzstatistik begleiten.

I.D.5 Abschließende Bemerkungen zum Begriff der Wahrscheinlichkeit

In Abschnitt I.D haben wir uns gemäß wissenschaftlicher Kriterien um einen möglichst objektiven Begriff von Wahrscheinlichkeit und den entsprechenden Umgang damit bemüht. Auf der anderen Seite ist Wahrscheinlichkeit auch ein Konzept, welches Menschen im Alltag verwenden. Diese subjektive Wahrscheinlichkeit ist die Stärke der inneren Überzeugung eines Menschen über das Vorhandensein oder das Eintreten eines Sachverhaltes. Diese Überzeugungsstärke kann mehr oder weniger genau in einer Zahl abgebildet werden (z.B. zwischen 0 und 100).

Die Verwendung subjektiver Wahrscheinlichkeiten ist selbst wieder ein inhaltliches Gebiet der Psychologie. Sie spielt z.B. eine wichtige Rolle in Entscheidungstheorien. Dort wird untersucht, in welcher Weise Menschen in Entscheidungssituationen Kosten und Nutzen von Entscheidungen kalkulieren. Dabei zeigen sich oft systematische Fehleinschätzungen von Wahrscheinlichkeit. So kann man im Zusammenhang mit dem Satz von Bayes häufig beobachten, dass viele Menschen häufig zu Unrecht $P(A|B)$ gleich $P(B|A)$ setzen: Auch wenn wir z.B. wissen, dass Homosexuelle ein höheres Risiko haben an AIDS zu erkranken, so sind trotzdem die meisten AIDS-Erkrankten heterosexuell. In diesem Fall vernachlässigt man einfach die Information, dass im Allgemeinen wesentlich weniger Menschen homosexuell als heterosexuell sind.

Nicht nur allein aufgrund individueller Prozesse kommt es zu Fehleinschätzungen von Wahrscheinlichkeiten. So ist das Risiko für Kinder, einem Sexualmord zum Opfer zu fallen, erheblich geringer, als von Familienangehörigen getötet zu werden. Nur ist die Medienpräsenz im Falle von Sexualstraftaten ungleich höher. Entsprechend wird von alten Menschen das Risiko deutlich überschätzt, Opfer eines Raubüberfalls zu werden.

Beim Lotto überschätzen Menschen die Wahrscheinlichkeit „sechs Richtige" zu tippen, weil man sich einfach nicht vorstellen kann, dass es fast 14 Mio. Möglichkeiten gibt 6 Zahlen aus 49 auszuwählen. Die Lottogesellschaft kennt die objektiven Wahrscheinlichkeiten und lebt davon, dass Menschen aufgrund der überschätzenden subjektiven Wahrscheinlichkeit mehr Geld einsetzen als sie im Schnitt erwarten können, wieder ausgezahlt zu bekommen (Für 1 Euro erhält man im Schnitt 88 Cent zurück).

Einer der beliebtesten Irrtümer besteht darin, dass man scheinbar sehr ‚unwahrscheinliche' Ereignisse beobachtet und aufgrund dieser geringen Wahrscheinlichkeit schlussfolgert, dass es einen möglicherweise versteckten Grund für genau dieses Ereignis gegeben haben muss.

Angenommen ich möchte eine achtstellige Zahl schreiben: Entscheide ich mich für die Zahl „47261796", so ist dies ein völlig unwahrscheinliches Ereignis (P(47261796) = $(1/10^8)$ = 0.00000001, wenn alle Zifferpermutationen gleich wahrscheinlich sind). Es wäre jedoch vermessen, dabei von einem mysteriösen oder „wunderbaren" Vorgang zu sprechen. Auch wenn alle achtstelligen Zahlen extrem unwahrscheinlich sind, so wird doch mit Sicherheit eines der möglichen Ereignisse (Ω={00000000,...,99999999}) eintreten. Hätte allerdings jemand *bevor* ich die Zahl schrieb behauptet, es wird gleich die „47261796" erscheinen, so müßte man sich ob der Unwahrscheinlichkeit des Ereignisses fragen, weshalb die Person diese Zahl prognostizieren konnte. Vielleicht hat sie eine gültige Theorie, die ihr die Vorhersage ermöglicht (z.B.: „Er schreibt bestimmt seine Kontonummer hin.").

Dass sich die 100 TeilnehmerInnen einer Vorlesung auf eine bestimmte Art in einem Hörsaal mit 100 Plätzen verteilen, ist - wie wir bei den Permutationen ohne Wiederholung gezeigt haben - wesentlich unwahrscheinlicher (1/100! = $1 / 2.76 \cdot 10^{157}$), als 20-mal hintereinander „sechs Richtige" im Lotto zu haben ($(1/14000000)^{20}$ = $1/(8.36 \cdot 10^{142})$)), oder dass in allen deutschen Atomkraftwerken gleichzeitig ein Super-GAU passiert. Die Anzahl der Möglichkeiten übersteigt selbst die Anzahl der Atome im Universum. Trotzdem passiert ein solch ‚unwahrscheinliches' Ereignis jeden Tag.

Fast alle alltäglichen Dinge sind völlig unwahrscheinlich: Wir haben einfach gelernt, uns damit zufrieden zu geben, dass viele Dinge nicht vorhersagbar sind. Ungewöhnliche Dinge sind gewöhnlicher als man denkt, sie fallen eben nur nicht auf! (Frei nach dem bekannten Schlager von Jürgen Marcus bzw. Guildo Horn: „Wunder gibt es immer wieder, nur wenn sie da sind, musst Du sie auch sehen!"). Jede Herangehensweise an Probleme, die im Nachhinein das Zustandekommen vorgefundener Strukturen zu erklären versucht, muss dann auch die Bedingungen benennen oder schaffen können, die zur erneuten Entstehung der Strukturen führen. Erhebt man z.B. 100 Variablen an 10 Personen, so werden sich „unglaubliche" Zusammenhänge zeigen, die *für diese 10 Personen* Gültigkeit besitzen. Die Intelligenz der Personen könnte z.B. allein aufgrund von Zufall stark mit der Telefonnummer korrelieren. Zufall sieht häufig wesentlich unzufälliger aus als wir denken. Wenn uns eine Struktur ins Auge springt, so ist es uns meist nicht bewusst, wie viele andere Strukturen gleichzeitig unauffällig sind: Wenn man aber viele zufällige Strukturen gleichzeitig betrachtet, ist es klar, dass einige dabei sind, die ungewöhnlich oder unzufällig erscheinen.

Deshalb ist der wichtigste Hinweis auf die Gültigkeit eines Erklärungsansatzes, ob dieser Ansatz auch in der Lage ist, zukünftige Strukturen vorhersagen zu können. Theoriebildung zu betreiben, ohne die prognostische Fähigkeit der Theorie zu überprüfen, hat meistens nur beschreibenden Charakter, da nur die Verhältnisse in einer bestimmten Stichprobe beschrieben werden. Eine solche Theoriebildung ist eines der wirksamsten und beeindruckendsten Mittel der sog. „Parapsychologie" (z. B.: „Wie konnte es passieren, dass jemand, kurz nachdem ich an meine verstorbene Frau dachte, ihren Vornamen rief und eine Frau an mir vorüberging, die einen Mantel trug, der die gleiche Farbe hatte, wie die Lieblingshose meiner Ex-Gattin?" Hieraus abzuleiten, dass die Welt von metaphysischer Symbolik durchtränkt ist, ist unzulässig).

Ein Ziel wissenschaftlichen Arbeitens ist es, Ereignisse mit einer höheren Trefferquote *vorherzusagen* als man es bei zufälligem Raten erwarten könnte: Die Kunst besteht nicht darin, a posteriori (im Nachhinein) unwahrscheinliche Sachverhalte zu entdecken, sondern das Eintreten unwahrscheinlicher Sachverhalte *a priori (im Voraus) zu prognostizieren*.

Damit ist das Kapitel „Wahrscheinlichkeitsrechnung" abgeschlossen. Wir haben Hilfsmittel und Techniken kennengelernt, mit denen wir der Tatsache Rechnung tragen können, dass psychologische Variablen nicht perfekt vorhersagbar sind, sich andererseits aber auch nicht völlig regellos verhalten.

Im Kapitel „Inferenzstatistik" werden wir Verfahren kennen lernen, wie wir mit diesen Hilfsmitteln trotz der allgegenwärtigen Zufallseinflüsse von empirischen Daten auf allgemeine Aussagen abgesichert schließen können.

📖 *Weiterführende Literatur*:

Gut lesbare und empfehlenswerte Bücher für Einsteiger zu Fragen der Wahrscheinlichkeit und ihrer Anwendung stammen von von Randow (2004) sowie Beck-Bornholt und Dubben (2001). Die historische Entwicklung der verschiedenen wahrscheinlichkeitstheoretischen und statistischen Schulen wird ausführlich in Gigerenzer et al. (1999) aufgezeigt. Eine Übersicht über die aktuellen Perspektiven der Bayes-Statistik findet sich z.B. in Rouanet et al. (2000). Was das Thema Versuchsplanung und Randomisierung angeht, ist das Buch von Huber (1995) sehr empfehlenswert, die kausale Seite wird z.B. in Nachtigall et al. (2001) behandelt. In dem Buch von Steyer (2002) wird das Konzept der Zufallsvariablen konsequent als psychologische Theoriesprache verwendet. Zusammenhänge werden dort im Rahmen der Wahrscheinlichkeitstheorie mit Hilfe bedingter Erwartungen beschrieben. Insbesondere findet man dort viele Rechenregeln zu diesem Thema. Hinsichtlich subjektiver Wahrscheinlichkeit ist das Buch von Jungermann et al. (1998) zu empfehlen. Unterschiede von subjektiven und objektiven Wahrscheinlichkeiten sind die Basis vieler kognitiver Täuschungen, wie sie in dem Buch von Hell et al. (1993) vorgestellt werden.

3. Aufgabenblock

1) Eine Statistik besagt, dass bei ca. 30% aller schweren Verkehrsunfälle Alkohol im Spiel ist. Daraufhin beschließt Herr J. Walker, nur noch alkoholisiert Auto zu fahren, „da 70% der schweren Unfälle nüchtern passieren, dies demnach gefährlicher sei". Was hätten Sie für Gegenargumente? Wie können Sie diese Gegenargumente mit Begriffen der Wahrscheinlichkeitsrechnung ausdrücken?

2) Beim zweifachen Würfelwurf sei X die gesamte Augensumme beider Würfel. Betrachten Sie die folgenden drei Ereignisse: A: $X > 8$, B: $X > 10$ und C: die Augensumme ist eine gerade Zahl. Berechnen Sie $P(A \mid B)$ und $P(B \mid A)$.
Welche der Ereignisse A, B, C sind von A stochastisch abhängig, welche stochastisch unabhängig?

3) Die Teilnehmer einer Vorlesung wurden nach dem Geschlecht und nach ihren Berufszielen befragt. Bei den insgesamt 74 angehenden Psychologen handelt es sich um 53 Frauen und 21 Männer. Die Wahrscheinlichkeit, dass ein von diesen 74 Personen zufällig ausgewählter Mann in den klinischen Bereich möchte, war P(klinischer Bereich | Mann)=0.46, für die Frauen galt P(klinischer Bereich|Frau)= 0.34. Wie groß ist die Wahrscheinlichkeit, dass ein zufällig ausgewählter angehender Psychologe in den klinischen Bereich will? Ist dieses Ereignis stochastisch abhängig oder unabhängig vom Geschlecht?

4) Sind die folgenden Aussagen richtig oder falsch?
„A ist von B genau dann stochastisch abhängig, wenn B von A stochastisch abhängig ist."
„Ist A von B abhängig, dann ist auch -A von B abhängig."
„A ist von sich selbst stochastisch abhängig."
„A ist von -A stochastisch abhängig."
„A ist von Ω stochastisch abhängig."

5) Bei einem Aids-Test sei bekannt, dass er mit einer Sicherheit von 99% bei infizierten Menschen positiv ausfällt und mit einer Sicherheit von 98% bei gesunden Menschen negativ ausfällt. Wie wahrscheinlich ist es, wirklich mit dem HI-Virus infiziert zu sein, wenn das Testergebnis positiv ausfällt. Die Wahrscheinlichkeit, dass eine Person in Deutschland mit dem HI-Virus infiziert ist, liegt bei etwa 0.0007.

6) Wie wahrscheinlich ist es, dass von 25 Personen mindestens zwei am gleichen Tag des Jahres Geburtstag haben? Ab wieviel Personen können Sie sicher sein, dass mindestens 2 am gleichen Tag Geburtstag haben?

7) Das Ergebnis eines Intelligenztests, repräsentiert durch die Zufallsvariable X, sei bezogen auf die Population „erwachsene Deutsche" normalverteilt, mit $E(X) = 100$ und Streuung $Std(X) = 10$. Sie wählen zufällig eine Person aus. Das Ereignis A liege vor, wenn die Person eine Intelligenz von über 115 hat, das Ereignis B liege vor wenn die Person eine Intelligenz zwischen 80 und 120 hat. Wie groß sind $P(A)$ und $P(B)$? Welche Intelligenz haben „normale Leute", wenn Sie als normale Leute solche Personen betrachten, die weder zu den 10% intelligentesten noch zu den 10% am wenigsten intelligenten Menschen gehören?

Die Merkmale „Geschlecht" und „Intelligenz" sind stochastisch unabhängig. Bestimmen Sie die Wahrscheinlichkeit von $P(A|B)$ und $P(A|$ Person ist weiblich$)$. Welches Merkmal dürfte stochastisch abhängig von der Intelligenz sein?

Ein anderer Intelligenztest Y habe den Erwartungswert 50 und die Standardabweichung 5. Die Korrelation beider Tests sei $Kor(X,Y) = 0.85$. Wenn Sie die Ergebnisse beider Tests addieren, erhalten Sie die Zufallsvariable $Z = X + Y$. Wie groß sind der Erwartungswert und die Varianz von Z?

8) Bestimmte Dinge sind sehr ärgerlich, z. B. wenn Ihr Fernseher gerade bei Ihrer Lieblingssendung den Geist aufgibt. Es sei bekannt, dass in Deutschland während der Übertragung der Fußball-Bundesliga (Samstag, 18^{00}- 20^{00} Uhr) jede Woche pro 1000 Haushalte im Schnitt 2,5 Fernseher kaputt gehen (die Daten für das Festival der Volksmusik waren leider nicht verfügbar. Wenn Sie Fußball nicht mögen, ersetzen Sie den Fußball in der Fragestellung durch Ihre Lieblings-Serie). Wie wahrscheinlich ist es, dass in einer Stadt mit 1000 Einwohnern mehr als 5 Fernseher kaputt gehen? Was wäre für eine Stadt mit einer Millionen Einwohner zu erwarten? Bei der Übertragung des Wortes zum Sonntag segnen dagegen im Schnitt nur 0.08 Fernseher pro 1000 Haushalte das Zeitliche. Wie ist dieser Unterschied zu erklären? Ist damit ein Zusammenhang zwischen Gerätebelastung und Inhalt der Sendung nachgewiesen?

9) Gegeben sind zwei Rechenaufgaben (Aufgabe 1, Aufgabe 2). Die Zufallsvariablen X und Y beschreiben deren Lösung durch eine zufällig ausgewählte Person ($X = 1$ falls Aufgabe 1 gelöst wird, 0 sonst, Y analog). Aufgabe 1 wird mit $P(X=1) = 1/3$ gelöst, Aufgabe 2 wird mit $P(Y=1) = 1/2$ gelöst. Berechnen Sie die Erwartungswerte und Varianzen von X und von Y.

Die Lösungen von Aufgabe 1 und 2 seien positiv korreliert mit $Kor(X,Y) = 0.75$. Was bedeutet das inhaltlich? Berechnen Sie die Kovarianz $Cov(X, Y)$. Warum ist die Kovarianz als Maß für den Zusammenhang von X und Y weniger geeignet als die Korrelation?

Statt der Variable Y betrachten Sie $Z = 3X + 2$. Wie hoch korrelieren dann Y und Z? Wie groß ist daher die Korrelation zwischen einer Kriteriumsvariable Y und den durch eine Regressionsgerade (vgl. Band 1: II.C.2) vorhergesagten Werten

$\hat{Y} = aX + b$?

Berechnen Sie die Varianz von $X+Y$ (Hinweis: Benutzen Sie die Rechenregeln für Kovarianzen). Wird diese größer oder kleiner als die Summe der Varianzen $Var(X)$ + $Var(Y)$ sein?

Kapitel II: Schließende Statistik (Inferenzstatistik)

Die in *Band 1: Deskriptive Statistik* behandelten statistischen Verfahren dienten der Beschreibung von Daten durch Kennwerte und Grafiken sowie der Suche nach Zusammenhängen und Strukturen in einem Datensatz (Korrelation, Regression, Faktorenanalyse). In diesem Band wurden in *Kapitel I - Wahrscheinlichkeitsrechnung* die Begriffe behandelt, mit denen allgemeine psychologische Aussagen ausgedrückt werden können. In der Inferenzstatistik werden nun allgemeine Aussagen über die Population gemacht – auf der Basis von Stichprobendaten. Wie wir sehen werden, erlauben Stichprobendaten begründete Schlüsse auf die Population (daher der Name schließende Statistik). Typische Fragen, die es zu beantworten gilt, lauten:

- Aufgrund theoretischer Überlegungen vermuten wir bestimmte Zusammenhänge oder Unterschiede in der Population. Wir können jedoch nur Daten anhand einer Stichprobe gewinnen. Können wir anhand von Zusammenhängen bzw. Unterschieden in Stichproben nachweisen, dass solche Zusammenhänge bzw. Unterschiede tatsächlich auch in der Population gelten?

  Beispiel: Es ist zu vermuten, dass ein Zusammenhang zwischen Zufriedenheit und zwischenmenschlichem Kontakt besteht. In mehreren Psychologievorlesungen wurden mittels Fragebogen die Merkmale „Zufriedenheit mit dem Studium" und „Kontakt zu Kommilitonen" gemessen. Es ergab sich eine positive Korrelation von r = 0.23. Doch gilt dieser Zusammenhang über die Stichprobe hinaus? Kann man davon ausgehen, dass zufriedene Studierende allgemein mehr Kontakt zu ihren Kollegen haben?

  Beispiel: Es wird vermutet, dass ein neues Therapieverfahren besser wirkt als das bisherige Standardverfahren. An einer Stichprobe erweist es sich als überlegen: 58% der untersuchten Patienten fühlen sich „deutlich besser", bei der Standardtherapie hingegen nur 52%. Kann man davon ausgehen, dass die neue Therapie allgemein besser wirkt als die alte? Oder kommen die Unterschiede nur „zufällig" zustande?

Um solche Fragen zu beantworten, müssen wir Regeln entwickeln, wie von der Stichprobe auf die Population geschlossen werden kann. Insbesondere brauchen wir dazu Methoden der Wahrscheinlichkeitsrechnung als Werkzeug.

Die Datenbeispiele dieses Buches stammen zum größten Teil von Studierenden der Psychologie und wurden per Fragebogen erhoben. Bei den Beispielen aus dem therapeutischen Bereich handelt es sich um konstruierte Daten.

II.A Stichprobe und Population

Wenn man wissenschaftliche Psychologie betreibt und dazu Daten an einer Stichprobe erhebt, möchte man die Ergebnisse nicht nur auf die spezielle Stichprobe beziehen, sondern möglichst allgemeine Schlussfolgerungen ziehen. Eine neue Therapie soll nicht nur bei den bisherigen Klienten sondern möglichst bei allen Menschen erfolgreich eingesetzt werden können. Es ist eines der wichtigsten Ziele wissenschaftlicher Psychologie, möglichst allgemeingültige Aussagen über menschliches Denken, Fühlen und Handeln zu machen. Daher möchte man gerne die „wahren Kennwerte" einer Population kennen. Unter einer Population versteht man die Gesamtheit aller Personen (bzw. aller statistischen Einheiten), für die man sich interessiert und aus der die Stichprobe stammt.

Bezüglich des Verhältnisses von Stichprobe und Population stellen wir uns vor, dass die Population einer Urne mit sehr vielen Kugeln entspricht[1]. Diese Kugeln können bestimmte Merkmale (z.B. Farben oder Nummern) haben. Aus der Urne wird eine bestimmte Anzahl Kugeln (die Stichprobe) zufällig gezogen. Die Kugeln repräsentieren die untersuchten Personen, die Merkmale der Kugeln entsprechen den psychologischen Variablen, die man untersuchen möchte. Zufällig heißt hier, dass alle Kugeln die gleiche Wahrscheinlichkeit haben, gezogen zu werden. Ziel ist es, aus Kennwerten der Stichprobe etwas über die Verhältnisse in der Urne zu sagen.

Stichprobe	Population	Stichprobenziehung aus Population
Variablen X, Y,...	Variablen X, Y,... in Pop.	Zufallsvariablen X, Y,...
relative Häufigkeit h_x	wahre relative Häufigkeit h_x	Wahrscheinlichkeit $P(X=x)$
Mittelwert $\bar{x}$	wahrer Wert μ	Erwartungswert $E(X)$
Varianz s^2	wahre Varianz σ^2	Varianz $Var(X)$
Korrelation $r_{X,Y}$	wahre Korrelation $\rho_{X,Y}$	Korrelation $Kor(X,Y)$

Tabelle 6: Einander entsprechende Ausdrücke in Stichprobe und Population.

---

[1] Falls die Population nicht mindestens 100 mal größer ist als die Stichprobe, spricht man von einer „finiten Population". In diesem Fall passt unser Modell nicht mehr. Das Ziehen einer Kugel beeinflußt die Wahrscheinlichkeit, dass andere Kugeln gezogen werden. Die in diesem Abschnitt eingeführten Standardfehler müssen dann korrigiert werden (Endlichkeitskorrektur, siehe z.B. Bortz, 2005, S. 86 u.93).

Betrachten wir z.B. eine Urne mit roten und schwarzen Kugeln und als Merkmal die Farbe X der Kugeln. Der Anteil der roten Kugeln in der Population $h_{rot, Pop.}$ ist unbekannt. Zieht man eine Kugel, dann tritt das Ereignis $X =$ rot mit der Wahrscheinlichkeit $P(X =$ rot$)$ ein. X ist dabei eine Zufallsvariable. Hat man eine Reihe von Kugeln gezogen, dann kann man aufgrund dieser Stichprobe versuchen, auf den Anteil roter Kugeln in der Urne zu schließen. So kann z.B. aufgrund der relativen Häufigkeit h_{rot} von roten Kugeln in der Stichprobe die Wahrscheinlichkeit $P(X =$ rot$)$ und damit der Anteil roter Kugeln in der Population $h_{rot, Pop.}$ geschätzt werden. In analoger Weise kann man z.B. auf den Frauenanteil unter Psychologiestudierenden schließen, indem in einer Stichprobe die relative Häufigkeit ermittelt wird.

Das Grundproblem der Inferenzstatistik besteht darin, dass man die Kennwerte in der Population, also die „wahren Werte", nicht kennt. Es wird versucht, die wahren Werte aus der Stichprobe zu schätzen. Man spricht von *Parameterschätzung*. Die meisten Kennwerte der Population (Parameter) werden traditionell mit griechischen Buchstaben bezeichnet, Kennwerte der Stichprobe mit lateinischen Buchstaben.

Beispiel: Welches ist die durchschnittliche Körpergröße von jungen Erwachsenen in Deutschland? Als Stichprobe liegen Befragungsdaten vor.

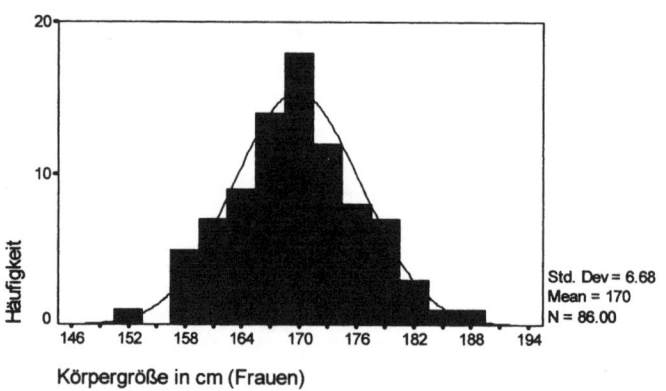

Abbildung 26: Häufigkeitsverteilung der Daten einer Stichprobe, zusammen mit der Dichte einer Normalverteilung.

Wir können davon ausgehen, dass die Körpergröße $N(\mu, \sigma^2)$-verteilt ist. Wie kann man aufgrund der Daten auf den „wahren Durchschnittswert" μ schließen?

Im Beispiel *Körpergröße* ist die durchschnittliche Körpergröße μ in der Population der zu schätzende Parameter. Geht man davon aus, dass das Merkmal Körpergröße $N(\mu, \sigma^2)$-verteilt ist, dann ist der Erwartungswert μ zu bestimmen.

Eine Population muss nicht wirklich existieren, sondern kann auch gedacht sein. Im Beispiel der Wirksamkeit einer neuen Therapiemethode geht es um die Population aller Patienten, die potentiell mit dieser Therapie behandelt werden könnten. Von Interesse ist der Anteil der mit dem neuen Verfahren „heilbaren" Personen in der Population. Da aber das neue Verfahren noch gar nicht flächendeckend eingesetzt wird, interessiert uns die Heilungs*wahrscheinlichkeit* mit der neuen Therapie. Dazu wenden wir die neue Therapie an einer Stichprobe an und schätzen mit der relativen Häufigkeiten von „Heilung" die Heilungswahrscheinlichkeit.

Die entscheidende Frage in der Inferenzstatistik lautet: Sind die Schlussfolgerungen, die wir aus derartigen Schätzungen ziehen, korrekt? Im Therapiebeispiel betrug der Anteil der deutlich verbesserten Patienten 58% im Vergleich zu 52% beim Standardverfahren. Dürfen wir von einer Überlegenheit des neuen Verfahrens sprechen? Ist es nicht möglich, dass die neue Therapie in der Population eine viel niedrigere Heilungswahrscheinlichkeit hat? Vielleicht sind sogar *alle* Patienten, denen die neue Therapie hilft, schon in der Stichprobe gewesen, und niemandem sonst wird mit dem neuen Verfahren geholfen (das ist zwar sehr unwahrscheinlich, aber möglich). Unser Ziel in der Inferenzstatistik ist, diese möglichen Fehler beim Schließen auf die Population ‚in den Griff' zu bekommen. Dabei deutet das Beispiel bereits an, dass Fehler nicht mit 100%iger Sicherheit ausgeschlossen werden können. Das Vorgehen wird sein, die *Wahrscheinlichkeit* für solche Fehler zu beschränken.

Fehlerquellen beim Schließen auf die Population

Betrachten wir die Ursachen dafür, dass sich aufgrund der Stichprobe falsche Schlüsse ergeben. Hier lassen sich zwei Fehlerquellen unterscheiden. Zum einen können sich in der Stichprobe rein zufällig andere Verhältnisse als in der Population ergeben. Selbst wenn man im Urnenbeispiel die Kugeln gut mischt, kann es zufällig passieren, dass man nur rote Kugeln zieht und fälschlich zu dem Schluss kommt, dass in der Urne nur rote Kugeln sind. Diese Fehlerquelle nennt man *Stichprobenfehler* (*sampling error*): In der Stichprobe ergeben sich rein zufällig andere Kennwerte als in der Population. Solche Fehler können zwar nicht gänzlich ausgeschlossen, ihre Wahrscheinlichkeit kann aber beschränkt werden. Dies geschieht in den nächsten Abschnitten mit Hilfe sogenannter *Vertrauensintervalle* und *Signifikanztests*. Dieses Vorgehen nimmt den größten Teil des Kapitels *Inferenzstatistik* ein.

Es gibt jedoch noch eine weitere Fehlerquelle, die wir mit den üblichen inferenzstatistischen Methoden *nicht* in den Griff bekommen. Betrachten wir als Beispiel eine Untersuchung zum Freizeitverhalten erwachsener Deutscher. Befragt man als Stichprobe ausschließlich Bewohner von Altersheimen, dann ist klar, dass das Merkmal „Freizeitverhalten" in der Stichprobe systematisch anders verteilt sein wird als in der Population. Ein Schließen von der Stichprobe auf die Population wird systematisch falsche Aussagen liefern. Diese Fehlerquelle wird *systematischer Fehler* (*nonsampling error*) genannt.

Einschub: Vermeidung systematischer Fehler: Repräsentative Stichproben

Von einer repräsentativen Stichprobe spricht man dann, wenn es *keine* systematischen Fehler bei der Stichprobenauswahl gibt. Hinsichtlich des Beispiels „Freizeitverhalten" muss z.B. gelten, dass für die Stichprobe ausgewählte Personen mit der gleichen Wahrscheinlichkeit ins Kino oder in die Kneipe gehen, wie es bei erwachsenen Deutschen insgesamt der Fall ist.

Repräsentativität bedeutet nicht, dass sich in der tatsächlich gezogenen Stichprobe die Verteilung der Population exakt einstellen muss. Wenn in einer Urne mit 100 Kugeln 58 rote und 42 schwarze Kugeln sind, dann ist eine Stichprobe repräsentativ, wenn die Wahrscheinlichkeit für die Ziehung einer roten Kugel 0.58 beträgt. Zieht man beispielsweise eine Stichprobe vom Umfang $n = 10$, dann kann die relative Häufigkeit gar nicht den Wert 0.58 annehmen. Möglich wären nur Werte wie 0.4, 0.5, 0.6 etc.. Im Urnenbeispiel können auch in einer repräsentativen Stichprobe aufgrund des Stichprobenfehlers nur rote oder nur schwarze Kugeln auftreten. Bei einer repräsentativen Stichprobe ist 0.58 die *erwartete* relative Häufigkeit roter Kugeln. Repräsentativität bedeutet hier, dass nicht *systematisch* häufiger oder seltener rote Kugeln gezogen werden als es dem Anteil in der Population entspricht.

Wann sind Stichproben repräsentativ?

Die Repräsentativität von Stichproben wird oft behauptet, sie ist aber sehr schwer herzustellen. Eine Möglichkeit zur Gewinnung einer repräsentativen Stichprobe bildet die *Zufallsstichprobe*. Bei einer Zufallsstichprobe haben alle statistischen Einheiten aus der Population die gleiche Wahrscheinlichkeit, in die Stichprobe zu kommen. Wenn z.B. über ein Melderegister die Namen aller Personen einer Zielpopulation bekannt sind, dann kann durch die rein zufällige Auswahl eine Zufallsstichprobe gewonnen werden. Praktisch stößt dieses Verfahren allerdings schon deshalb an Grenzen, weil die ausgewählten Personen auch bereit sein müssen, an der Untersuchung teilzunehmen. Daher beschränkt man sich in der Praxis auf *spezifisch repräsentative Stichproben*. Spezifische Repräsentativität meint, dass die Stichprobe nur hinsichtlich bestimmter interessierender Merkmale repräsentativ ist. Möchte man etwas über die Häufigkeit von blauen bzw. braunen Augen in der Bevölkerung erfahren, dann können Stichproben aus Altersheimen durchaus spezifisch repräsentativ für dieses Merkmal sein. Entscheidend ist, dass sich durch die Stichprobenauswahl die Verteilung der interessierenden Merkmale nicht ändert.

📖 *Weiterführende Literatur*

Zum Thema Stichprobenerhebung siehe z.B. Schäffer (1996). Allgemeine Fragen zur Datengewinnung und Untersuchungsplanung werden ausführlich in Bortz & Döring (2002) behandelt.

 Wir haben bisher das Ziel und die Probleme des Schließens von der Stichprobe auf die Population kennengelernt. Unser Vorgehen besteht darin, den Einfluss des Stichprobenfehlers ‚in den Griff' zu bekommen. Dazu untersuchen wir zunächst die Möglichkeiten der Schätzung von Populationskennwerten (Parametern) und fragen nach der Genauigkeit dieser Schätzungen.

Generalvoraussetzung der in diesem Buch behandelten inferenzstatistischen Methoden ist, dass die Stichproben spezifisch repräsentativ hinsichtlich der untersuchten Merkmale sind.

II.A.1 Parameterschätzung

Wir beschränken uns in diesem Abschnitt auf Merkmale, die mindestens intervallskaliert sind, und interessieren uns zunächst für die Schätzung des Populationsmittelwertes μ und der Populationsvarianz σ^2. Für andere Parameter funktionieren die Verfahren ähnlich.

Für die Schätzung des Populationsmittelwertes μ bieten sich das Stichprobenmittel $\bar{x}$ oder auch Median und Modus an. Es sind aber Kriterien nötig, die angeben, was ein „guter" Schätzer ist, und „wie gut" die Schätzung ist.

II.A.1.1 Verteilungen von Stichprobenkennwerten

Zieht man mehrfach eine Zufallsstichprobe vom Umfang n aus der gleichen Population und berechnet z.B. jeweils das arithmetische Mittel $\bar{x}$ als Schätzer für den „wahren Mittelwert", so werden diese verschiedenen Mittelwerte nicht gleich sein, sondern sich mehr oder weniger unterscheiden. Je weniger sich die Mittelwerte unterscheiden, desto besser sind sie als Schätzer für den wahren Mittelwert geeignet. Die Unterschiede der Mittelwerte verschiedener Stichproben kommen mit bestimmten Wahrscheinlichkeiten zustande, über die wir gerne mehr wüßten.

Was hier vorliegt ist eine *Wahrscheinlichkeitsverteilung* von *Stichprobenmittelwerten*. Sie wird *Kennwerteverteilung des Mittelwertes* genannt. In manchen Statistikbüchern findet sich auch synonym der Begriff der *Stichprobenverteilung* des Mittelwertes.

Erfahrungsgemäß ist das Konzept der Kennwerteverteilung für Studierende die größte Hürde für das Verständnis der Inferenzstatistik. Schließlich hat man in der Praxis nur eine Stichprobe und nur einen Kennwert (z.B. den Mittelwert). Die Kennwerteverteilung ist eine gedachte Verteilung. Das Konzept ist jedoch die Grundlage, auf der alle späteren Anwendungen basieren. Daher empfehlen wir den Lesern, sich intensiv damit zu beschäftigen.

II.A.1.1.1 Die Verteilung von Stichprobenmittelwerten

Betrachten wir diese spezielle Kennwerteverteilung von Stichprobenmittelwerten anhand eines Beispiels:

Beispiel: An der Universität Jena wurde über einen Zeitraum von 5 Jahren das Alter von insgesamt n=728 Psychologiestudierenden zu Beginn des ersten Semesters erhoben. Der Mittelwert betrug 20.7 Jahre. Betrachten wir die Jenaer Psychologiestudierenden der letzten 5 Jahre als die uns interessierende Population. Die folgende Abbildung zeigt, dass die Variable „Alter" in der Population linkssteil verteilt ist mit µ=20.7.

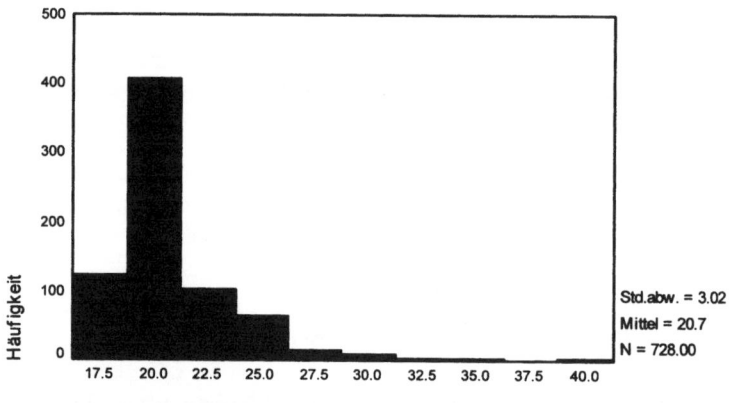

Abbildung 27: Verteilung des Merkmals „Alter bei Studienbeginn" in der Population Jenaer Psychologiestudierender von 1997 bis 2002. Die Jüngsten beginnen ihr Studium mit 18, die Ältesten mit 41 Jahren.

Zieht man aus dieser Population eine Stichprobe, so wird der Stichprobenmittelwert bei „Alter" nicht exakt mit µ=20.7 übereinstimmen sondern zufällig etwas abweichen. Dieses „zufällige Abweichen" wird durch die Kennwerteverteilung des Stichprobenmittelwertes beschrieben. Die Kennwerteverteilung kann sichtbar gemacht werden, indem man sehr viele Stichproben zieht und die Häufigkeitsverteilung der Mittelwerte erstellt. In der folgenden Abbildung wurden jeweils 150 Stichproben gezogen, für jede

106

Stichprobe der Mittelwert von „Alter" berechnet und diese 150 Mittelwerte in einem Histogramm dargestellt.

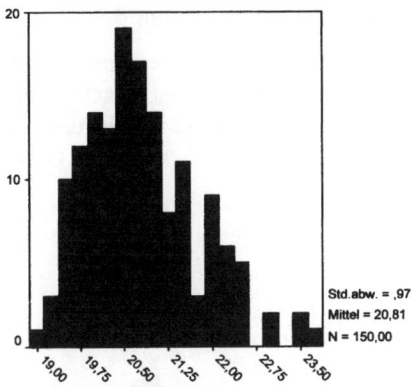

Std.abw. = ,97
Mittel = 20,81
N = 150,00

150 Stichproben vom Umfang 10

Abbildung 28: Die Verteilung der Stichprobenmittelwerte des Merkmals „Alter bei Studienbeginn". Es wurden jeweils 150 Stichproben gezogen und die Verteilung der Mittelwerte in einem Histogramm dargestellt.

Abbildung 28 a:
Stichprobenumfang n=10. Die Kennwerteverteilung ist noch linkssteil. Ihre Streuung ist jedoch deutlich geringer als die Streuung des Merkmals selbst (vgl. Abb. 27).

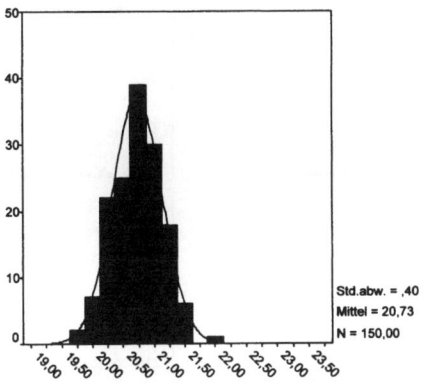

Std.abw. = ,40
Mittel = 20,73
N = 150,00

150 Stichproben vom Umfang 40

Abbildung 28 b:
Stichprobenumfang n=40. Die Kennwerteverteilung hat bereits die Form einer Normalverteilung. Die Streuung hat sich gegenüber dem Fall n=10 ungefähr halbiert.

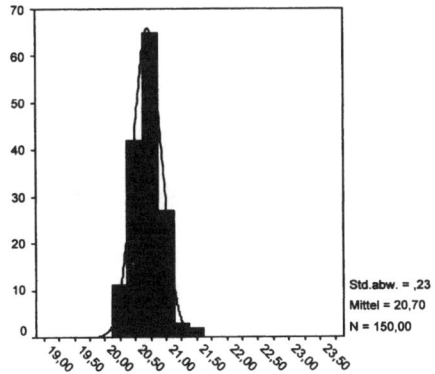

Std.abw. = ,23
Mittel = 20,70
N = 150,00

150 Stichproben vom Umfang 160

Abbildung 28 c:
Stichprobenumfang n=160. Die Kennwerteverteilung hat weiterhin die Form einer Normalverteilung. Mit wachsendem n verringert sich die Streuung der Kennwerteverteilung, die einzelnen Stichprobenmittelwerte liegen schon sehr nahe am gesuchten Populationsmittelwert μ. Der Mittelwert der Kennwerteverteilung ist identisch mit μ=20.7.

Es zeigen sich zwei Dinge:

1. Mittelwerte unterscheiden sich bei wachsendem Stichprobenumfang immer weniger, die Streuung der Verteilung der Mittelwerte schrumpft.

2. Man könnte den Eindruck gewinnen, dass sich mit wachsendem Umfang eine bestimmte symmetrische und möglicherweise genau beschreibbare *Verteilung* der Mittelwerte einstellt: Dieser Eindruck ist richtig und Teil eines generellen Phänomens. Es ist unter dem Namen „zentraler Grenzwertsatz" bekannt.

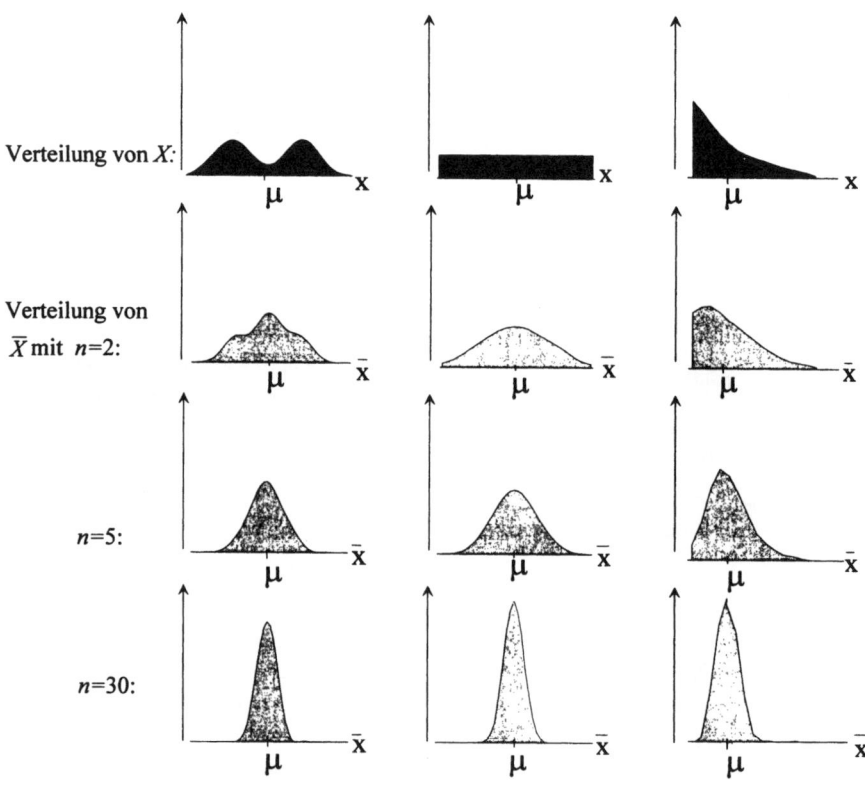

Abbildung 29 zeigt, wie sich die Mittelwerteverteilung unabhängig von der Verteilung des Merkmals (obere Reihe rechts: eine schiefe Verteilung, Mitte: Gleichverteilung, links: eine zweigipflige Verteilung) mit wachsendem Stichprobenumfang einer Normalverteilung annähert.

II.A.1.1.2 Zentraler Grenzwertsatz

Stammen verschiedene Stichproben vom Umfang n aus der gleichen Population, so werden die zufälligen Unterschiede zwischen den Mittelwerten bei wachsendem Stichprobenumfang n grundsätzlich immer kleiner. Darüber hinaus kann man sogar die Verteilung der Mittelwerte genau angeben:

👉 Die Verteilung der Stichprobenmittelwerte eines Merkmals X geht für große n in eine Normalverteilung über, deren Varianz proportional zum Stichprobenumfang klein wird.

☝ Dabei ist es unerheblich, wie das Merkmal X selbst in der Population verteilt ist.

Abbildung 29 veranschaulicht dieses Phänomen: Egal, wie ein Merkmal verteilt ist, bei großen Stichproben sind die Mittelwerte normalverteilt, ihr Erwartungswert ist der gesuchte „wahre Mittelwert" μ. Die Streuung der Mittelwerteverteilung wird mit zunehmendem Stichprobenumfang immer geringer.

Der zentrale Grenzwertsatz ist eine der wichtigsten Grundlagen der Inferenzstatistik. Verlässliche Aussagen über den wahren Mittelwert aufgrund einer Stichprobe sind möglich, weil man die Verteilung von Stichproben-mittelwerten angeben kann.

Ist μ der Populationsmittelwert und σ die Standardabweichung in der Population (mit ansonsten beliebiger Verteilung), dann sind für Stichproben vom Umfang $n > 30$ die Mittelwerte hinreichend genau durch eine $N(\mu, \sigma^2/n)$-Verteilung beschreibbar.

Dass es sich bei der Verteilung von Mittelwerten „ausgerechnet" um eine Normalverteilung handelt, liegt daran, dass sich die Normalverteilung immer dann einstellt, wenn sehr viele kleine unsystematische Effekte aufsummiert werden (vgl. I.B.8). Genau dies geschieht bei der Bildung von Mittelwerten großer Stichproben.

II.A.1.1.3 Verteilungen anderer Kennwerte

Nicht nur für das arithmetische Mittel, sondern auch für andere Kennwerte einer Stichprobe kann deren Verteilung angegeben werden (z. B. Varianz, Standardabweichung, Median). Allerdings sind diese im Allgemeinen nicht normalverteilt.

II.A.1.2 Standardfehler

II.A.1.2.1 Standardfehler des Mittelwertes

Wir kennen nun die Verteilung von Stichprobenmittelwerten. Wir wissen, dass sie um den wahren Mittelwert μ herum normalverteilt schwanken. Wenn wir mit einem Mittelwert den wahren Mittelwert schätzen wollen, liefert uns die

Streuung der Mittelwerteverteilung eine Aussage über die Genauigkeit der Schätzung:

☞ Die *Streuung der Mittelwerteverteilung* wird als *Standardfehler* des Mittelwertes oder auch als *Standardschätzfehler* des Mittelwertes bezeichnet.

Als Symbol wird der Standardfehler des Mittelwertes mit $\sigma_{\bar{x}}$ abgekürzt.

Der Standardfehler des Mittelwertes liefert ein Maß dafür, wie sehr sich Mittelwerte unterschiedlicher Stichproben aus einer Population mit wahrem Mittelwert μ unterscheiden. Damit ist er ein Maß für die Genauigkeit, mit welcher der wahre Mittelwert μ durch einen Stichprobenmittelwert geschätzt wird.

Ist μ der Populationsmittelwert und σ die Standardabweichung in der Population, dann ist der Standardfehler des Mittelwertes

$$\sigma_{\bar{X}} = \sqrt{\frac{\sigma^2}{n}} \ .$$

➤ *Beweis:* Sei X ein Merkmal mit $E(X) = \mu$ und $Std(X) = \sigma$ bei sonst beliebiger Verteilung. Wir betrachten Stichproben vom Umfang n, deren einzelne Elemente $X_1, X_2, ... X_n$ unabhängig voneinander erhoben wurden. Dann ist

$$Var(\bar{X}) = Var\left(\frac{1}{n}(X_1 + X_2 + ... + X_n)\right)$$

$$= \frac{1}{n^2} Var(X_1 + X_2 + ... + X_n)$$

$$= \frac{1}{n^2}(Var(X_1) + Var(X_2) + ... + Var(X_n))$$

$$= \frac{1}{n^2}(\sigma^2 + \sigma^2 + ... + \sigma^2) = n \cdot \frac{\sigma^2}{n^2} = \frac{\sigma^2}{n}$$

Der Standardfehler des Mittelwertes ist $\sigma_{\bar{X}} = Std(\bar{X}) = \dfrac{\sigma}{\sqrt{n}}$.

Die Schätzung von μ mit dem Stichprobenmittelwert wird mit wachsendem Umfang n der Stichprobe immer genauer. Für eine „doppelt so genaue" Schätzung muss der Stichprobenumfang vervierfacht werden, da

$$\frac{1}{2}\sigma_{\bar{x}} = \frac{\sigma}{\sqrt{4 \cdot n}}$$

Beispiel: Die Leistung in einem Konzentrationstest habe einen Erwartungswert von 50 Punkten und eine Streuung von 10 Punkten.

Lässt man Schulklassen mit 20 Schülern den Test ausfüllen, so sollten die Mittelwerte dieser Gruppen im Durchschnitt wiederum bei 50 liegen (der Erwartungswert ist 50). Die (theoretische) Streuung dieser Mittelwerte ist

$$\sigma_{\bar{X}} = \frac{\sigma}{\sqrt{n}} = \frac{10}{\sqrt{20}} = 2.24.$$

II.A.1.2.2 Standardfehler anderer Kennwerte

Für Stichprobenkennwerte und deren Kennwerteverteilung gilt allgemein:

Die Standardabweichung der Kennwerteverteilung heißt *Standardfehler* des Kennwertes.

Der Standardfehler (synonym: Standardschätzfehler) gibt Auskunft, wie genau man mit diesem Kennwert den entsprechenden Populationskennwert schätzt. Es lassen sich Standardfehler für Varianzen, Korrelations- und Regressionskoeffizienten und viele andere Kennwerte angeben.

Faustregel: Durch Erhöhung des Stichprobenumfanges *n* werden Schätzungen von Parametern genauer, da der Standardfehler dieses Parameters kleiner wird. Bei großen Stichproben kann in diesem Sinne „genauer" von einer Stichprobe auf die Population geschlossen werden. Daher bemüht man sich große Stichproben zu bekommen. Dem entgegen stehen in der Praxis der Aufwand und die Kosten für große Untersuchungen.

II.A.1.3 Kriterien für gute Schätzer

Der zentrale Grenzwertsatz zeigt, dass das Stichprobenmittel $\bar{x}$ bei zunehmendem Stichprobenumfang *n* den wahren Wert μ immer genauer schätzt. Ein guter Schätzer sollte auch andere Kriterien erfüllen: So sollte er weder systematisch zu groß noch zu klein schätzen, d. h. er sollte *erwartungstreu* sein.

- *Erwartungstreue*: Der gesuchte Wert ist der Erwartungswert der Kennwerteverteilung. Es ist z.B. $\bar{x}$ ist ein erwartungstreuer Schätzer für μ, weil aufgrund der Rechenregeln für den Erwartungswert gilt:

$$E(\bar{x}) = E(\tfrac{1}{n}\sum_{i=1}^{n} x_i) = \tfrac{1}{n}\sum_{i=1}^{n} E(x_i) = \tfrac{1}{n}\sum_{i=1}^{n} \mu = \mu.$$

Median und Modus sind erwartungstreue Schätzer für μ, wenn die Verteilung symmetrisch und eingipfelig ist. Ein erwartungstreuer Schätzer schätzt weder systematisch zu groß noch zu klein, sondern liegt „im Mittel" richtig. Die Stichprobenvarianz s^2 ist kein erwartungstreuer Schätzer für σ^2, da sie systematisch zu klein schätzt (später dazu mehr). Die Erwartungstreue eines Schätzers sagt aber nicht unbedingt etwas über die Genauigkeit der Schätzung. Das Stichprobenmittel $\bar{x}$ ist bei Stichproben jeder Größe erwartungstreu, die Genauigkeit der Schätzung nimmt jedoch mit zunehmender Größe der Stichprobe zu. Dies nennt man die Konsistenz eines Schätzers.

- *Konsistenz*: Mit wachsendem Stichprobenumfang *n* nähert sich der Schätzer dem wahren Wert. Genauer ausgedrückt: Ein Abweichen des Schätzers vom wahren Wert um jeden noch so kleinen Betrag wird mit wachsendem

n beliebig unwahrscheinlich. Der zentrale Grenzwertsatz zeigt, dass das a-rithmetische Mittel ein konsistenter Schätzer für μ ist.

- *Relative Effizienz*: Die Streuung der Schätzwerte ist möglichst klein. $\bar{x}$ ist ein effizienterer Schätzer als etwa der Median, da die Verteilung des Median eine größere Streuung hat als die Verteilung des arithmetischen Mittels.

- *Suffizienz (oder Exhaustivität)*: Alle Informationen werden ausgeschöpft. $\bar{x}$ ist ein suffizienter Schätzer. Alle Information der Werte x_i wird verwendet. Der Median ist kein suffizienter Schätzer. Er verwendet nur die Information, wo die „Mitte der Messwerte" liegt.

Fazit: Das arithmetische Mittel $\bar{x}$ ist ein optimaler Schätzer für den Populationsmittelwert μ, da er erwartungstreu, konsistent und suffizient ist und auch effizienter schätzt als andere Schätzer mit diesen Eigenschaften.

Beispiele: Für das Durchschnittsalters von Psychologiestudierenden bei Studienbeginn ist $\bar{x}$ =20.7 Jahre ein optimaler Schätzer.

Für die wahre durchschnittliche Körpergröße von jungen weiblichen Erwachsenen ist $\bar{x}$ =170 cm ein optimaler Schätzer.

II.A.1.4 Schätzung der Populationsvarianz

Ein naheliegender Kandidat für eine Schätzung der Populationsvarianz eines Merkmales X ist die Stichprobenvarianz

$$s^2 = \frac{1}{n}\sum_{i=1}^{n}(x_i - \bar{x})^2 \ .$$

Allerdings ist s² - überraschenderweise - *nicht* erwartungstreu, sondern schätzt systematisch zu klein.[2]

Für die Populationsvarianz σ² ist

$$\hat{\sigma}^2 = \frac{1}{n-1}\sum_{i=1}^{n}(x_i - \bar{x})^2$$

ein optimaler Schätzer. Er ist aufgrund des kleineren Nenners erwartungstreu, außerdem konsistent und suffizient, sowie effizienter als alle vergleichbaren Schätzer.

Schreibweise: Die geschätzten Werte werden üblicherweise mit „ $\hat{\cdot}$ " gekennzeichnet (z.B. $\hat{\mu}, \hat{\sigma}^2, \hat{\rho}$, sprich mü Dach etc.).

---

[2] Vorgerechnet wird das z. B. bei Bortz (2005): Statistik, Anhang B.

*Beispiel: Die Stichprobenvarianz des Merkmals „Körpergröße der Frauen"
war $s^2 = 44.6$ bei einem Umfang der Stichprobe von $n = 86$. Dann ist*

$$\hat{\sigma}^2 = \frac{n}{n-1} s^2 = \frac{86}{85} \cdot 44.6 = 45.125$$

eine optimale Schätzung der Populationsvarianz.

Allgemein gilt: Für „große" Stichproben stimmen s^2 und $\hat{\sigma}^2$ nahezu überein, weil $n/(n-1) \rightarrow 1$ für $n \rightarrow \infty$.

II.A.1.5 Schätzung des Standardfehlers $\sigma_{\bar{x}}$

Wenn die Populationsvarianz nicht bekannt ist (und das ist meistens so), kann der Standardfehler des Mittelwertes nicht berechnet werden. Da wir aber mit $\hat{\sigma}^2$ einen optimalen Schätzer für die Populationsvarianz σ^2 haben, wird der Standardfehler des Mittelwertes bei unbekannter Varianz geschätzt.

$$\hat{\sigma}_{\bar{x}} = \sqrt{\frac{\hat{\sigma}^2}{n}} = \sqrt{\frac{\sum_{i=1}^{n}(x_i - \bar{x})^2}{n(n-1)}}$$

An Stelle der Populationsvarianz wird deren Schätzwert in die Formel eingesetzt. Der geschätzte Standardfehler des Mittelwertes liefert dann wieder ein Maß für die Genauigkeit, mit welcher der Populationsmittelwert durch den Stichprobenmittelwert geschätzt wird. Leider gehen in diese Genauigkeitsangabe Ungenauigkeiten wegen der Schätzung der Populationsvarianz σ^2 durch $\hat{\sigma}^2$ ein. In der Praxis sollte man „große" Stichproben" (mindestens $n > 30$) bei der Parameterschätzung verwenden, denn dann stimmen σ^2 und $\hat{\sigma}^2$ gut überein. Außerdem ist erst dann gewährleistet, das die Stichprobenmittelwerte normalverteilt sind (siehe II.A.1.1.1).

Q *Vertiefung:* Für kleinere Stichproben ($n \leq 30$) ist die Verteilung von Stichprobenmittelwerten, geteilt durch den geschätzten Standardfehler, bekannt, wenn das *Merkmal* selbst normalverteilt ist. Es handelt sich dann um eine sogenannte *t-Verteilung,* deren Varianz bekannt ist. Sie wird später noch ausführlich behandelt.

Beispiel: Bei dem Merkmal „Körpergröße der Frauen" kann aufgrund der großen Stichprobe ($n = 86$) davon ausgegangen werden, dass die Mittelwerte normalverteilt sind. Der geschätzte Standardfehler des Mittelwertes ist

$$\hat{\sigma}_{\bar{x}} = \sqrt{\frac{\hat{\sigma}^2}{n}} = \sqrt{\frac{45.14}{86}} = 0.72 \ .$$

Für die Schätzung von Populationsmittelwert und -varianz hat man mit $\bar{x}$ und $\hat{\sigma}^2$ optimale Schätzer. Für andere Parameter der Population müssen Schätzer erst ermittelt werden. Die zwei wichtigsten Methoden der Parameterschätzung sollen hier kurz vorgestellt werden: Die *Methode der kleinsten Quadrate* und die *Maximum-Likelihood-Methode*.

1. Methode der kleinsten Quadrate

Diese Methode wurde z. B. in Band 1 bei der Berechnung einer Regressionsgleichung bereits angewendet (vgl. dort Abschnitt II.C.2.2). Eine Regressionsgerade wird so bestimmt, dass die durch die Gerade vorhergesagten Werte minimalen quadratischen Abstand zu den gemessenen Werten haben.

2. Maximum-Likelihood-Methode

Die Idee hinter dieser Methode lautet: Suche die Populationsparameter, unter denen die Stichprobendaten am wahrscheinlichsten sind.

Beispiel: In einem Seminar sitzen 8 Frauen und 2 Männer. Wie ist das Geschlechterverhältnis in der Population (hier: Psychologiestudierende in Deutschland)? Als Modell wird angenommen, dass die Seminarteilnahme zufällig erfolgt und mit der Ziehung aus einer Urne mit Kugeln zweier Farben vergleichbar ist. Dann beschreibt eine Binomialverteilung B(10, p) die Wahrscheinlichkeitsverteilung bei 10-maliger Ziehung. Bei einer Maximum-Likelihood-Schätzung wird der Parameter p_{max} gesucht, mit dem die Stichprobe maximal wahrscheinlich wird.

Berechnung: Sei p die „Männerwahrscheinlichkeit". Für verschiedene Werte p wäre die Wahrscheinlichkeit (engl. *Likelihood*) für das Antreffen zweier Männer berechnet:

$$L_{p=0.1}\,(k{=}2|n{=}10) = \binom{10}{2}0.1^2 0.9^8 = 0.19$$

$$L_{p=0.2}\,(k = 2|n = 10) = \binom{10}{2}0.2^2 0.8^8 = 0.3$$

$$L_{p=0.3}\,(k = 2|n = 10) = \binom{10}{2}0.3^2 0.7^8 = 0.27\ .$$

L heißt *Likelihood-Funktion*. Von den drei Werten ist die Likelihood-Funktion bei $p_{max} = 0.2$ maximal. Allerdings müsste für einen Maximum-Likelihood-Schätzer das Maximum unter allen möglichen Werten für p bestimmt werden.

Allgemein wird das Maximum der Likelihood-Funktion mit Hilfe der Differentialrechnung durch Berechnung der Maxima der Likelihood-Funktion bestimmt. Im Beispiel würde sich die relative Häufigkeit der Männer in der Stichprobe von 0.20 als Maximum-Likelihood-Schätzwert ergeben.

Weitere Maximum-Likelihood-Schätzer sind $\bar{x}$ (als Schätzer für μ) und s^2 (und nicht $\hat{\sigma}^2$!) als Schätzer für σ^2.

II.A.2 Vertrauensintervalle (Konfidenzintervalle)

Ein Schätzwert stimmt trotz optimaler Schätzung nur selten mit dem wahren Wert exakt überein. In der Stichprobe können die interessierenden Merkmale zufällig anders verteilt sein als in der Population. Wie man mit diesem Problem umgeht, ist typisch für die gesamte Inferenzstatistik. Zunächst muss sichergestellt sein, dass bei der Stichprobenziehung keine systematischen Fehler gemacht wurden. Die Stichprobe muss spezifisch repräsentativ sein. Dann gilt:

Grundprinzip der Inferenzstatistik:

i. Man muss beim Schließen von der Stichprobe auf die Population immer mit Ungenauigkeiten und Fehlern rechnen (Stichprobenfehler).
„Man kann nie sicher sein!"

ii. Man kann die Größe dieser Fehler aber kontrollieren und unter eine feste Schranke bringen!
„Man kann die Unsicherheit beschränken!"

Vertrauensintervalle beschreiben bei zufallsabhängigen Messungen den Bereich, in dem der wahre Wert mit einer vorgegebenen und hinreichend hohen Wahrscheinlichkeit liegt. Üblich sind 95% oder 99%. Man spricht von 95%igen oder 99%igen Vertrauensintervallen.

Q Diese Formulierung ist nicht ganz korrekt. Genauer müßte es heißen: Im Vertrauensintervall liegen all die wahren Werte, mit denen der gefundene Messwert nicht zu unwahrscheinlich ist, z.B. weniger als 5%. Ein wahrer Wert liegt vor oder liegt nicht vor, er selbst hat keine Wahrscheinlichkeit[3].

Die Konstruktion von Vertrauensintervallen wird am Beispiel des wahren Mittelwertes, des Populationsparameters μ, gezeigt. In ähnlicher Weise wird bei anderen Kennwerten vorgegangen (siehe die Literaturangaben am Schluss dieses Abschnitts).

---

[3] Eine Ausnahme stellt der Ansatz der Bayes-Statistik dar, der in Abschnitt I.D.3.2 kurz angedeutet wurde.

II.A.2.1 Vertrauensintervall für den Populationsmittelwert μ

Wir wissen, dass für große Stichproben ($n > 30$) die Mittelwerte von Stichproben einer Population normalverteilt sind, genauer: $N(\mu, \sigma_{\bar{x}})$-verteilt. Von Normalverteilungen weiß man aber, dass der Bereich von einer Standardabweichung um den Mittelwert die Wahrscheinlichkeit 0.68 hat, also

$$P(\mu - \sigma_{\bar{x}},\ \mu + \sigma_{\bar{x}}) = 0.6827.$$

Der Bereich von zwei Standardabweichungen um den Mittelwert hat die Wahrscheinlichkeit 0.9545, also

$$P(\mu - 2\sigma_{\bar{x}},\ \mu + 2\sigma_{\bar{x}}) = 0.9545$$

Ein Intervall, in dem die Werte mit 95% Wahrscheinlichkeit liegen, bekommt man bei 1.96 Standardabweichungen um den Mittelwert, also

$$P(\mu - 1.96\sigma_{\bar{x}},\ \mu + 1.96\sigma_{\bar{x}}) = 0.95.$$

Ein Intervall von 99% Wahrscheinlichkeit erhält man bei 2.58 Standardabweichungen um den Mittelwert, also

$$P(\mu - 2.58\sigma_{\bar{x}},\ \mu + 2.58\sigma_{\bar{x}}) = 0.99.$$

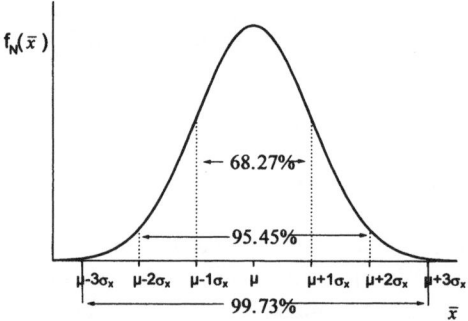

Abbildung 30: Kennwerteverteilung des Mittelwertes: Abweichungen vom wahren Mittelwert μ um mehr als 2 Standardabweichungen haben eine Wahrscheinlichkeit von 4.55%.

Durch *z-Transformation* $z = (\bar{x} - \mu)/\sigma_{\bar{x}}$ (vgl. II.B.3 in Band 1) wird die Verteilung der Mittelwerte in eine Standardnormalverteilung $N(0,1)$ überführt. Mit anderen Worten: Die Differenz von wahrem Mittelwert μ und einem Stichprobenmittelwert $\bar{x}$ ist standardnormalverteilt, wenn die Streuung auf 1 gebracht wird (was beim Teilen durch $\sigma_{\bar{x}}$ geschieht). Bei der Standardnormalverteilung liegen die Werte mit 95% Wahrscheinlichkeit zwischen -1.96 und +1.96 und mit 99% Wahrscheinlichkeit zwischen -2.58 und +2.58. Dann liegt $\bar{x} - \mu$ in dem Intervall ($-1.96 \cdot \sigma_{\bar{x}},\ +1.96 \cdot \sigma_{\bar{x}}$) mit einer Wahrscheinlichkeit von 0.95, und in dem Intervall $(-2.58 \cdot \sigma_{\bar{x}}, +2.58 \cdot \sigma_{\bar{x}})$ mit einer Wahrscheinlichkeit von 0.99. Damit kann das Vertrauensintervall für μ angegeben werden.

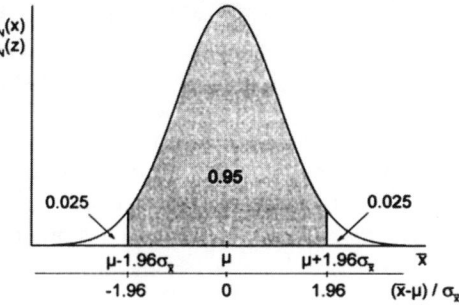

Abbildung 31: 95%-Vertrauensintervall des arithmetischen Mittels $\bar{x}$.

Das Vertrauensintervall bei einem gemessenen Mittelwert $\bar{x}$ lautet:

95%-Vertrauensintervall: $(\bar{x} - 1.96 \cdot \sigma_{\bar{x}}, \bar{x} + 1.96 \cdot \sigma_{\bar{x}})$

99%-Vertrauensintervall: $(\bar{x} - 2.58 \cdot \sigma_{\bar{x}}, \bar{x} + 2.58 \cdot \sigma_{\bar{x}})$.

II.A.2.1.1 Vertrauensintervalle bei geschätztem Standardfehler

Oft ist der Standardfehler nicht bekannt, da man die wahre Streuung σ in der Population nicht kennt. Er wird dann durch den geschätzten Standardfehler $\hat{\sigma}_{\bar{x}}$ ersetzt.

Beispiel: Bei der Körpergröße der Frauen wurde anhand einer Stichprobe vom Umfang n = 86 das arithmetische Mittel $\bar{x}$ = 170 mit dem geschätzten Standardfehler $\hat{\sigma}_{\bar{x}}$ = 0.72 errechnet. Das 95%-Vertrauensintervall ist approximativ

$$(\bar{x} - 1.96\ \hat{\sigma}_{\bar{x}}, \bar{x} + 1.96\ \hat{\sigma}_{\bar{x}})$$

$$= (170 - 1.96\ 0.72,\ 170 + 1.96\ 0.72)$$

$$= (168.6, 171.4).$$

Das 99%-Vertrauensintervall lautet approximativ: (168.1 cm, 171.9 cm).

Durch die Verwendung des Schätzers $\hat{\sigma}_{\bar{x}}$ an Stelle des wahren Standardfehlers handeln wir uns Ungenauigkeiten ein, so dass wir nur von einem approximativen Vertrauensintervall sprechen können. Da bei wachsender Stichprobengröße der Schätzer $\hat{\sigma}_{\bar{x}}$ immer „genauer" wird (vgl. Abschnitt II.A.1.4), kann bei großen Stichproben (Faustregel n > 100) obige Formel trotzdem verwendet werden.

117

Unter bestimmten Bedingungen lassen sich jedoch auch mit geschätztem Standardfehler und bei kleinen Stichproben *exakte* Vertrauensintervalle berechnen:

Bei Stichproben vom Umfang n aus *normalverteilter* Population kann die Verteilung von $(\bar{x} - \mu) / \hat{\sigma}_{\bar{x}}$ exakt angegeben werden. Sie heißt *t-Verteilung* (oder auch Student-Verteilung[4]) *mit n-1 Freiheitsgraden*[5]. Eine t-Verteilung ähnelt der Standardnormalverteilung, allerdings ist ihre Streuung etwas größer.

Q Dies wird plausibel, wenn wir uns die ähnliche Herleitung überlegen. Es ist $z = (\bar{x} - \mu) / \sigma_{\bar{x}}$ standardnormalverteilt. Wird der wahre Standardfehler durch den geschätzten Standardfehler ersetzt, so wirkt sich die zufällige Variabilität des Schätzers als größere Streuung des gesamten Ausdrucks $(\bar{x} - \mu) / \hat{\sigma}_{\bar{x}}$ aus.

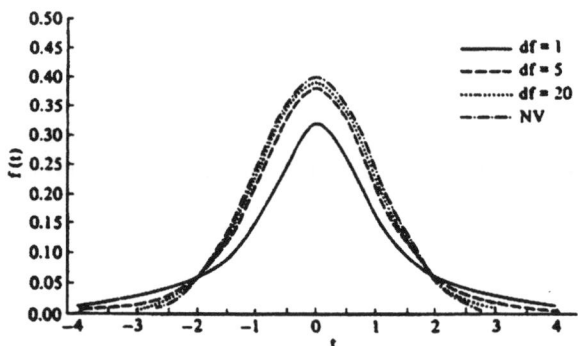

Abbildung 32: t-Verteilung bei verschiedenen Freiheitsgraden (aus Bortz, 2005, S.81)

Eine t-Verteilung ist symmetrisch und unimodal. Für $n \rightarrow \infty$ geht sie in die Standardnormalverteilung N(0,1) über. Die Abbildung zeigt die Dichten von t-Verteilungen mit verschieden Freiheitsgraden, die mit NV bezeichnete Kurve ist die Standardnormalverteilung.

---

[4] Der Mathematiker *William S. Gosset* (1876-1937) beschrieb als erster diese Verteilung. Er veröffentlichte seine Ergebnisse unter dem Pseudonym „Student".

[5] Der Ausdruck „Freiheitsgrad" (englisch: *df* = degrees of freedom) wird im nächsten Abschnitt erläutert.

1-α%-Vertrauensintervalle können nun mit Hilfe der entsprechenden t-Verteilung ermittelt werden. Dazu wird der t-Wert bestimmt, welcher den Flächenanteil $\alpha/2$ am rechten Ende der t-Verteilung abschneidet (Bezeichnung: $t_{df,\ 1-\alpha/2}$). Der negative Wert $-t_{df,1-\alpha/2}$ schneidet am linken Ende der Verteilung den Flächenanteil $\alpha/2$ ab.

Das exakte 1-α%-Vertrauensintervall bei geschätztem Standardfehler lautet:

$$(\bar{x} - t_{df,\ 1-\alpha/2} \cdot \hat{\sigma}_{\bar{x}}\ ,\ \bar{x} + t_{df,\ 1-\alpha/2} \cdot \hat{\sigma}_{\bar{x}}).$$

Beispiel: In einer Stichprobe wird das normalverteilte Merkmal „Körpergröße" von n = 15 Männern erhoben. Das arithmetische Mittel lautet $\bar{x} = 180$ cm, die Stichprobenstreuung s = 5.28 cm. Wir schätzen den Standardfehler:

$$\hat{\sigma}_{\bar{x}} = \sqrt{\frac{\hat{\sigma}^2}{n}} = \sqrt{\frac{n \cdot s^2}{(n-1) \cdot n}} = \frac{s}{\sqrt{n-1}} = \frac{5.28}{\sqrt{14}} = 1.41\ \cdot$$

Für die Berechnung eines 95%-Vertrauensintervalls erhalten wir aus der Tabelle der t-Verteilung bei df = 14 den Wert $t_{14,\ 97.5} = 2.145$. Das 95%-Vertrauensintervall lautet

$$(180 - 2.145 \cdot 1.41,\ 180 + 2.145 \cdot 1.41) = (176.98,\ 183.02).$$

II.A.2.1.2 Zur Erklärung des Begriffes „Freiheitsgrad"

Die Anzahl der „Freiheitsgrade" ist die Anzahl der Werte, die in einem statistischen Ausdruck frei variieren können.

Beispiel: Bei der Berechnung der Stichprobenvarianz s^2 wird der Ausdruck

$$\frac{1}{n}\sum_{i=1}^{n}(x_i - \bar{x})^2$$

berechnet. Von den Summanden $x_i - \bar{x}$ können nur n-1 beliebige Werte annehmen, der n-te ist dann festgelegt, denn es gilt:

$$\sum_{i=1}^{n}(x_i - \bar{x}) = 0 \qquad (vgl.\ II\ 4.1.3\ in\ Band\ 1)$$

Bei der geschätzten Populationsvarianz

$$\hat{\sigma}^2 = \sum_{i=1}^{n}(x_i - \bar{x})^2\ /\ (n\text{-}1)$$

wird gerade durch die Anzahl der Freiheitsgrade (statt durch Umfang der Stichprobe n) dividiert. Dieser Ausdruck wird auch durch $\hat{\sigma}_{\bar{x}} = QS_{abw}/df$ abgekürzt, dabei bezeichnet QS$_{abw}$ die Summe der Abweichungsquadrate und *df* die Freiheitsgrade (degrees of freedom). Diese Bezeichnungen werden uns bei vielen anderen statistischen Verfahren noch begegnen.

Beispiel: Der geschätzte Standardfehler $\hat{\sigma}_{\bar{x}}$ hat bei einer Stichprobe vom Umfang n nur n-1 Freiheitsgrade. Dies sind auch die Freiheitsgrade der entsprechenden t-Verteilung.

II.A.2.2 Vertrauensintervalle für andere Kennwerte

Vertrauensintervalle lassen sich in analoger Weise für andere Kennwerte wie Streuung σ und Wahrscheinlichkeiten p von Ereignissen berechnen. Für Wahrscheinlichkeiten p werden die relativen Häufigkeiten h als Schätzer verwendet. Die folgende Tabelle fasst die wichtigsten Vertrauensintervalle zusammen.

Kenn-wert	Vertrauensintervall	Standardfehler	Kennwerteverteilung und Voraussetzungen
μ (σ bekannt)	$\bar{x} - z\sigma_{\bar{x}} \leq \mu \leq \bar{x} + z\sigma_{\bar{x}}$	$\sigma_{\bar{x}} = \dfrac{\sigma}{\sqrt{n}}$	Normalverteilung *Voraussetzung: Bei kleinem n muss Merkmal normalverteilt sein*
μ (σ unbekannt)	$\bar{x} - t\hat{\sigma}_{\bar{x}} \leq \mu \leq \bar{x} + t\hat{\sigma}_{\bar{x}}$	$\hat{\sigma}_{\bar{x}} = \dfrac{\hat{\sigma}}{\sqrt{n}}$	t-Verteilung *Voraussetzung: Bei kleinem n muss Merkmal normalverteilt sein.*
p	$h - z\hat{\sigma}_h \leq p \leq h + z\hat{\sigma}_h$	$\hat{\sigma}_h = \sqrt{\dfrac{h(1-h)}{n-1}}$	Normalverteilung *Voraussetzung: n·h(1-h) ≥ 9*
σ^2	$\dfrac{(n-1)s^2}{\chi^2_{1-\frac{\alpha}{2},n-1}} \leq \sigma^2 \leq \dfrac{(n-1)s^2}{\chi^2_{\frac{\alpha}{2},n-1}}$		χ^2-Verteilung *(vgl.II.B.4.2.1) Voraussetzung: Merkmal normalverteilt*

Tabelle 7: Übersicht über die Berechnungsformeln für die Vertrauensintervalle von Mittelwert μ, Varianz σ² und Wahrscheinlichkeit *p*. Dabei ist *h* in der dritten Zeile die relative Häufigkeit eines Ereignisses und *p* dessen Wahrscheinlichkeit.

SPSS: Standardfehler für eine Reihe von Kennwerten sowie Vertrauensintervalle für Mittelwerte kann man unter ‚Deskriptive Statistiken – Explorative Datenanalyse' anfordern.

Wir haben in diesem Abschnitt das Prinzip der Inferenzstatistik kennengelernt. Dem Problem, dass beim Schließen auf die Population Fehler vorkommen können, wird durch die Beschränkung der Wahrscheinlichkeit für Fehler entgegengewirkt (α festlegen). Der theoretische Hintergrund sind Kennwerteverteilungen, die es ermöglichen, Vertrauensintervalle für Populationskennwerte anzugeben.

Möchte man nicht einfach nur Kennwerte wie z.B. die Heilungswahrscheinlichkeit bei Anwendung einer neuen Therapie schätzen, sondern aufgrund von Stichproben inhaltliche Aussagen über die Population machen (z.B. die Hypothese prüfen, ob die neue Therapie größere Heilungswahrscheinlichkeiten als die bisherige Standardtherapie bringt), dann arbeitet man ebenfalls mit Kennwerteverteilungen. Es werden allerdings keine Vertrauensintervalle berechnet sondern Hypothesen mittels *Signifikanztests* getestet. Davon handelt der nächste Abschnitt.

📖 *Weiterführende Literatur*:

Vertrauensintervalle für hier nicht behandelte Kennwerte findet man beispielsweise in den Büchern von Diehl & Arbinger (2001), Fahrmeier et al. (2004) oder Bleymüller et al. (2004).

II.B Signifikanztests

Grundlage empirischer Wissenschaft ist es, Fragen zu stellen, und sie mit Hilfe von Daten zu beantworten (bzw. es zu versuchen). Die einzelnen Schritte dazu sollen in dem folgenden Schaubild deutlich werden.

Abbildung 33: Der Prozess empirischer Forschung

Fragen, die in der psychologischen Forschung gestellt werden, lauten beispielsweise:

- Was sind die Ursachen von Angst?

- Ist eine neue Unterrichtsmethode erfolgreicher als die bisherige?

- Wieso werden Menschen drogenabhängig?

- Welche festen Persönlichkeitsmerkmale unterscheiden leitende Angestellte von ihren Untergebenen?

Um Antworten zu finden, wird zunächst der bisherige Wissensstand gesichtet. Welche Theorien gibt es bereits über Ängste, über Lernen im Unterricht, über Drogenabhängigkeit, über Persönlichkeitsmerkmale? Aus Theorien werden dann Vermutungen abgeleitet, die über den bisherigen Wissensstand hinausgehen. Solche Vermutungen heißen *Hypothesen*.

Beispiele für Hypothesen sind: a) „Die Behandlung von Ängsten mit Konfrontationsverfahren führt zu einer Veränderung des Angstniveaus der Patienten". b) „Es gibt einen Zusammenhang zwischen dem Selbstwertgefühl von Kindern und späterer Drogenabhängigkeit".

Über diese Hypothesen soll aufgrund von Daten entschieden werden. Dazu müssen die Hypothesen *operationalisiert* werden, d.h. es wird bestimmt, *welche* Merkmale gemessen werden sollen, und *wie* sie gemessen werden sollen. Erst dann wird die konkrete Untersuchung genau geplant und durchgeführt.

II.B.1 Statistische Hypothesen und Irrtumswahrscheinlichkeit

Die bisher betrachteten Hypothesen beziehen sich auf konkrete psychologische Inhalte, sie werden *inhaltliche Hypothesen* genannt. Um solche inhaltlichen Hypothesen anhand von Daten überprüfen zu können, müssen sie in *statistische Hypothesen* übersetzt werden. Betrachten wir zunächst das Angstbeispiel: *Unterscheidet sich die durchschnittliche Angst von unbehandelten Angstpatienten (μ_0) von der durchschnittlichen Angst von Angstpatienten, die eine Konfrontationstherapie gemacht haben (μ_1)?*

Wir haben die inhaltliche Fragestellung zu einer statistischen Hypothese präzisiert. Sie lautet im Beispiel a): $\mu_0 \neq \mu_1$. Der wahre Mittelwert in der Population der behandelten Patienten unterscheidet sich von dem wahren Mittelwert der Population der unbehandelten Patienten.

Q Zu beachten ist, dass die inhaltliche Hypothese „*das Angstniveau verändert sich bei Anwendung einer Konfrontationstherapie*" keineswegs nur über Mittelwerte ausgedrückt werden kann. Genauso könnte man beispielsweise fordern, dass sich das Angstniveau bei *allen* Patienten oder bei mindestens 50% der Patienten verändert. Man könnte auch fordern, dass nach der Therapie mindestens 50% der Patienten völlig angstfrei sein müssen. All dies sind mögliche Präzisierungen der inhaltlichen Hypothese in eine statistische Hypothese. Die Verwendung von Mittelwerten ist die beliebteste, aber keineswegs die einzige Möglichkeit. Dies ist einer der Gründe dafür, dass wissenschaftliche Untersuchungen zu einer inhaltlichen Frage manchmal zu unterschiedlichen Antworten kommen. Umgekehrt ist bei der Beurteilung wissenschaftlicher Ergebnisse immer genau zu schauen, welche statistischen Hypothesen eigentlich getestet wurden.

Statistische Hypothesen können nach zwei Kriterien unterschieden werden:

- ob sie gerichtet sind oder ungerichtet: Im Beispiel ist die Hypothese *ungerichtet*: $\mu_0 \neq \mu_1$. Würde man vermuten, dass es zu einer Verringerung der Angst in der Therapie kommt, wäre es eine *gerichtete* Hypothese: $\mu_0 > \mu_1$.

- ob sie spezifisch sind oder unspezifisch: Im Beispiel ist die Hypothese *unspezifisch*, da nichts über die Größe des Unterschiedes gesagt wird (Alternative: *spezifische Hypothesen*).

Beispiel: Es gibt einen Zusammenhang von Selbstwert und späterem Drogenkonsum, ausgedrückt durch die Korrelation ρ.

Die statistische Hypothese lautet: $\rho \neq 0$. Die wahre Korrelation in der Population ist nicht null. Die Hypothese ist unspezifisch und ungerichtet. Eine gerichtete

Hypothese würde lauten: Selbstwert und späterer Drogenkonsum korrelieren negativ miteinander ($\rho < 0$).

Bezeichnungen: Die genannten Hypothesen werden als *Alternativhypothesen* bezeichnet (und mit H_1 abgekürzt), weil sie eine Erweiterung oder Alternative zum bestehenden Wissen beschreiben. Sie stellen inhaltlich das dar, was man vermutet und finden will. Das Gegenteil der Alternativhypothese wird als *Nullhypothese* H_0 bezeichnet. Nullhypothesen unterstellen, dass es *keine* Zusammenhänge, *keine* Unterschiede gibt.

In den Beispielen lauten die Nullhypothesen:

a) Patienten mit Konfrontationsbehandlung haben das gleiche durchschnittliche Angstniveau wie unbehandelte Patienten ($\mu_1 = \mu_0$).

b) Es gibt keinen negativen linearen Zusammenhang zwischen Selbstwert und späterem Drogenkonsum ($\rho \geq 0$).

II.B.1.1 Idee des Signifikanztests

Nun soll zwischen der Alternativhypothese und der Nullhypothese eine Entscheidung getroffen werden. Dazu werden Daten in einer Stichprobe erhoben. Die Entscheidung soll dann anhand der Daten getroffen werden.

Die Idee beim Testen von Hypothesen ist:

1. Ziel: Wir wollen wissen, ob bestimmte Unterschiede oder Zusammenhänge in der Population gelten. (→ Hypothesen). Dazu erheben wir Daten.

2. Problem: Unterschiede oder Zusammenhänge in den Stichprobendaten können sich jedoch zufällig ergeben, obwohl es in der Population keine Unterschiede oder Zusammenhänge gibt.

3. Lösung: Wir versuchen zu bestimmen, wie wahrscheinlich die gefundenen Unterschiede oder Zusammenhänge (oder noch extremere) durch Zufall (d.h. bei Gültigkeit der Nullhypothese) zustande kommen können. Wenn diese Wahrscheinlichkeit unter einer *vorher* festgelegten „Schranke" bleibt, entscheiden wir uns für die Alternativhypothese. Das Ergebnis heißt dann *statistisch signifikant.*

Ein Verfahren, dass in dieser Weise zwischen Null- und Alternativhypothese entscheidet, wird *Signifikanztest* genannt.

Beispiel: Die Einschätzung der Wichtigkeit von Statistik dürfte abhängig vom speziellen Berufsziel zukünftiger Psychologen sein. In den Befragungsdaten unterscheiden sich angehende Therapeuten von anderen Psychologiestudierenden diesbezüglich. Die Mittelwerte der beiden Gruppen lauten

$$\bar{x}_{Therapeuten} = 3.37, \ \bar{x}_{andere} = 3.81 .$$

Gemessen wurde auf einer 5-Punkte Skala, hohe Werte bedeuten hohe Wichtigkeit, 95 Studierende wurden befragt. Zu bestimmen wäre, wie wahrscheinlich solche oder noch größere Unterschiede sind, wenn man annimmt, dass in der Population die wahren Mittelwerte $\mu_{klinisch}$ und μ_{andere} gleich sind. Die H_0 lautet: $\mu_{klinisch} = \mu_{andere}$.

Zum Testen geht man zunächst davon aus, dass in der Population *keine* Unterschiede bestehen. Mit anderen Worten: Man geht davon aus, dass die Nullhypothese H_0 zutrifft. Nun ist zu bestimmen, wie wahrscheinlich die gefundenen (oder noch größere) Unterschiede zufällig zustande gekommen sein könnten. Mit anderen Worten: Wie wahrscheinlich ist das Zustandekommen der gefundenen (oder noch größerer) Unterschiede bei Gültigkeit der Nullhypothese?

Die Bestimmung der „Wahrscheinlichkeit zufälligen Zustandekommens" geschieht durch die Berechnung von sogenannten *Prüfgrößen*. Dies sind Kennwerte für den Zusammenhang oder die Unterschiede, die man aus der Stichprobe berechnen kann, und deren Verteilung (Kennwerteverteilung) man kennt. Theoretische Grundlage bilden also auch hier die Kennwerteverteilungen, die wir im vorigen Abschnitt kennengelernt haben.

II.B.1.2 p-Wert und Prüfgrößen

Als Maß für eine Entscheidung zwischen H_0 und H_1 gilt also die Wahrscheinlichkeit für das „Zustandekommen" des gemessenen oder noch extremerer Ergebnisse bei Gültigkeit der Nullhypothese. Diese bedingte Wahrscheinlichkeit wird als *p-Wert* bezeichnet:

$$p\text{-}Wert = P(\text{vorgefundenes oder noch extremeres Ergebnis} \mid H_0 \text{ gilt}).$$

Zur Berechnung des *p*-Wertes muss man je nach Fragestellung die Kennwerteverteilung von Mittelwerten, Mittelwertsunterschieden oder Korrelationskoeffizienten kennen.

Prüfgrößen sind gerade solche Mittelwerte, Mittelwertdifferenzen oder Korrelationskoeffizienten. Es sind Kennwerte, die aus der Stichprobe errechnet werden. Mit Hilfe ihrer Verteilung, der Kennwerteverteilung (siehe II.A.1.1), lässt sich die Wahrscheinlichkeit des „zufälligen Zustandekommens", also des Zustandekommens unter H_0, angeben.

Beispiel: Angenommen, das Angstniveau von Angstpatienten wird auf einer Intervallskala von 0 bis 10 gemessen. Es sei bekannt, dass die Population der unbehandelten Angstpatienten den Mittelwert $\mu_0 = 6$ und die Streuung $\sigma = 1$ hat. μ_1 sei der wahre Wert in der Population von behandelten Patienten. Ist die Behandlung wirksam? Die Nullhypothese H_0 lautet: $\mu_0 = \mu_1$. Als „Schranke" werden 5% vorgegeben.

An 100 therapierten Patienten wird das Angstniveau $x_1, x_2, ... x_{100}$ gemessen. Für die Therapiegruppe ergab sich ein Mittelwert von $\overline{x} = 5.772$.

Zu bestimmen ist die Wahrscheinlichkeit, dass $\overline{x}$ um 0.228 oder mehr Einheiten von μ_0 abweicht.

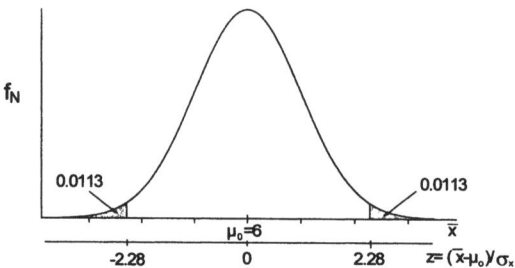

Abbildung 34: Die Wahrscheinlichkeit, dass der Stichprobenmittelwert um mindestens 0.228 Punkte auf der Angstskala vom wahren Mittelwert $\mu_0 = 6$ abweicht, beträgt 2.26%. Das entspricht der „grauen Fläche" in der Abbildung. Wenn H_0 gilt, ist der gefundene Mittelwert (oder ein noch weiter abweichender Mittelwert) sehr unwahrscheinlich.

Wenn H_0 gilt, dann ist $\overline{x}$ normalverteilt mit $\mu_{unbeh.} = \mu_{Therapie} = 6$ und Standardfehler $\sigma_{\overline{x}} = \sigma / \sqrt{n} = 1/10 = 0.1$. Da nur die Standardnormalverteilung tabelliert ist, wird noch z-transformiert. Die Prüfgröße lautet

$$z = \frac{\overline{X} - \mu_0}{\sigma_{\overline{x}}}$$

z ist N(0,1) verteilt. Bei Gültigkeit der H_0 ist der Erwartungswert von z gleich null, Abweichungen von null sind mit zunehmender Größe immer unwahrscheinlicher. Für die Stichprobe erhält man den Wert

$$z = \frac{5.772 - 6}{0.1} = -2.28.$$

Im Beispiel ist der p-Wert $= 0.0226$. Dieser Wert wird mit Hilfe der Tabelle der Standardnormalverteilung mit dem z-Wert -2.28 ermittelt (vgl. I.B.8). Die Wahrscheinlichkeit für das „zufällige Zustandekommen" der vorgefundenen oder noch größerer Mittelwertunterschiede ist also 0.0226. In der Praxis werden die Prüfgröße und der p-Wert durch statistische Programme wie SPSS berechnet. Was einem ein Statistikprogramm (zum Glück) nicht abnimmt, ist eine *statistische Entscheidung* über die Hypothesen zu fällen.

II.B.1.3 Statistische Entscheidungen

Es ist zu entscheiden, ob die Nullhypothese, von der wir bisher ausgegangen sind, beibehalten wird, oder ob sie verworfen wird, und die Alternativhypothese angenommen wird.

    Entscheidungsregel: Ist die Wahrscheinlichkeit der vorgefundenen Unterschiede oder Zusammenhänge (oder noch größerer Unterschiede oder Zusammenhänge) unter Annahme der Nullhypothese kleiner oder gleich der vorgegebenen Schranke, dann kann die Nullhypothese verworfen werden.

Kurzfassung: p-Wert ≤ α, dann Entscheidung für H_1.

Die Schranke heißt *Signifikanzniveau* und wird mit dem Buchstaben α bezeichnet. Wird diese Schranke nicht überschritten, so wird das Testergebnis *signifikant* genannt. Üblich sind α=5% oder α=1% als Signifikanzniveaus.

Beispiel: Wir erhalten bei der Angsttherapie als Prüfgröße den Wert z = -2.28. Dies bedeutet einen p-Wert von 0.0226. Bei einem Signifikanzniveau von α = 0.05 wird die Nullhypothese verworfen und die Alternativhypothese angenommen. Die Mittelwertunterschiede sind signifikant.

In der folgenden Abbildung sind die Bereiche gekennzeichnet, in denen die H_0 beibehalten bzw. verworfen wird. Das Signifikanzniveau beträgt α=0.05.

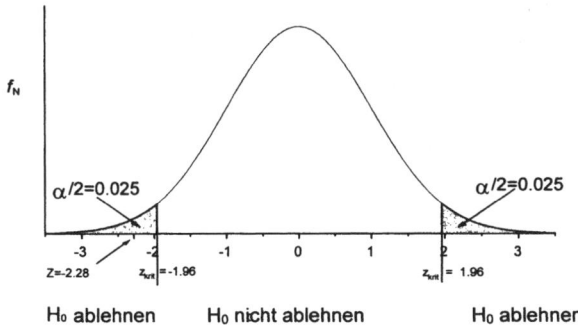

Abbildung 35: Die Werte, die von der Verteilung insgesamt 5% „abschneiden", heißen oberer und unterer kritischer Wert z_{krit}. Die Nullhypothese wird beibehalten, wenn die Prüfgröße zwischen den kritischen Werten liegt. Die Nullhypothese wird verworfen und die Alternativhypothese angenommen, wenn die Prüfgröße außerhalb der kritischen Werte liegt. Da im Beispiel $|z| = 2.28 > z_{krit} = 1.96$, wird die H_0 verworfen.

Rechnet man einen Signifikanztest ‚mit der Hand‘, dann werden die kritischen Werte und damit der Ablehnungsbereich der H_0 mit Hilfe von Tabellen bestimmt. Führt man hingegen den Test mit einem Statistikprogramm durch, so berechnet dieses den p-Wert. Ist der p-Wert kleiner oder gleich dem vorher festgelegten α, so wird die H_1 angenommen, andernfalls wird die H_0 beibehalten.

II.B.1.3.1 Fehler bei statistischen Entscheidungen

Wenn eine statistische Entscheidung für die Beibehaltung der Nullhypothese oder für die Annahme der Alternativhypothese getroffen wird, kann diese Entscheidung *falsch* sein. Es gibt zwei Arten von Fehlern: falsches Verwerfen von H_0 (α-Fehler genannt) und falsches Beibehalten von H_0 (β-Fehler genannt).

Entscheidung aufgrund der Stichprobe	In Population gilt: H_0	H_1
H_0	richtige Entscheidung	β-Fehler
H_1	α-Fehler	richtige Entscheidung

Tabelle 8: Schema statistischer Entscheidungen und möglicher Fehler.

Fehler bei statistischen Entscheidungen können nicht ausgeschlossen werden. Aber man kann die Wahrscheinlichkeit bestimmter Fehlentscheidungen beschränken. Betrachten wir die möglichen Fehler genauer:

α-Fehler: Wird H_1 fälschlicherweise angenommen, sprechen wir von einem α-Fehler, auch Fehler 1. Art genannt. Die Wahrscheinlichkeit für eine falsche Entscheidung für die Alternativhypothese wird *Irrtumswahrscheinlichkeit* genannt. Sie ist gleich α, dem vorher gewählten Signifikanzniveau. Es gilt $P(\text{Entscheidung für } H_1 | H_0 \text{ gilt}) = \alpha$.

β-Fehler: Wird dagegen H_0 fälschlich beibehalten, so spricht man von einem β-Fehler (oder auch Fehler 2. Art).

II.B.1.3.1.1 Wie wahrscheinlich sind Fehlentscheidungen?

Irrtümer können nicht ausgeschlossen, aber *beschränkt* werden! Genauer: Die Wahrscheinlichkeit eines α-Fehlers wird durch das Signifikanzniveau von vornherein festgelegt. Wählt man $\alpha = 0.05$, dann ist die Wahrscheinlichkeit eines α-Fehlers 5%.

Schwieriger ist es, die Wahrscheinlichkeit eines β-Fehlers (wir sagen dazu kurz β) zu bestimmen. Zunächst ist β *nicht* die Gegenwahrscheinlichkeit zu α.

Begründung: β = P(Entscheidung für H_0 | H_1 gilt)

$\neq P$(Entscheidung für H_0 | H_0 gilt) = 1-α.

Überlegen wir zunächst, wovon der β-Fehler abhängt: Angenommen, im Beispiel „Angsttherapie" würde H_1 zutreffen, der wahre Mittelwert der behandelten Patienten aber mit μ_1 = 5.99 nur minimal kleiner sein als μ_0 = 6. Die Mittelwerte von Stichproben behandelter Patienten würden um den Erwartungswert μ_1 = 5.99 herum normalverteilt sein, und in der überwiegenden Mehrzahl der Fälle würden wir uns für die Beibehaltung der H_0 entscheiden. Der Test könnte die winzigen Unterschiede „nicht entdecken". Die Wahrscheinlichkeit für einen β-Fehler wäre sehr groß.

Anders die Situation, wenn μ_1 sehr weit von μ_0 abweicht, sagen wir μ_1 = 3. In diesem Fall wären die Stichprobenmittelwerte um den Erwartungswert μ_1 = 3 herum normalverteilt. Es wäre im Vergleich zu oben viel unwahrscheinlicher, dass ein Stichprobenmittelwert bei Gültigkeit der H_1 zu einer Beibehaltung der H_0 führt. β wäre viel kleiner. Mit großer Wahrscheinlichkeit würden wir korrekterweise für die Annahme der H_1 entscheiden.

Meist kann β allerdings überhaupt nicht angegeben werden, denn in der Regel haben wir eine unspezifische H_1, die alle Fälle $\mu_0 \neq \mu_1$ umfasst. In diesem Fall kann kein einzelner Wert für β berechnet werden. Nur bei spezifischen Alternativhypothesen (wie z. B. H_1: μ_1 = 3 im obigen Beispiel) kann β konkret angegeben werden.

II.B.1.3.1.2 Was beeinflusst den β-Fehler?

Wie wir gerade überlegt haben, hängt der β-Fehler von der Größe der wahren Unterschiede ab. Darüber hinaus gibt es aber weitere Einflussfaktoren. Zum einen besteht auch ein Zusammenhang von α und β: Je kleiner α gewählt wird, desto größer ist β. Will man möglichst sichergehen, dass nicht fälschlich für H_1 entschieden wird, dann bleibt man mit kleinem α „vorsichtshalber" bei der H_0. Wahre Mittelwertunterschiede, insbesondere wenn sie klein sind, werden dann oft „übersehen", β ist groß. Zum anderen hängt β auch von der „Breite" der Mittelwerteverteilung ab, also vom Standardfehler $\sigma_{\bar{x}}$.

Einfluss auf den β-Fehler haben also:

- die Größe der Unterschiede (oder Zusammenhänge) in der Population: Bei großen Unterschieden ist β klein, bei kleinen Unterschieden ist β groß (siehe Abbildung 36).

- die Größe der Streuung des Merkmals: Eine große Merkmalsstreuung bedeutet einen großen Standardfehler der Prüfgröße und damit einen höheren β-Fehler (vgl. Abb. 37).

- die Größe der Stichprobe: Mit zunehmender Stichprobengröße wird β kleiner, da der Standardfehler mit wachsendem Stichprobenumfang kleiner wird.

- die Höhe des Signifikanzniveaus: Je kleiner α, desto größer β.

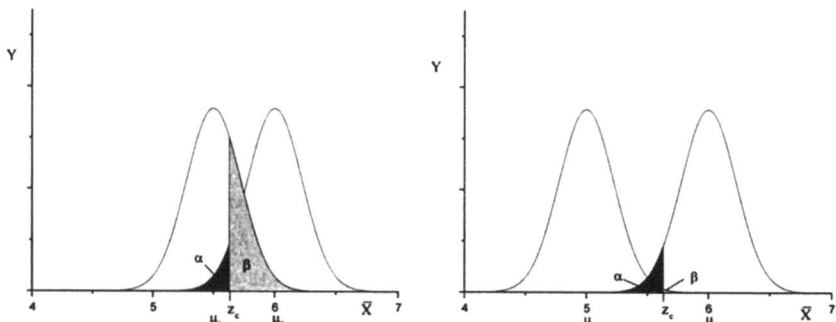

Abbildung 36: Der β-Fehler (graue Fläche) hängt von der Größe der wahren Unterschiede ab. Die beiden Grafiken zeigen die Verteilung von Mittelwerten, wenn H_0 gilt (jeweils rechte Kurve mit Erwartungswert $\mu_0=6$) und wenn eine spezifische H_1 gilt (jeweils linke Kurve, in der linken Graphik ist $\mu_1=5.5$, in der rechten Grafik ist $\mu_1=5$). Zur Interpretation vgl. das Beispiel „Angsttherapie".

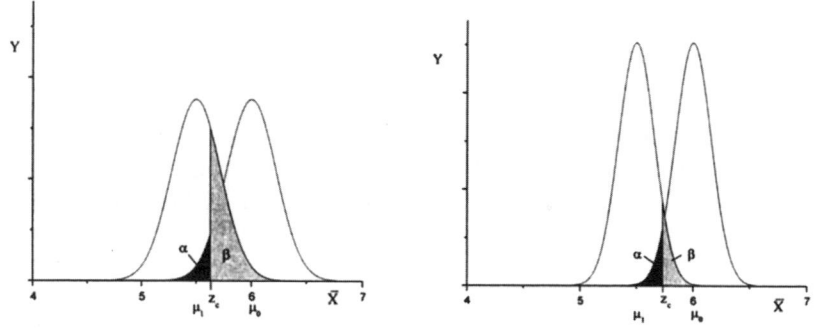

Abbildung 37: Der β-Fehler (graue Fläche) hängt von der Größe der Standardfehlers $\sigma_{\bar{x}}$ ab. Die beiden Grafiken zeigen die Verteilung von Mittelwerten, wenn H_0 gilt (jeweils rechte Kurve mit Erwartungswert $\mu_0=6$) und wenn eine spezifische H_1 gilt (jeweils linke Kurve, $\mu_1=5.5$). In der linken Grafik war die Stichprobengröße $n=20$, in der rechten Grafik $n=40$, wodurch der Standardfehler kleiner ist. Zur Interpretation vgl. das Beispiel „Angsttherapie".

Die letzten beiden Punkte können wir bei der Planung einer Untersuchung mitbestimmen und haben damit Einfluss auf den β-Fehler. In Abschnitt II.D.1.2 werden wir spezielle Verfahren dazu kennenlernen.

II. B.1.3.2 Einseitiges Testen

In vielen Fällen interessiert man sich für das Testen einer gerichteten Alternativhypothese. Bei einer neuen Therapie werden nicht *irgendwelche* Änderungen der Befindlichkeit der Patienten vermutet, sondern eine *Verbesserung* der Befindlichkeit. Beim Testen einer solchen gerichteten Alternativhypothese wird in den gleichen Schritten wie bei ungerichteten Hypothesen vorgegangen. Die folgende Box zeigt die 4 Schritte, die bei allen Signifikanztests anzuwenden sind:

Die vier Schritte eines Signifikanztests:

0) Zunächst muss überprüft werden, ob die Voraussetzungen des Tests erfüllt sind.

1) Es wird ein Signifikanzniveau α festgelegt.

2) Es wird die Wahrscheinlichkeit ermittelt, mit der die gefundenen Unterschiede (oder noch größere) bei Gültigkeit der H_0 zustande kommen können.

   Bei *einseitigen Tests* müssen diese Unterschiede zudem in der durch die H_1 vorgegebenen Richtung sein. Sonst muss in jedem Fall die H_0 beibehalten werden.

3) Ist diese Wahrscheinlichkeit kleiner oder gleich α, so wird H_0 verworfen und H_1 angenommen. Sonst wird H_0 beibehalten.

Beispiel Angsttherapie: Es wird vermutet, dass die Therapie das Angstniveau nur senken kann. Die gerichtete H_1 lautet: $\mu_1 < \mu_0$. H_0 lautet: $\mu_1 = \mu_0$. Die Voraussetzung des Tests ist, dass Stichprobenmittelwerte normalverteilt sind. Dies ist aufgrund der Stichprobengröße n=100 erfüllt. Das Signifikanzniveau wird auf $\alpha = 5\%$ festgelegt. Der Stichprobenmittelwert von $\bar{x} = 5.772$ ist kleiner als $\mu_0 = 6$, die Abweichung ist also in der durch die H_1 vorgegebenen Richtung. Als Prüfgröße dient wie beim zweiseitigen Testen

$$ z = \frac{\bar{X} - \mu_0}{\sigma_{\bar{x}}}. $$

Z ist N(0,1) verteilt. Für unsere Stichprobe ist z=-2.28 (s.o.). Die Prüfgröße schneidet von der Standardnormalverteilung auf der linken Seite nur einen Flächenanteil von 1.13% ab. Dies ist die Wahrscheinlichkeit dafür, dass bei Gültigkeit von H_0 der Stichprobenmittelwert mindestens 0.228 Einheiten nach unten vom wahren Wert abweicht. Es ist $0.0113 \leq \alpha = 0.05$, daraufhin wird H_0 verworfen und H_1 angenommen.

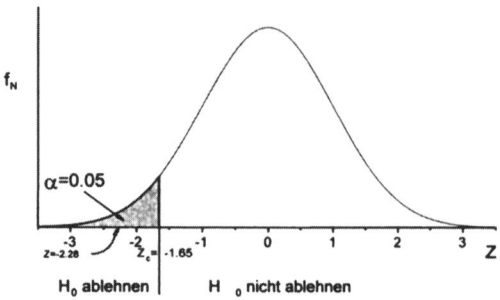

Abbildung 38: Der Bereich der Beibehaltung und der Ablehnung der Nullhypothese bei gerichteter Alternativhypothese.

Das Testen einer gerichteten Alternativhypothese wird auch *einseitiges Testen* genannt. Dabei muss aufgrund theoretischer Überlegungen sichergestellt sein, dass der untersuchte Effekt nur in diese eine Richtung gehen kann. Es ist *nicht* zulässig, sich eventuelle Unterschiede in den Daten anzugucken und daraufhin eine passende gerichtete H_1 zu formulieren. Bei einem solchen Vorgehen würde die vorgegebene Irrtumswahrscheinlichkeit *nicht* eingehalten. Ein solcher Test ist wertlos!

II.B.1.3.3 Zur Logik des Testens

Warum wird beim Testen immer von H_0 ausgegangen?

Die Nullhypothese ist konkret formuliert: Es wird im Angstbeispiel angenommen, dass $\mu_1 = \mu_0$ ist. Die Alternativhypothese $\mu_1 \neq \mu_0$ ist nicht konkret formuliert. Hinter ihr verbirgt sich eine Vielzahl von Möglichkeiten, *wie stark* sich μ_1 und μ_0 unterscheiden. Die Irrtumswahrscheinlichkeit kann nur für falsches Annehmen der Alternativhypothese (α-Fehler) angegeben werden, nicht für falsches Verharren auf der Nullhypothese (β-Fehler). Warum diese Asymmetrie? Darauf gibt es zwei verschiedene Antworten:

1. Es ist eine erkenntnistheoretische und forschungsethische Frage, ob besser *keine* als *falsche* Schlüsse gezogen werden sollen. Die hier verwendete Form des statistischen Entscheidens sichert gegen falsche Schlüsse ab (konservatives Verfahren).

2. Nur mit einer konkreten Verteilungsannahme, wie sie bei der Nullhypothese gemacht wird, kann die Wahrscheinlichkeit eines gemessenen Kennwertes beurteilt werden. Beim Angstbeispiel weicht der Mittelwert der Stichprobe bei Gültigkeit der Nullhypothese nach einer genau bekannten Verteilung von μ_0 ab. (sofern die Voraussetzungen erfüllt sind). Gilt $\mu_1 = \mu_0$, dann ist der Erwartungswert der Abweichungen des gefundenen Mittelwertes $\bar{x}$ vom wahren Wert μ_0

gleich null. Die Wahrscheinlichkeit für die in der Stichprobe gefundenen Abweichungen (oder noch größerer Abweichungen) kann berechnet werden. Bei der unspezifischen H_1 ist das nicht möglich.

Konsequenz: Je nach Fragestellung kann mit unterschiedlichen Signifikanzniveaus gearbeitet werden.

Beispiel: -Wirksamkeit eines neuen Aidsmedikaments ohne Nebenwirkungen: Es gilt, eventuelle Wirksamkeit unbedingt zu entdecken, daher wird ein großes α (z.B. 0.25) gewählt, um den β-Fehler klein zu halten.

-Einführung neuer technischer Standards bei der Unterhaltungselektronik, welche hohe Folgekosten bedeuten: Es wird ein sehr kleines α (z.B. 0.005) gewählt und ein großes β in Kauf genommen.

In der psychologischen Forschung sind große Schäden bei β-Fehlern oder hohe Folgekosten bei α-Fehlern allerdings selten zu erwarten. Daher wird in der Regel mit einem einheitlichen Signifikanzniveau von 5% (seltener auch 1%) gearbeitet. Die Zahlen sind willkürliche Konventionen. Solange ein solches Signifikanzniveau aber korrekt eingehalten wird, liefert es einen Standard an Sicherheit gegen falsches Annehmen der Alternativhypothese.

Warum Hypothesen nicht an den gleichen Daten abgeleitet und geprüft werden dürfen

Es ist durchaus sinnvoll und legitim, anhand von bereits vorliegenden Daten neue Hypothesen aufzustellen. Stellt ein Fußballtrainer fest, dass seine Mannschaft in letzter Zeit immer dann verlor, wenn seine Frühstückseier am Morgen vor dem Spiel zu weich gekocht waren, so lässt sich daraus eine Hypothese *ableiten:*

H_0: Die Weichheit der Frühstückseier hat keinen Einfluss auf das Spielergebnis.

H_1 (gerichtet): Zu weiche Eier führen zu vermehrten Niederlagen.

Geprüft werden kann diese Hypothese aber nur an *neuen* Daten. Der Grund ist, dass bei einer Analyse *im Nachhinein* sich auch rein zufällig immer irgendein Unterschied oder Zusammenhang finden läßt, wenn man nur genügend viele Variablen betrachtet (Wenn es die Frühstückseier nicht sind, dann vielleicht die Temperatur des Kaffees, die Frische der Brötchen, die Farbe des gerade getragenen Pullovers des Trainers, die Stimmung der Ehefrau, die Schulleistung der Kinder...etc).

Es ist Unsinn, sich Daten anzugucken und dort vorhandene Auffälligkeiten nachträglich als Hypothesen zu formulieren und *mit den gleichen Daten* zu testen. Ein so zustande gekommenes „signifikantes" Ergebnis ist wertlos und irreführend. Die folgende Abbildung macht dies ausgesprochen deutlich.

Abbildung 39: Weshalb es absurd ist, Hypothesen anhand von Daten aufzustellen und an den gleichen Daten zu testen (aus Huber, 1995, S. 57).

Beliebte Irrtümer

Die Logik des Signifikanztests liefert eine Reihe von naheliegenden Missverständnissen und Irrtümern. Diese sind zum Teil sogar in Lehrbüchern zu finden[6]. Um jedoch die Ergebnisse wissenschaftlicher Forschung angemessen beurteilen zu können, ist es notwendig, das wichtigste Handwerkszeug - und das ist der Signifikanztest - verstanden zu haben.

Zu manchem Fehler wird man durch die gängige Praxis geradezu eingeladen. So wird vom Programmpaket SPSS bei einem Test immer der p-Wert ausgegeben. Diese Programmeigenschaft macht es leider sehr leicht, das Signifikanzniveau nachträglich „passend" zu wählen, um Ergebnisse „signifikant" zu bekommen. Ein solches Vorgehen pervertiert den Signifikanztest. Man verfügt über keine Information bezüglich der Irrtumswahrscheinlichkeit mehr.

---

[6] In dem ansonsten sehr gut geschriebenen Lehrbuch von Bortz (2005) wird konsequent der p-Wert mit dem Begriff „Irrtumswahrscheinlichkeit" gleichgesetzt. Dies ist leider äußerst irreführend, denn Irrtumswahrscheinlichkeit ist die Wahrscheinlichkeit für eine falsche Entscheidung. Und diese Wahrscheinlichkeit ist das vorgegebene α und *nicht* der p-Wert.

134

- Eine statistische Entscheidung für die Beibehaltung der H_0 bedeutet nicht, dass H_0 „wahr" ist. Bei kleinen Stichproben werden vorhandene Unterschiede oft nicht entdeckt (großer β-Fehler).
- Eine statistische Entscheidung für H_1 bedeutet nicht, dass H_1 „wahr" ist.
- Wenn man sich mit $\alpha = 0.05$ für die H_1 entscheidet, dann ist die H_1 keineswegs mit 95%iger Sicherheit richtig. Man kann keine Wahrscheinlichkeitsaussagen darüber machen.
- Die Signifikanz eines Ergebnisses sagt nichts über die Größe der Unterschiede (des Zusammenhanges) in der Population aus. Mit wachsendem Stichprobenumfang werden auch sehr kleine Unterschiede (oder Zusammenhänge) signifikant. Signifikante Unterschiede können praktisch völlig unbedeutend sein.
- Auch wenn der p-Wert viel kleiner ist als α, so ist die Wahrscheinlichkeit für falsches Annehmen der H_1 gleich α.

Unbedingt zu beachten ist: Die Irrtumswahrscheinlichkeit gilt nur, wenn
i. das Signifikanzniveau *vorher* festgelegt ist,
ii. die Hypothesen *vorher* formuliert wurden und
iii. die Voraussetzungen des Tests erfüllt sind (Im Angstbeispiel muss das Merkmal X normalverteilt oder der Stichprobenumfang hinreichend groß sein, damit $\bar{X}$ normalverteilt ist).

In diesem Abschnitt wurden das Prinzip des Signifikanztests und die 4 Schritte der Durchführung besprochen. Es zeigt sich, dass solche Tests keine 100%-ige Sicherheit liefern, aber - sofern korrekt durchgeführt - die Irrtumswahrscheinlichkeit für einen α-Fehler beschränken. In den folgenden Abschnitten werden eine Vielzahl solcher Tests vorgestellt, die zwar technisch unterschiedlich sind, aber alle nach dem hier beschriebenen Prinzip funktionieren.

Weiterführende Literatur

Zur Logik des Signifikanztests, seiner Begrenztheit und seiner häufig ritualisierten und unverstandenen Anwendung schrieb Cohen (1994) einen lesenswerten Beitrag mit dem Titel: „The world is round (p < 0.05)". Dort wird auch über weitere Literatur referiert.

4. Aufgabenblock

1) Bei einer Stichprobe von $n = 20$ männlichen Studenten fand sich bzgl. des normalverteilten Merkmals „Körpergröße" ein Mittelwert von $\bar{x} = 180$ cm und eine Streuung $s = 8.2$ cm. Berechnen Sie ein 95% Vertrauensintervall. Würde ein 90% Vertrauensintervall größer oder kleiner sein? Was würde sich ändern, wenn die wahre Streuung σ des Merkmals bekannt wäre?

2) In einer Untersuchung wurde das Geld, das Studierende monatlich zur freien Verfügung steht, erhoben. Die Stichprobengröße war $n = 101$. Es ergab sich ein Mittelwert von $\bar{x} = 310$ Euro bei einer Streuung von $s = 84$ Euro. Die Verteilung dieses Merkmals ist deutlich linkssteil, es gibt viele Studierende mit „wenig Kohle", aber auch einige wenige Reiche. Welches ist in dieser Situation die Kennwerteverteilung des Mittelwertes? Können Sie auch hier ein 95% Vertrauensintervall berechnen? Wenn ja, tun Sie es.

3) Sie möchten herausfinden, ob 10-Cent-Münzen wirklich fair sind, ob also beide Seiten beim Münzwurf gleich wahrscheinlich sind. Werfen Sie dazu 10-mal eine solche Münze, die Ergebnisse sind Ihre „Stichprobe". Notieren Sie die Anzahl der „Zahl-Würfe". Testen Sie nun die (Null-)Hypothese, dass die Wahrscheinlichkeit für „Zahl" und „Wappen" jeweils 0.5 sind. Gehen Sie dazu in den üblichen Schritten des Hypothesentestens mit $\alpha = 0.05$ vor. Ihre Prüfgröße ist die Anzahl der „Zahl-Würfe", diese sind binomialverteilt. Gilt die H_0 (die Münze ist fair), dann sind um die fünf „Zahl-Würfe" zu erwarten. Sehr wenige oder sehr viele Zahl-Würfe sprechen gegen die H_0. Überlegen Sie, welches die Verteilung der Prüfgröße ist, und berechnen Sie die Wahrscheinlichkeit für das „zufällige Zustandekommen" Ihres Ergebnisses oder noch „extremerer" Ergebnisse. Treffen Sie eine statistische Entscheidung. Wenn 20 Personen diesen Test durchführen, wie viele falsche Entscheidungen sind dann bei einer fairen Münze zu erwarten?

4) Betrachten Sie das Beispiel „Angsttherapie" auf den Seiten 124 und 130. Angenommen, Sie versuchen die dortige Studie zu replizieren. Sie schaffen allerdings lediglich, $n = 20$ Patienten zu behandeln. Der Mittelwert des normalverteilten Merkmals „Angstniveau" nach der Therapie ist in Ihrer Stichprobe $\bar{x} = 5.58$. Sie wissen, dass in der Population der unbehandelten Angstpatienten das Angstniveau $N(\mu_0, \sigma^2)$-verteilt ist mit $\mu_0 = 6$ und $\sigma = 1$. Sie möchten wissen, ob in der Population der behandelten Patienten das Angstniveau tatsächlich *geringer* ist. Stellen Sie dazu geeignete statistische Hypothesen auf und führen Sie einen Test mit $\alpha = 5\%$ durch. Geben Sie die Prüfgröße sowie Annahme- und Ablehnungsbereich der H_0 an. Welche Entscheidung treffen Sie hinsichtlich der Hypothesen? Wenn Sie einseitig die spezifische H_1 testen, dass bei therapierten Patienten das Angstniveau um durchschnittlich 0.5 Punkte sinkt, wie groß ist dann der β-Fehler? Wie groß ist der β-Fehler, wenn H_1: $\mu_1 = 5$ gilt, wenn also die wahren Unterschiede 1 Punkt auf der Angstskala betragen? Gehen Sie davon aus, dass die Streuung unverändert bleibt. Was passiert mit dem β-Fehler, wenn Sie die Stichprobengröße vervierfachen (und sich sonst nichts ändert)?

5) In einer wissenschaftlichen Untersuchung ist es zumeist das Ziel des Forschers, die H_1 annehmen zu können. Testet man eine gerichtete Alternativhypothese, so werden bereits „kleinere" Unterschiede signifikant. Der kritische Wert bei einer Normalverteilung ist beispielsweise zweiseitig $z_{krit} = 1.96$, aber einseitig $z_{krit} = 1.65$. Warum ist es dann nicht statthaft, die gefundenen Unterschiede immer nur einseitig zu testen?

6) Suchen Sie in Ihrem Alltag nach auffälligen Effekten. Betrachten Sie beispielsweise die Sitzordnung in einer Vorlesung und suchen Sie Merkmalskombinationen, die bei einem Test ein „signifikantes Ergebnis" liefern würden (z. B. alle Teilnehmer mit Brille und rotem Pullover sitzen in der ersten Reihe. Das kann doch kein Zufall sein!). Machen Sie sich daran klar, was post hoc Hypothesen sind. Warum wäre ein Test solcher Hypothesen anhand Ihrer Beobachtungsdaten sinnlos?

II.B.2 Das Testen von Unterschieden

In der Psychologie beziehen sich Hypothesen am häufigsten auf *Unterschiede*.

Beispiele: i) Rauchen mehr Männer als Frauen?

   ii) Ist bei angehenden Therapeuten die soziale Einstellung anders ausgeprägt als bei anderen Menschen?

   iii) Führt eine neue Therapie zu mehr Heilungserfolgen?

Untersucht man diese Hypothesen in der Praxis, dann werden zwei (oder mehrere) Stichproben miteinander verglichen. Die Hypothesen lauten, dass die in den Stichproben festgestellten Unterschiede auch in der Population vorliegen (H_1), oder dass sie nur zufällig zustande kamen (H_0). Die besonders häufige Verwendung von Unterschiedshypothesen hängt mit der Forschungsmethode des *Experimentes* zusammen.

 Exkurs: Experimentelle Forschung

In einem Experiment werden verschiedene Ausprägungen einer Variable kontrolliert hergestellt (unabhängige Variable (UV)) und die Wirkung auf andere Variablen (abhängige Variablen (AV)) gemessen. Das Ziel ist die Ermittlung möglichst allgemeiner kausaler Zusammenhänge.

Häufig werden Versuchspersonen *zufällig* zu verschiedenen Gruppen zugeordnet (Randomisierung), welche dann unterschiedlich behandelt werden (Treatment). Alle anderen Bedingungen sollen gleich sein oder werden zumindest kontrolliert. Eine Wirkung des Treatments zeigt sich in unterschiedlichen Mittelwerten der abhängigen Variable. Es wird getestet, ob diese Unterschiede signifikant sind.

Beispiel: Vergleich einer Gruppe therapierter Angstpatienten (Treatment-Gruppe) mit einer Gruppe nichttherapierter Angstpatienten (Kontrollgruppe) hinsichtlich ihres Angstniveaus (vgl. II.B.1). Wenn die Unterschiede signifikant sind, deutet dies auf die Wirksamkeit der Therapie hin. Wurden die Patienten zufällig in Behandlungsgruppe und Kontrollgruppe aufgeteilt, dann können andere Variablen keinen systematischen Einfluss auf die Unterschiede des Angstniveaus gehabt haben.

II.B.2.1 Mittelwertunterschiede: t-Test für unabhängige Stichproben

Sind die untersuchten Merkmale mindestens intervallskaliert, so kann man die Unterschiede der arithmetischen Mittel *zweier unabhängiger Stichproben* vom Umfang n_1 und n_2 mit dem sogenannten *t-Test für unabhängige Stichproben* testen. „Unabhängige Stichproben" meint, dass die Werte x_i einer Stichprobe stochastisch unabhängig sind von den Werten y_i einer anderen Stichprobe. Dies ist beispielsweise dann der Fall, wenn Personen per Zufall verschiedenen Experimentalbedingungen zugeordnet werden, also beim randomisierten Experiment.

Beispiel: Die Einschätzung von Statistik dürfte vom Berufsziel abhängig sein. Möglicherweise finden angehende klinische Psychologen Kenntnisse über statistische Methoden weniger wichtig als ihre Kommilitonen mit anderen Berufszielen. Bei den Teilnehmern der Vorlesung unterscheiden sich angehende Kliniker von anderen Psychologiestudierenden bezüglich ihrer Einschätzung der Wichtigkeit von Statistik für den Beruf (eingeschätzt auf einer Skala von 1 (völlig unwichtig) bis 5 (äußerst wichtig)). Die Mittelwerte sind $\bar{x}_{klinisch} = 3.61$, $\bar{x}_{andere} = 3.87$. Finden sich auch in der Population Unterschiede zwischen diesen Gruppen?

Die Hypothesen in dem Beispiel lauten:

H_0: $\mu_{klinisch} = \mu_{andere}$

H_1 (ungerichtet): $\mu_{klinisch} \neq \mu_{andere}$ bzw. H_1 (gerichtet): $\mu_{klinisch} < \mu_{andere}$

Vorgehen: Gemäß der Logik des Hypothesentestens gehen wir schrittweise vor. Am Anfang sollte dabei immer geschaut werden, ob die Voraussetzungen des Tests überhaupt erfüllt sind:

0) Voraussetzungen des Tests überprüfen. Diese lauten:
   - Das Merkmal muss intervallskaliert sein
   - bei kleinen Stichproben ($n \leq 30$) muss das Merkmal in den beiden Populationen normalverteilt sein.
   - Die Stichproben müssen aus Populationen mit gleicher Varianz stammen (Varianzhomogenität).
   - Die Stichproben müssen unabhängig sein.

1) Festlegung des Signifikanzniveaus α.

2) Wir berechnen die Wahrscheinlichkeit, dass die gefundenen Unterschiede (oder noch größere) zufällig zustande kommen (d.h. wir gehen zunächst davon aus, dass H_0 zutrifft).

3) Ist diese Wahrscheinlichkeit kleiner oder gleich α, so entscheiden wir uns für H_1. Wenn nicht, wird H_0 beibehalten.

━━ *Durchführung*:

zu 2) Wir müssen bestimmen, wie wahrscheinlich Mittelwertunterschiede sind, wenn die wahren Mittelwerte übereinstimmen.

Die *Verteilung der Differenz* zweier Stichprobenmittelwerte, geteilt durch die geschätzte Streuung, ist (unter bestimmten Voraussetzungen) *t-verteilt*.

Die Prüfgröße beim t-Test für unabhängige Stichproben lautet:

$$t = \frac{\bar{x}_1 - \bar{x}_2}{\hat{\sigma}_{\bar{x}_1 - \bar{x}_2}} \quad \text{ist t-verteilt mit } n_1+n_2 -2 \text{ Freiheitsgraden.}$$

Berechnung des geschätzten Standardfehlers $\hat{\sigma}_{\bar{x}_1-\bar{x}_2}$ der Mittelwertdifferenz:[7]

$$\hat{\sigma}_{\bar{x}_1-\bar{x}_2} = \sqrt{\frac{(n_1-1)\hat{\sigma}_1^2 + (n_2-1)\hat{\sigma}_2^2}{(n_1-1)+(n_2-1)}\left(\frac{1}{n_1}+\frac{1}{n_2}\right)}$$

Dabei sind $\hat{\sigma}_1^2$ und $\hat{\sigma}_2^2$ die aus den Stichproben geschätzten Populationsvarianzen.

Anhand einer Tabelle kann nun verglichen werden, ob die Differenz der Mittelwerte so groß ist, dass ihr Zustandekommen unter H_0 weniger wahrscheinlich als das vorgegebene Signifikanzniveau ist. Praktisch wird beim zweiseitigen Test geschaut, ob $|t| > t_{krit}$. Dabei ist t_{krit} der „kritische" t-Wert, der bei der t-Verteilung bei $\alpha = 0.05$ an jeder Seite den Flächenanteil 2.5%, also insgesamt 5% „abschneidet". Beim einseitigen Testen wird der kritische Wert genommen, der an der einen, durch die H_1 vorgegebenen Seite 5% „abschneidet".

zu 3) Wenn dies der Fall ist, wird H_0 verworfen und H_1 angenommen. Die Mittelwertsunterschiede sind signifikant.

Beispiel: Für die Mittelwertunterschiede bei der Einschätzung von ‚Statistik‘ lautet die Nullhypothese H_0 : $\mu_{klinisch} = \mu_{andere}$. Wir testen die ungerichtete H_1: $\mu_{klinisch} \neq \mu_{ander}$ auf dem Signifikanzniveau von $\alpha = 0.05$. Die Stichproben haben den Umfang $n_{klinisch} = 49$ und $n_{andere} = 46$. Die Prüfgröße

$$t = (\bar{x}_{klinisch} - \bar{x}_{andere}) / \hat{\sigma}_{(\bar{x}_{klinisch}-\bar{x}_{andere})}$$

ist t-verteilt mit $df = n_{klinisch} + n_{andere} - 2 = 93$ Freiheitsgraden.

---

[7] Für diese Schätzung wird die Unabhängigkeit der Stichproben gebraucht. Zur Herleitung siehe Bortz (1999), S. 137.

Berechnung der Prüfgröße:

Die Mittelwerte der Stichproben sind $\bar{x}_{klinisch} = 3.61$ und $\bar{x}_{andere} = 3.87$. Die aus den Stichproben geschätzten Streuungen sind $\hat{\sigma}_{klinisch} = 1.06$ und $\hat{\sigma}_{andere} = 0.94$. Dann ist (nach etwas Rechnerei)

$$\hat{\sigma}_{(\bar{x}_{klinisch}-\bar{x}_{andere})} = 0.21$$

und die Prüfgröße

$$t = (\bar{x}_{klinisch} - \bar{x}_{andere}) / \hat{\sigma}_{(\bar{x}_{klinisch}-\bar{x}_{andere})}$$
$$= (3.61-3.87) / 0.21 = -1.23.$$

Nun kann aus der Tabelle der t-Verteilung abgelesen werden, wie wahrscheinlich ein solcher oder noch größerer t-Wert bei Gültigkeit der H_0 ist. (bzw. es reicht zu schauen, ob $|t| > t_{krit, 5\%}$ ist).

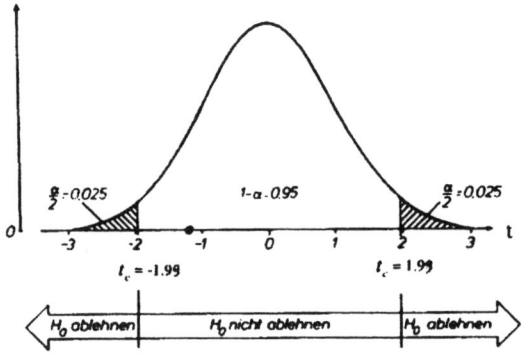

Abbildung 40: Dichte der t-Verteilung mit $df=80$ mit dem kritischen Wert für $\alpha=0.05$.

☜ In der Praxis reicht es zu schauen, ob die gefundene Prüfgröße t den kritischen Wert t_{krit} übersteigt. In der Tabelle im Anhang findet sich zu $df=93$ kein kritischer Wert. Um das Signifikanzniveau nicht zu überschreiten, verwenden wir den kritischen Wert zu den nächst kleineren Freiheitsgraden (hier $df=80$). In dem Beispiel braucht also lediglich überprüft zu werden, ob $|t| > t_{krit, 5\%} = 1.99$ ist (vgl. obige Abbildung). Auch enthalten viele Tabellen lediglich die kritischen Werte, so dass in der Regel die statistische Entscheidung durch Vergleich von Prüfgröße und kritischem Wert getroffen wird.

Statistische Entscheidung: In dem Beispiel wird die Nullhypothese wegen $|t| = 1.23 < 1.99 = t_{krit, 5\%}$ beibehalten: Angehende klinische Psychologen unterscheiden sich nicht hinsichtlich ihrer durchschnittlichen Einschätzung der Wichtigkeit von Statistik von anderen angehenden Psychologen.

Bemerkung: Bei großen Stichproben ($n > 100$) ist die Prüfgröße annähernd standardnormalverteilt (die t-Verteilung geht für große n in die Standardnormalverteilung über). Man kann den Test dann auch anhand der Normalverteilungstabelle durchführen.

Verletzung der Voraussetzungen und Robustheit

Nur wenn die Voraussetzungen erfüllt sind, ist die Prüfgröße t-verteilt. Was passiert, wenn die Voraussetzungen nicht erfüllt sind und der Test trotzdem durchgeführt wird? Entscheidend ist, ob dann die Irrtumswahrscheinlichkeit noch eingehalten wird. Hier erweist sich der t-Test als *robust*, d.h. er reagiert nicht empfindlich auf Verletzungen der Voraussetzungen. Allerdings kann es bei ungleichen Stichprobenumfängen kritisch werden.

☞ Ist in der kleineren Stichprobe die Varianz größer, so entscheidet der Test eher für H_1. Die Irrtumswahrscheinlichkeit ist größer als das vorgegebene Signifikanzniveau. In diesem Fall gibt es *Korrekturformeln* (z.B. Bortz, 1999, S. 138). Bei Verletzung der Unabhängigkeit der Stichproben sind positive Zusammenhänge ($r > 0$) zwischen den Stichproben unproblematisch, bei negativen Zusammenhängen ($r < 0$) gibt's Probleme → *t - Test für abhängige Stichproben.*

Generell gilt: Sind die Voraussetzungen eines Tests deutlich verletzt, sollte ein anderes statistisches Verfahren verwendet werden, welches diese Voraussetzungen nicht benötigt (Stichwort: Rangtests, vgl. II.C.1.1).

🖥 SPSS: ‚Mittelwerte vergleichen - T-Test bei unabhängigen Stichproben'. Es wird automatisch die Voraussetzung gleicher Varianzen getestet und eine korrigierte Variante für den Fall ungleicher Varianzen mit berechnet.

II.B.2.2 t -Test für abhängige Stichproben

Werden Stichproben so erhoben, dass Elemente paarweise zueinander gehören, spricht man von abhängigen Stichproben. Dies geschieht bei

1) *Messwiederholungen* (Prä-Post-Vergleiche, es werden z. B. die gleichen Leute vor und nach einer Maßnahme untersucht).

Beispiel: Soziales Kompetenztraining: bei einer Stichprobe von 20 Personen. Vor und nach dem Training wird die soziale Kompetenz jedes Teilnehmers gemessen und die beiden Werte verglichen.

2) *parallelisierten Stichproben* (jedem Merkmalsträger der einen Stichprobe wird ein Merkmalsträger der anderen Stichprobe zugeordnet).

Beispiel: Untersuchung des Alters von Ehepartnern: Traditionell waren Ehemänner früher meist älter als ihre Ehefrauen. Gilt dies auch bei Ehepaaren, die im Jahr 1998 geheiratet haben? Hier bestehen die parallelisierten Stichproben aus Ehefrauen (1. Stichprobe) und ihren Ehemännern (2. Stichprobe).

Für den Vergleich der Mittelwerte solcher Stichproben dient der t-Test für abhängige Stichproben. Die Nullhypothese lautet: Es besteht kein Unterschied der wahren Mittelwerte. $H_0 : \mu_1 = \mu_2$.

Die ungerichtete Alternativhypothese lautet: Die wahren Mittelwerte unterscheiden sich: $H_1 : \mu_1 \neq \mu_2$. Die gerichtete Alternativhypothese lautet: $H_1 : \mu_1 < \mu_2$ oder $H_1 : \mu_1 > \mu_2$.

Vorgehen: Wir gehen in den bekannten 4 Schritten vor:

0) Voraussetzungen erfüllt? Sie lauten beim t-Test für abhängige Stichproben:

   - Das Merkmal X muss intervallskaliert sein
   - bei kleinen Stichproben ($n \leq 30$) müssen die Differenzen normalverteilt sein. Dies ist erfüllt, wenn das Merkmal X selbst normalverteilt ist.

1) Festlegung des Signifikanzniveaus α.

2) Berechnung der Wahrscheinlichkeit, dass die gefundenen Unterschiede (oder noch größere) zufällig zustande kommen (d.h. wir gehen zunächst davon aus, dass die H_0 zutrifft).

3) Ist diese Wahrscheinlichkeit kleiner oder gleich α, so entscheiden wir uns für die H_1. Wenn nicht, wird die H_0 beibehalten.

Durchführung:

zu 2) Wir wollen die Mittelwerte der beiden Stichproben vergleichen. Dazu benötigen wir einen Kennwert, der diese Unterschiede beschreibt und dessen Verteilung wir angeben können.

Es liegen zwei Stichproben $x_{11}, x_{21}, \ldots, x_{n1}$ und $x_{12}, x_{22}, \ldots, x_{n2}$ vor. Zu jedem Paar von Messwerten x_{i1} und x_{i2} wird die Differenz

$$d_i = x_{i1} - x_{i2}$$

bestimmt. Diese Differenzen werden gemittelt.

$$\overline{d} = \frac{\sum_{i=1}^{n} d_i}{n}.$$

Gilt die Nullhypothese, dann werden zufällig sowohl die Werte der einen wie der anderen Stichprobe die größeren sein, der Erwartungswert der Differenzen ist null. Der Standardfehler der Verteilung der gemittelten Differenzen $\overline{d}$ wird durch

$$\hat{\sigma}_{\overline{d}} = \frac{\hat{\sigma}_d}{\sqrt{n}}$$

geschätzt. Dabei ist

$$\hat{\sigma}_d = \sqrt{\sum_{i=1}^{n} (d_i - \bar{d})^2 / (n-1)}$$

die geschätzte Streuung der Differenzen d_i.

> *Die Prüfgröße* $t = \dfrac{\bar{d}}{\hat{\sigma}_{\bar{d}}}$ *ist* t *-verteilt mit n-1 Freiheitsgraden.*

Anhand der Tabelle der t-Verteilung (bzw. bei großen Stichproben der Standardnormalverteilung) kann nun geschaut werden, ob die mittlere Differenz zwischen den Messwerten so groß ist, dass ihr Zustandekommen unter H_0 hinreichend unwahrscheinlich ist, also das vorgegebene Signifikanzniveau unterschreitet. Praktisch wird geschaut, ob $|t| > t_{krit}$. Dabei ist t_{krit} der „kritische" t-Wert.

zu 3) Wenn dies der Fall ist, wird H_0 verworfen und H_1 angenommen. Die Mittelwertunterschiede sind signifikant.

Robustheit
Auch dieser t-Test erweist sich als sehr robust gegenüber Verletzungen der Voraussetzungen.

II.B.2.3 Unterschiede von Varianzen

In gängigen Statistikprogrammen stehen der *F-Test* und der *Levene-Test* für die Testung der Unterschiede von Varianzen bei zwei unabhängigen Stichproben zur Verfügung. Ein inhaltlich motivierter Test auf Gleichheit von Varianzen kommt aber eher selten vor. Häufiger werden solche Tests zur Überprüfung von Voraussetzungen anderer Tests gebraucht (z.B. der t-Test für unabhängige Stichproben). *F-Test* und *Levene-Test* setzen selbst normalverteilte Daten voraus. Der Levene-Test ist aufgrund größerer Robustheit vorzuziehen, auch kann er bei mehr als zwei unabhängigen Stichproben verwendet werden.

Der *F-Test* hat noch anderweitig große Bedeutung, da er im Rahmen der Varianzanalyse (vgl. II.C.2) bei der Testung von Mittelwertunterschieden verwendet wird. Daher soll an dieser Stelle kurz die Idee erläutert werden. Beim F-Test liegen zwei unabhängige Stichproben vom Umfang n_i vor. Aus jeder der beiden Stichproben wird der Schätzer $\hat{\sigma}_i^2$ der Populationsvarianz berechnet.

> Die Prüfgröße des F-Tests lautet $\dfrac{\hat{\sigma}_1^2}{\hat{\sigma}_2^2}$.

Sie ist F-verteilt[8] mit n_1-1 Zähler und n_2-1 Nennerfreiheitsgraden.

 SPSS: ‚Der Levene-Test wird bei 2 Stichproben im Rahmen des t-Tests für unabhängige Stichproben als Test für die Voraussetzung der Varianzhomogenität mit durchgeführt. Bei mehr als 2 Stichproben kann man den Levene-Test unter ‚Mittelwerte vergleichen - einfaktorielle ANOVA - Optionen' anfordern.

Varianzentests für abhängige Stichproben

Der Test von Morgen & Pitman testet die Varianzen zweier abhängiger Stichproben auf Gleichheit. Für mehr als zwei Stichproben steht noch kein zufriedenstellendes Verfahren zur Verfügung. Hier empfiehlt sich die Testung aller Paare mit Korrektur des α-Fehlers (siehe Ende von Abschnitt II.C.2.5.1).

II.B.2.4 Weitere Tests für Unterschiedshypothesen

Die behandelten Verfahren sollen einen prototypischen Eindruck vermitteln, wie Unterschiedshypothesen getestet werden können. Dabei beschränkten wir uns auf zwei häufig vorkommende Spezialfälle: auf Unterschiede von Mittelwerten und Varianzen zweier Stichproben, die mindestens intervallskaliert sind und Verteilungsvoraussetzungen erfüllen (Normalverteilung).

Andere Verfahren sind erforderlich, wenn

- es mehr als zwei Stichproben gibt
- Unterschiede anderer Kennwerte getestet werden sollen
- die Daten geringeres Skalenniveau haben
- die Voraussetzungen nicht erfüllt sind.

Dazu gibt es eine Fülle von Verfahren. In II.C.1 werden exemplarisch einige wichtige vorgestellt.

Weiterführende Literatur

Eine ausführliche Darstellung der hier aufgeführten Varianzentests sowie weiterer Tests zum Testen von Unterschieden findet sich in Diehl & Arbinger (2001).

---

[8] Die F-Verteilung ist nach dem bedeutenden Statistiker Sir Ronald A. Fisher (1890-1962) benannt, auf den z.B. auch das in Abschnitt II.B.1 vorgestellte Prinzip des Signifikanztests zurückgeht. Eine Tabelle mit kritischen Werten der F-Verteilung findet sich im Anhang.

II.B.3 Das Testen von Zusammenhängen

Statt Unterschiede zwischen den Mittelwerten oder Varianzen verschiedener Stichproben können auch Zusammenhänge zwischen zwei Merkmalen getestet werden. Sind beispielsweise X und Y zwei intervallskalierte Merkmale, die in einer Stichprobe erhoben wurden, so beschreibt der Korrelationskoeffizient r die Enge des Zusammenhanges beider Merkmale.[9]

Auch hier stellt sich die Frage, wie von r als Stichprobenkennwert auf die „wahre Korrelation" ρ geschlossen werden kann. In der Praxis taucht z.B. folgende Hypothese auf:

- Gibt es bei einer Stichprobenkorrelation $r \neq 0$ auch in der Population einen Zusammenhang (Ist auch $\rho \neq 0$)?

Beispiel: Sind Psychologiestudierende, denen ein hohes Einkommen wichtig ist, weniger an einer intakten Umwelt interessiert? Eine Erhebung unter Studierenden im ersten Semester erbrachte eine Korrelation von $r = -0.15$.

Beispiel: Gibt es unter Psychologiestudierenden einen Zusammenhang zwischen der Zufriedenheit mit dem Studium und dem Ausmaß an Kontakt zu den Kommilitonen? Die Daten einer Stichprobe wiesen eine positive Korrelation auf.

Das Testen dieser Hypothese wird ‚statistische Absicherung des Korrelationskoeffizienten gegen null' genannt.

II.B.3.1 Statistische Absicherung von r gegen null

Die statistischen Hypothesen lauten: $H_0 : \rho = 0$, $H_1 : \rho \neq 0$ ungerichtet bzw. $H_1 : \rho > 0$ oder $H_1 : \rho < 0$ gerichtet

Das Testen des Korrelationskoeffizienten erfolgt in den üblichen Schritten:

0) Die Voraussetzungen lauten: Die beiden Merkmale müssen intervallskaliert und *gemeinsam normalverteilt* sein (bivariat normalverteilt).

1) Ein Signifikanzniveau α wird festgelegt.

2) Die Wahrscheinlichkeit von „zufälligen Abweichungen" eines Korrelationskoeffizienten r bei Vorliegen einer wahren Korrelation ρ ist zu bestimmen. Dazu benötigen wir die Kennwerteverteilung von r. Damit kann dann die Wahrscheinlichkeit des „zufälligen Zustandekommens" des ge-

---

[9] Wir beschränken uns hier auf den Produkt-Moment-Korrelationskoeffizienten r.

fundenen Korrelationskoeffizienten r (oder eines noch größeren Korrelationskoeffizienten) anhand von Tabellen bestimmt werden.

3) Ist diese Wahrscheinlichkeit kleiner oder gleich α, wird die Nullhypothese verworfen.

Durchführung:

zu 2) Wir benötigen die Kennwerteverteilung von r. Wenn wir von H_0 ausgehen, also $\rho = 0$ ist, dann ist die Prüfgröße

$$t = \frac{r\sqrt{n-2}}{\sqrt{1-r^2}} \qquad \text{t- verteilt mit df=n-2.}$$

Beispiel: Es wird vermutet, dass es bei Studierenden der Psychologie einen Zusammenhang der Merkmale

X: Zufriedenheit mit dem Studium und

Y: Ausmaß des Kontaktes zu Kommilitonen gibt.

Die statistischen Hypothesen lauten: H_0: $\rho = 0$, H_1: $\rho \neq 0$

Anhand der Daten aus der Vorlesung wird die Produkt-Moment-Korrelation r_{XY} berechnet. Der Umfang der Stichprobe ist $n = 95$. Die Berechnung liefert einen Wert von $r_{XY} = 0.269$

zu 1) Wir wählen ein Signifikanzniveau von $\alpha = 0.05$.

zu 2) Es ist der Wert der Prüfgröße $t = r\sqrt{n-2} \,/\, \sqrt{1-r^2}$ zu berechnen:

$$t = \frac{0.269\sqrt{93}}{\sqrt{1-0.269^2}} = 2.7 \,.$$

zu 3) In den meisten Tabellen findet man keine t-Verteilung mit df = 93. Dann ist diejenige t-Verteilung mit den nächst kleineren Freiheitsgraden zu wählen (hier im Buch df=80). Dieses Vorgehen liefert größere kritische Werte, so dass das Signifikanzniveau nicht überschritten wird. Bei großen Stichproben (n>100) kann statt der t-Verteilung auch die Standardnormalverteilung verwendet werden. Bei df=80 lautet der kritische Wert für zweiseitiges Testen mit $\alpha = 0.05$: $t_{krit} = 1.99$. Da $|t| \geq t_{krit}$ kann die Nullhypothese verworfen und die Alternativhypothese angenommen werden.

II.B.3.1.1 Überprüfung der Voraussetzung

Eine strenge Überprüfung der Voraussetzung der bivariaten Normalverteilung ist schwierig und findet in der Praxis sehr selten statt. Es wird bestenfalls untersucht, ob die einzelnen Merkmale normalverteilt sind.[10] Dies ist eine notwendige, aber keine hinreichende Bedingung für eine gemeinsame Normalverteilung.

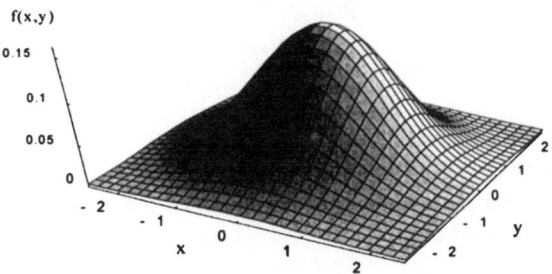

Abbildung 41: Dichte einer bivariaten Normalverteilung

Bei sehr großen Stichproben kann zusätzlich geschaut werden, ob die zu einem festen x-Wert gehörenden y-Werte normalverteilt sind und gleiche Varianzen haben (und ob entsprechend die Verteilung der x-Werte für einen festen y-Wert normalverteilt ist). Auch diese Bedingungen müssen notwendigerweise erfüllt sein, wenn X und Y bivariat normalverteilt sind.

II.B.3.1.2 Verletzungen der Voraussetzung

Der hier vorgestellte Signifikanztest des Korrelationskoeffizienten ist äußerst robust gegenüber Verletzungen der bivariaten Normalverteilung der Merkmale. Zum Begriff der „Robustheit" eines Verfahrens und zur allgemeinen Problematik von Voraussetzungsverletzungen vgl. II.B.2.1.1.

II.B.3.2 Weitere Korrelationstests

II.B.3.2.1 Test auf Gleichheit zweier Korrelationen

Möchte man zwei Korrelationen vergleichen und auf Unterschiede testen, dann kann man den *Test auf Gleichheit zweier Korrelationen* verwenden. Sind r_1 und r_2 die Produkt-Moment-Korrelationen aus zwei unabhängigen Stichproben vom Umfang n_1 und n_2, dann lauten die Hypothesen:

H_0: $\rho_1 = \rho_2$

H_1: $\rho_1 \neq \rho_2$ (ungerichtet) bzw. H_1: $\rho_1 < \rho_2$ oder H_1: $\rho_1 > \rho_2$ (gerichtet).

---

[10] Verfahren dazu werden wir in III.C.1.2.3 kennen lernen.

zu 0) *Voraussetzung*: Der Test benötigt die bivariate Normalverteilung der Merkmale.

zu 2) *Durchführung*: Für den Test wird die Verteilung der Differenzen von Korrelationen benötigt. Dazu wird auf die sogenannte Fischer-Z-Transformation zurückgegriffen. Die Prüfgröße lautet

$$z = \frac{Z(r_1) - Z(r_2)}{\sigma_{z_1 - z_2}} .$$

z ist standardnormalverteilt, wenn die Stichproben unabhängig und die korrelierten Merkmale in den Stichproben bivariat normalverteilt sind. $Z(r_i)$ sind die Fischer-Z transformierten Korrelationskoeffizienten r_1 und r_2 der beiden Stichproben. Sie berechnen sich durch

$$Z(r) = \frac{1}{2} \ln\left(\frac{1 + r}{1 - r}\right) .$$

Dabei ist *ln* der natürliche Logarithmus. Der Standardfehler $\sigma_{z_1 - z_2}$ der Z-Werte-Differenz $Z_1 - Z_2$ berechnet sich gemäß

$$\sigma_{z_1 - z_2} = \sqrt{\frac{1}{n_1 - 3} + \frac{1}{n_2 - 3}} .$$

Weitere Verfahren zum Testen der Hypothese $\rho = c$ ($c \neq 0$), zum Testen von Korrelationen aus mehr als zwei Stichproben oder aus abhängigen Stichproben finden sich in der angegeben Literatur am Ende dieses Abschnitts.

II.B.3.2.2 Korrelationstests für andere Korrelationskoeffizienten

Die hier vorgestellten Verfahren beziehen sich alle auf den Produkt-Moment-Korrelationskoeffizienten r. Weitere Verfahren zum Testen von Rangkorrelationskoeffizienten, Partial-Korrelationskoeffizienten, ϕ-Koeffizienten usw. finden sich in den Literaturempfehlungen am Ende dieses Abschnitts.

II.B.3.3 Das Testen von Regressionskoeffizienten

Die Pearson-Korrelation r ist eine Maßzahl für die Enge des linearen Zusammenhangs zweier intervalllskalierter Variablen X und Y, wohingegen die lineare Regression $Y = aX + b + \varepsilon$ diesen Zusammenhang als Gleichung ausdrückt. Bei der Frage, ob ein linearer Zusammenhang von X und Y besteht, kann daher genauso gut der Regressionskoeffizient a gegen null getestet werden.

II.B.3.3.1 Statistische Absicherung von *a* gegen null

Die Hypothesen beziehen sich auf die wahre Steigung α der Regression:

H_0: $\alpha = 0$

H_1: $\alpha \neq 0$ (ungerichtet) bzw. H_1: $\alpha > 0$ oder H_1: $\alpha < 0$ (gerichtet).

Voraussetzungen: Der Test benötigt normalverteilte und unabhängige Residuen ε mit gleicher Varianz für jeden Wert $X = x$.

Durchführung: Die Prüfgröße $\dfrac{a}{\hat{\sigma}_a}$ ist t-verteilt mit $df = n-2$.

Dabei berechnet sich der geschätzte Standardfehler des Regressionskoeffizienten a durch

$$\hat{\sigma}_a = \frac{\sqrt{\sum_{i=1}^{n} \varepsilon_i^2}}{\sqrt{(n-2)\sum_{i=1}^{n}(x_i - \bar{x})^2}} \, ,$$

ε_i ist das Residuum an der Stelle x_i.

📖 Weitere Verfahren zum Testen von Zusammenhängen finden Sie z.B. in den Büchern von Bortz, Lienert & Boehnke (2000) oder Diehl & Arbinger (2001). Zum Testen weiterer Hypothesen bzgl. Regressionskoeffizienten siehe z.B. Fahrmeier et al. (2004).

🔍 II.B.4 Verteilungen von Prüfgrößen

Warum haben die Prüfgrößen gerade diese Verteilung ?

Das Kernstück beim Testen von Hypothesen ist, dass man die Wahrscheinlichkeit angeben kann, mit der die untersuchten Effekte (oder noch größere) unter Gültigkeit der Nullhypothese zustande kommen. Dazu wird aus den Daten eine Prüfgröße berechnet, deren Verteilung bekannt ist. Bisher sind uns neben der Normalverteilung noch t- und F- Verteilungen „begegnet". Um zu verstehen, welche Prüfgröße welche Verteilung hat, lohnt ein Blick auf die Herleitung dieser Verteilungen.

II.B.4.1 Normalverteilung

Eine Normalverteilung findet sich überall dort, wo ein Merkmal das Ergebnis vieler kleiner unabhängiger und ungerichteter Effekte ist.

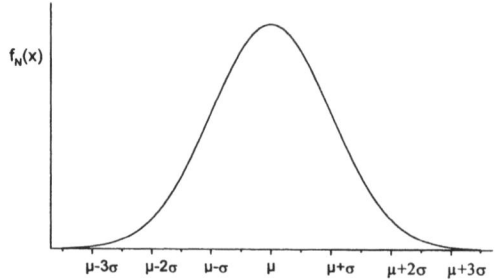

Abbildung 42: Dichte der Normalverteilung $N(\mu, \sigma^2)$.

Die Normalverteilung ist für die Psychologie und andere Wissenschaften die wichtigste Wahrscheinlichkeitsverteilung. Ihre Eigenschaften wurden ausführlich in Abschnitt II.B.8 diskutiert. Die Normalverteilung eines Merkmals wird von vielen statistischen Verfahren als Voraussetzung benötigt. Für das Testen der Pearson- Korrelation wird darüber hinaus die gemeinsame Normalverteilung beider Merkmale X und Y benötigt (bivariate Normalverteilung). Die Dichte einer solchen bivariaten Normalverteilung ist in Abbildung 41 wiedergegeben.

Beispiel: Ein Merkmal X habe irgendeine Verteilung mit wahrem Mittelwert μ und Streuung σ. Das arithmetische Mittel $\overline{X}$ ist bei hinreichend großen Stichproben normalverteilt, genauer: $N(\mu, \sigma_{\overline{x}}^2)$-verteilt. Damit ist $Z = (\overline{X} - \mu)/\sigma_{\overline{x}}$ standardnormalverteilt.

Anwendung:
- Berechnung des Vertrauensintervalls für den Mittelwert.
- Test, ob ein bestimmter wahrer Mittelwert $\mu = c$ vorliegt.

II.B.4.2 Weiterverarbeitung von normalverteilten Zufallsvariablen

Die Normalverteilung ist gewissermaßen die ‚Mutter' aller wichtigen Verteilungen. Rechnet man mit normalverteilten Zufallsvariablen, indem man z. B. Summen, Differenzen oder Durchschnitte bildet, ist das Resultat wieder normalverteilt. Allgemein sind Linearkombinationen von normalverteilten Zufallsvariablen wieder normalverteilt. Bei anderer Art der „Weiterverarbeitung" ergeben sich allerdings *andere* Verteilungen.

II.B.4.2.1 χ^2 - Verteilung

Quadriert man normalverteilte Zufallsvariablen, so ist das Ergebnis *nicht* normalverteilt. Summen von unabhängigen quadrierten standardnormalverteilten Zufallsvariablen

$$Z_1^2 + Z_2^2 + ... + Z_n^2$$

sind ebenfalls nicht mehr normalverteilt. Ihre Verteilung heißt χ_n^2-*Verteilung* (sprich: chi-Quadrat) (mit n Freiheitsgraden).

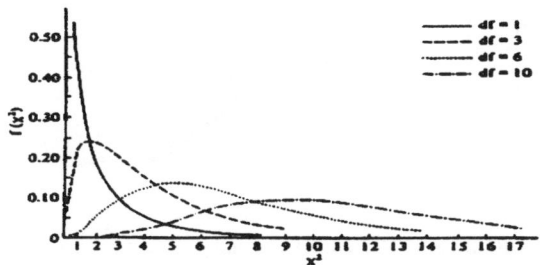

Abbildung 43: Dichte der χ^2-Verteilung mit unterschiedlichen Freiheitsgraden (aus Bortz, 2005, S. 80).

Bei χ^2 -verteilten Zufallsgrößen ist der Erwartungswert $\mu = n = df$ und die Standardabweichung $\sigma = \sqrt{2n}$. Die Verteilung ist nicht symmetrisch, sondern hat eine positive Schiefe. Für $n > 30$ nähert sich die χ^2-Verteilung einer N(n, 2n) - Verteilung an.

Beispiel: Sind X_i normalverteilte Zufallsvariablen, dann folgen die Summen von Abweichungsquadraten

$$\sum_{i=1}^{n}(X_i - \bar{X})^2$$

und damit auch (geschätzte) Varianzen s^2 und $\hat{\sigma}^2$ sowie der geschätzte Standardfehler des Mittelwertes $\hat{\sigma}_{\bar{x}}^2$ einer χ_{n-1}^2-Verteilung (jeweils bis auf eine Normierungskonstante).

Anwendung: Vertrauensintervall für Varianzen, Herleitung der t- und F-Verteilung. Ein weiteres Einsatzfeld ist die *Analyse von Häufigkeiten* (vgl. II.C.1.2, χ^2-Tests).

II.B.4.2.2 t-Verteilung

Teilt man eine standardnormalverteilte Zufallsvariable Z durch eine $\sqrt{\chi_n^2/n}$-verteilte Zufallsvariable, dann ist die Verteilung dieses Quotienten eine *t-Verteilung* (mit *n* Freiheitsgraden).

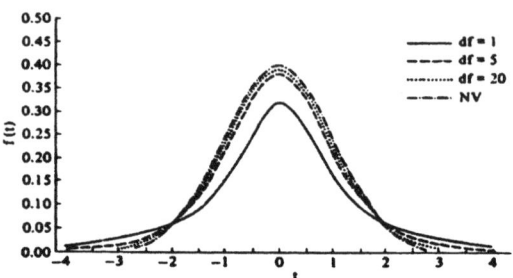

Abbildung 44: Dichte der t-Verteilung mit unterschiedlichen Freiheitsgraden (aus Bortz, 2005, S. 81).

Die t-Verteilung ergibt sich z. B. dann, wenn man Mittelwerte (oder Mittelwertsdifferenzen) durch ihre *geschätzte* Streuung teilt. Sie ähnelt stark der Standardnormalverteilung, nur ist ihre Streuung größer. Der Erwartungswert einer t-verteilten Zufallsvariablen mit *df = n* ist $\mu = 0$ und die Standardabweichung ist $\sigma = \sqrt{n/(n-2)}$. Für große *n* geht die t-Verteilung in eine N(0,1)-Verteilung über.

Beispiele und Anwendungen:

Die Abweichung eines Stichprobenmittelwertes vom wahren Mittelwert μ, geteilt durch den *geschätzten* Standardfehler,

$$\frac{\overline{X} - \mu}{\hat{\sigma}_{\overline{X}}}$$

ist t-verteilt (mit *df = n*-1, n ist der Stichprobenumfang), ebenso die Prüfgröße beim t - Test:

$$t = \frac{\overline{X}_1 - \overline{X}_2}{\hat{\sigma}_{\overline{X}_1 - \overline{X}_2}} \quad \text{(mit } df = n_1 + n_2 - 2\text{)}.$$

Ebenfalls t-verteilt sind Prüfgrößen bei der statistischen Absicherung von Korrelations- und Regressionskoeffizienten.

II.B.4.2.3 F-Verteilung

Die letzte wichtige Verteilung, die wir in diesem Buch kennen lernen, ist die *F-Verteilung*. Man erhält eine F-Verteilung, wenn man den Quotienten von χ^2-verteilten Zufallsvariablen bildet (mit entsprechenden Zähler- und Nennerfreiheitsgraden).

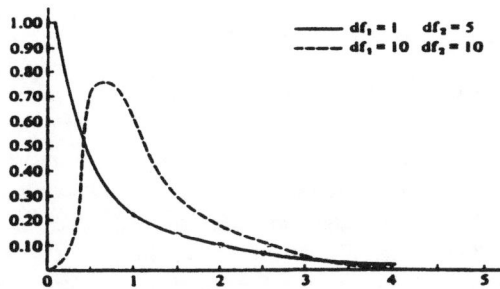

Abbildung 45: Dichte der F-Verteilung mit unterschiedlichen Freiheitsgraden (aus Bortz, 2005, S. 82).

Beispiel: Geschätzte Varianzen bei Stichproben von normalverteilten Merkmalen X und Y sind χ^2-verteilt, daher sind

$$\frac{s_X^2}{s_Y^2} \quad und \quad \frac{\hat{\sigma}_X^2}{\hat{\sigma}_Y^2},$$

die Quotienten aus den (geschätzten) Varianzen zweier Merkmale X und Y F-verteilt.

Anwendung: Prüfgröße beim F-Test, bei der Varianzanalyse und Prüfung von Regressionsmodellen.

II.B.4.3 *Ermittlung von Kennwerteverteilungen*

Nicht immer kann man die Kennwerteverteilung angeben. Wenn z.B. die Merkmale selbst nicht normalverteilt, die Stichproben klein und Tests nicht robust sind, dann können diese Tests nicht mit den im vorigen Abschnitt beschriebenen Verteilungen durchgeführt werden. Was tun? Eine Möglichkeit besteht darin, Daten geeignet zu transformieren, so dass sie wieder normalverteilt werden. Bei linksteil verteilten Merkmalen kann es helfen, die Daten zu logarithmieren. Der Nachteil ist, dass man auf diese Weise eine neue Variable er-

153

hält, deren Einheiten oft nicht mehr interpretierbar sind. Außerdem gelingt es keineswegs immer eine solche passende Transformation zu finden. Ein zweiter Ausweg ist die Verwendung anderer, sogenannter nonparametrischer Verfahren (vgl. Abschnitt II.C.1), bei denen sich für die Prüfgrößen eine bekannte Verteilung ergibt, ohne dass die Merkmale selbst eine bestimmte Verteilung gehabt haben müssen. Die folgenden beiden Abschnitte nennen eine dritte Möglichkeit, die sich in den letzten 20 Jahren im Zuge der Entwicklung immer schnellerer Computer ergeben hat.

II.B.4.3.1 Resampling Verfahren: Bootstrap

Beispiel: Betrachten wir die Korrelation der Merkmale „Alter von Erstsemestern" und „Abiturjahr" in der Population von Psychologiestudierenden. In einer Stichprobe ergab sich ein enger negativer Zusammenhang von r=-0.917. Die Kennwerteverteilung für Stichprobenkorrelationen wird weder eine Normal-, eine t- oder eine sonstige bekannte Verteilung sein, da der minimale Wert einer Stichprobenkorrelation -1 ist, gleichzeitig aber große zufällige Abweichungen der Stichprobenkorrelation nach oben möglich sind. Wie kann hier die Kennwerteverteilung bestimmt werden?

In dieser Situation kann man sich mit Hilfe der vorliegenden Stichprobe ‚am eigenen Schopf aus dem Sumpf ziehen', oder, wie es im Amerikanischen heißt, an den eigenen Stiefelriemen (bootstrap). Eine Kennwerteverteilung kann per Computer gewonnen werden, indem aus der einen vorhandenen Stichprobe viele Stichproben mit Zurücklegen gezogen werden (resampling) und für jede dieser Stichproben der zu untersuchende Kennwert berechnet wird. Aus diesen vielen Kennwerten ergibt sich dann die gesuchte Kennwerteverteilung. Es läßt sich zeigen, dass auf diese Weise die tatsächliche Kennwerteverteilung zum Teil durch die ermittelte bootstrap-Verteilung sehr genau angenähert (approximiert) werden kann.

Möchte man für den wahren Zusammenhang ρ zwischen „Alter" und „Abijahr" ein 95% Vertrauensintervall angeben, so kann über das Bootstrap-Verfahren die Kennwerteverteilung bestimmt und ein Bereich um die Stichprobenkorrelation herum angegeben werden, in dem 95% aller Fälle liegen. Dies ist approximativ das 95% Vertrauensintervall für die wahre Korrelation ρ.

Entsprechend können auch Signifikanztests über die durch Bootstrap ermittelten Kennwerteverteilungen durchgeführt werden. Zu bemerken ist, dass Bootstrap kein Zauberverfahren ist, welches immer zum Ziel führt. Da die Kennwerteverteilung durch Stichproben erstellt wird, die aus der vorhandenen Stichprobe gezogen werden, hängt das Verfahren von der ‚Qualität' der Originalstichprobe ab. Ist der Stichprobenfehler in der Originalstichprobe groß, so überträgt sich dies auch auf die Ergebnisse des Bootstrap. Diese Probleme gibt es jedoch auch bei den statistischen Standardverfahren.

II.B.4.3.2 Randomisierungstest nach Fisher

Eine weitere Variante des Resamplings ist bereits von Fisher im Jahr 1935 entwickelt, aber mangels Computern nicht weiter verfolgt worden. Beim sogenannten Randomsierungstest werden die Daten verschiedener Stichproben in allen Kombinationen zu neuen Stichproben zusammengestellt, die interessierende Prüfgröße für jede dieser Kombinationen errechnet und so ihre Verteilung ermittelt.

 Zu Bootstrap und Randomisierungstests gibt es noch eine Fülle von Varianten sowie andere Verfahren aus dem Bereich des Resampling. Sie alle wurden erst durch die immer weiter wachsende Rechnergeschwindigkeit ermöglicht. Resampling-Verfahren werden sich in Zukunft zu einer wichtigen Ergänzung der statistischen Standardverfahren entwickeln.

 Bootstrap ist noch kein Standardverfahren in gängigen Statistikprogrammen, aber es findet zunehmend Verbreitung. Möglichkeiten zur Durchführung von Bootstrap-Analysen bietet derzeit z.B. das Statistikprogramm SAS im Rahmen spezieller Macros. Das Programme AMOS und Lisrel, für Strukturgleichungsmodelle entwickelt, können ebenfalls zum „bootstrappen" eingesetzt werden.

📖 *Weiterführende Literatur*

Zum Thema ‚Bootstrap' ist das Buch von Efron &. Tibshiran (1993) ein Klassiker. Eine kurze Einführung in Resampling-Verfahren mit weiterführender Literatur findet sich z.B. unter http://seamonkey.ed.asu.edu/~alex/teaching/WBI/resampling.html. Eine Darstellung von Fishers Randomisierungstest wird in Diehl und Arbinger (2001) gegeben.

---

5. Aufgabenblock

Es wurden 6 Kinder im Alter von 10 Jahren zufällig ausgewählt, die als Frühgeburten auf die Welt gekommen waren, und 6 Kinder des gleichen Alters, die eine normale Geburt hatten. Anhand eines Entwicklungstests soll untersucht werden, ob es auch nach 10 Jahren noch Entwicklungsunterschiede gibt. Hohe Testwerte bedeuten dabei eine fortgeschrittenere Entwicklung. Bekannt ist, dass die Rohwerte des verwendeten Entwicklungstests intervallskaliert und normalverteilt sind. Die Daten lauten:

Frühgeburten: 7   8   11   9   8   10
Normale Geburt: 11   13   14   11   12   13

i) Testen Sie die oben formulierte zweiseitige Hypothese mit einem t-Test ($\alpha = 0.05$). Formulieren Sie dazu statistische Hypothesen H_0 und H_1.

ii) Welche Voraussetzungen braucht dieser Test? Testen Sie sie falls nötig.

iii) Führen Sie den Test durch und interpretieren Sie das Ergebnis.

2) Gibt es unter deutschen Studierenden einen Zusammenhang zwischen „Zufriedenheit mit dem Studium" und dem „Ausmaß des Kontakts zu Kommilitonen"? In einer Befragung gaben 101 Studierende ihre Einschätzung dazu auf einer 5-Punkte-Skala ab. In der Stichprobe fand sich eine Korrelation $r = 0.187$. Gehen Sie zur Beantwortung der Frage davon aus, dass beide Merkmale gemeinsam normalverteilt sind und dass die Befragten hinsichtlich der beiden Merkmale eine repräsentative Stichprobe aus der Population der Studierenden im Grundstudium darstellen. Was für ein Ergebnis würde der Test liefern, wenn die Stichprobe 400 Personen umfasst und sich die gleiche Korrelation ergeben hätte?

3) Was können Sie bei der Planung und Auswertung einer Untersuchung tun, um das Risiko einer falschen Beibehaltung der H_0 kleiner zu machen?

4) Bei einem Test haben Sie das Signifikanzniveau $\alpha = 0.05$ vorgegeben. Welche der folgenden Aussagen sind richtig, welche sind falsch ?

Wenn die H_1 zutrifft, dann trifft man mit einer Wahrscheinlichkeit von 0.95 die richtige Entscheidung.

Die bedingte Wahrscheinlichkeit für eine Entscheidung zur Beibehaltung der H_0 unter der Bedingung, dass H_0 zutrifft, ist 0.95.

Die Wahrscheinlichkeit eines β-Fehlers ist 0.95.

Die bedingte Wahrscheinlichkeit, dass eine Entscheidung für H_1 getroffen wird, obwohl H_0 zutrifft, ist 0.95.

Die Wahrscheinlichkeit dafür, dass H_1 zutrifft, kann nicht angegeben werden.

Die Wahrscheinlichkeit dafür, dass H_0 zutrifft, ist 0.95.

Die Wahrscheinlichkeit eines β-Fehlers ist im Allgemeinen $\neq 1 - \alpha$.

Die bedingte Wahrscheinlichkeit, dass eine Entscheidung für H_0 getroffen wird, unter der Bedingung, dass H_1 zutrifft, ist 0.05.

II.C Verschiedene Testverfahren

Es gibt eine Fülle von Fragen und dazu eine Fülle von statistischen Verfahren, wenn von Stichproben auf die Population geschlossen werden soll. Diese verschiedenen Verfahren kann man nach inhaltlichen Gesichtspunkten zusammenfassen (z. B. Verfahren für Unterschiedshypothesen, Verfahren für Zusammenhangshypothesen) oder nach eher technischen Gesichtspunkten, wie zum Beispiel den benötigten Voraussetzungen (Skalenniveau, Verteilungsvoraussetzungen). Letzteres geschieht in diesem Abschnitt. Wir beschäftigen uns zunächst mit Tests, die bei Daten auf Ordinal- oder Nominalskalenniveau angewendet werden können. Anschließend wird eines der beliebtesten Verfahren für intervallskalierte Daten, die *Varianzanalyse*, vorgestellt.

Im Gegensatz zu den bisherigen Kapiteln bauen die Inhalte dieses Abschnitts nicht aufeinander auf. Stattdessen können die einzelnen Verfahren bei Bedarf „kochbuchartig" nachgelesen werden. Voraussetzung ist, dass der Begriff des Skalenniveaus und die Prinzipien des Hypothesentestens verstanden wurden.

Eine Übersichtstabelle über die gebräuchlichsten Tests befindet sich im Anhang. Sie zeigt eine Vielzahl von Verfahren, gegliedert nach Skalenniveau und Fragestellung. Die Tabelle hilft bei der Entscheidung, welcher Test in welcher Situation der richtige ist.

II.C.1 Verteilungsfreie Verfahren

Bei intervallskalierten Daten können unterschiedliche Werte auch bezüglich der *Größe* der Unterschiede interpretiert werden. Große Unterschiede ergeben sich vermutlich seltener „rein zufällig" als kleine Unterschiede. Im Vergleich zu Rang- und Nominalskala haben wir mehr Informationen in den Daten, die wir für die Beantwortung statistischer Fragen nutzen können.

Um diese Informationen zu nutzen, müssen wir allerdings etwas über die Wahrscheinlichkeiten solcher Unterschiede wissen. Wir fragen z.B. nach der *Verteilung* solcher Unterschiede. Für statistische Kennwerte (z.B. Mittelwerte, Differenzen von Mittelwerten, Korrelationskoeffizienten) kann man deren Verteilung jedoch nur angeben, wenn bestimmte Voraussetzungen erfüllt sind. Die häufigste Voraussetzung ist die Normalverteilung der untersuchten Merkmale.

Statistische Verfahren, die solche Verteilungsvoraussetzungen benötigen, heißen *verteilungsgebundene* - oder *parametrische Verfahren*. Tests wie t-, F-, Levene- und Pearson-Korrelationstests sind alle verteilungsgebundene Verfahren.

Oft sind solche Voraussetzungen nicht erfüllt, oder die untersuchten Merkmale haben ein zu niedriges Skalenniveau, als dass man parametrische Verfahren verwenden könnte. So können Daten, aus denen man nur die Klassenzugehörigkeit oder nur die Rangfolge ableiten kann, nur entsprechend „gröber" ausgewertet werden, es steht weniger Information zur Verfügung. Solche Daten werden mit *verteilungsfreien (nonparametrischen) Verfahren* untersucht. Diese Verfahren benötigen weniger Voraussetzungen. Allerdings zahlt man für ihre Verwendung einen Preis: Zumeist haben verteilungsfreie Tests einen höheren β-Fehler als vergleichbare verteilungsgebundene Verfahren. In diesem Abschnitt werden wir verteilungsfreie Verfahren für die Analyse von ordinal- und nominalskalierten Daten kennen lernen.

II.C.1.1 Rangtests

Haben Daten nur Ordinalskalenniveau oder sind die Voraussetzungen für ein verteilungsgebundenes Verfahren wie den t-Test nicht erfüllt, dann kann die zentrale Tendenz zweier (oder mehrerer) Stichproben mit Hilfe von *Rangtests* verglichen werden. Wir verzichten dabei auf die Informationen, die wir aus Abständen von Messwerten ziehen könnten und untersuchen nur die Rangplätze. Als Beispiel betrachten wir den Fall, dass wir die zentrale Tendenz *zweier unabhängiger Stichproben* vergleichen möchten.

Beispiel: Haben jüngere und ältere Studierende unterschiedlich viel Geld? Bei einer Befragung von Studierenden wurden die Variablen „Alter" und „verfügbares Nettoeinkommen" erhoben. Anschließend wurden die Studierenden bzgl. der Variable „Alter" in eine jüngere und eine ältere Gruppe aufgeteilt. Getrennt wurde am Median (ein sogenannter Mediansplit), der 23 Jahre betrug. 5 jüngere und 6 ältere Studierende haben das folgende Nettoeinkommen (in Euro):

Jüngere:	420	370	250	750	500	
Ältere:	480	540	400	1000	600	860

Der Median bei den Jüngeren ist mit 420 Euro kleiner als bei den Älteren (570 Euro). Unterscheiden sich die zentralen Tendenzen auch in der Population? Da die Variable „verfügbares Nettoeinkommen" deutlich schief- und demnach nicht normalverteilt ist, wird statt eines t-Tests ein Rangtest zur Prüfung der Hypothese angewendet.

II.C.1.1.1 Test für 2 unabhängige Stichproben: Wilcoxon-Test

Beim Wilcoxon-Test für unabhängige Stichproben wird die zentrale Tendenz zweier unabhängiger Stichproben verglichen. Dies geschieht über die Analyse der Rangplätze. Die statistischen Hypothesen lauten:

H_0: die Stichproben stammen aus Populationen mit den gleichen mittleren Rangplätzen.

H_1: die Stichproben stammen aus Populationen mit unterschiedlichen mittleren Rangplätzen (analog die gerichtete H_1).

Vorgehen:

Gemäß der Logik des Hypothesentestens werden wie in allen folgenden Tests die üblichen 4 Schritte durchgeführt:

0) Voraussetzungen überprüfen

1) Signifikanzniveau festlegen

2) die Wahrscheinlichkeit des zufälligen Zustandekommens der in der Stichprobe gefundenen oder noch größerer Rangunterschiede berechnen

3) Entscheidung treffen

Durchführung:

zu 0): Verteilungsfreie Verfahren wie dieser Rangtest benötigen *keine* Verteilungsvoraussetzungen (daher der Name). Es muss lediglich sichergestellt sein, dass die Daten ordinalskaliert und die Stichproben unabhängig sind.

zu 2): Es liegen 2 Stichproben vom Umfang n_1 und n_2 vor, dabei gelte $n_1 \leq n_2$. Die konkrete Berechnung der Prüfgröße soll an den Beispieldaten gezeigt werden. Die Stichproben werden in einer gemeinsamen Rangreihe angeordnet:

Jüngere	250	370		420		500			750		
Ältere			400		480		540	600		860	1000
Rangplatz	1	2	3	4	5	6	7	8	9	10	11

Bei Gültigkeit der H_0 sind für beide Stichproben ungefähr gleich viele kleine und große Rangplätze zu erwarten. Wenn die Werte in einer der Stichproben deutlich kleinere Rangplätze als in der anderen Stichprobe haben, spricht das gegen die Nullhypothese.

Als Prüfgröße wird eine Maßzahl für diese „Asymmetrie" bestimmt. Dazu werden die *Rangsummen R* der einzelnen Stichproben betrachtet, deshalb wird der Test auch als Rangsummentest bezeichnet. Die Rangsumme ist die Summe der

Rangplätze einer Stichprobe. Haben z.B. die Jüngeren ein geringeres Einkommen, so sollte ihre Rangsumme klein sein. Man hat sich darauf geeinigt, für das Rechnen des Tests die Rangsumme R der *kleineren Stichprobe* zu verwenden (das spart Arbeit). Sind die Stichproben gleich groß, kann irgendeine der beiden verwendet werden. Bei den Beispieldaten lautet die Rangsumme R für die Jüngeren

$$R = 1+2+4+6+9 = 22.$$

Wenn die H_0 gilt und in der Population gleiche mittlere Rangplätze vorliegen, dann kann man berechnen, dass der Erwartungswert der Rangsumme

$$E(R) = \frac{n_1(n_1 + n_2 + 1)}{2}$$

beträgt. Große Abweichungen der Rangsumme R von $E(R)$ sprechen gegen die Gültigkeit der H_0.

Prüfgröße: Bei kleinen Stichproben ($n_i \leq 14$) lautet die Prüfgröße $|R - E(R)|$. Für die statistische Entscheidung ist der kritische Wert aus der Tabelle im Anhang zu entnehmen. Wenn die Prüfgröße den kritischen Wert überschreitet, kann die H_0 verworfen werden.

Bei größeren Stichproben ($n_i > 14$) lautet die Prüfgröße

$$z = \frac{R - E(R)}{\sigma_R} \quad \text{mit} \quad \sigma_R = \sqrt{\frac{n_1 n_2 (n_1 + n_2 + 1)}{12}}.$$

z ist standardnormalverteilt. Bei einem zweiseitigen Test mit $\alpha = 0.05$ ist der kritische Wert $z_{krit} = 1.96$.

Beispiel: Bei der Frage nach dem unterschiedlichen Einkommen soll zweiseitig zum Signifikanzniveau $\alpha = 0.05$ getestet werden. Man berechnet die Rangsumme bei der kleineren Stichprobe (die Jüngeren, $R = 22$), die erwartete Rangsumme für diese Stichprobe ($E(R) = 30$) und die Prüfgröße $|R - E(R)| = 8$. Der kritische Wert aus der Tabelle für $n_1 = 5$, $n_2 = 6$ ist 12. Da $8 < 12$, muss die H_0 beibehalten werden.

➤— *Technische Hinweise:*

i) Haben mehrere Messwerte den gleichen Rangplatz, so wird das als *Rangbindung* (engl.: ties) bezeichnet. In diesem Fall wird den Messwerten der gemittelte Rangplatz zugewiesen, wie die folgende Tabelle zeigt:

Person	Jörn	Fritz	Ute	Rolf
Nettoeinkommen	300	450	450	520
Rangplatz	1	2.5	2.5	4

Tabelle 9: Rangbindung: Der zweite und dritte Messwert erhalten beide Rangplatz 2.5.

Treten Rangbindungen auf, ändert sich die Verteilung der Prüfgröße ein wenig, was allerdings praktisch kaum ins Gewicht fällt (zum Umgang mit diesem Problem siehe Diehl und Arbinger, 1992, S. 529). In den üblichen Statistikprogrammen sind Rangbindungen durch Korrekturformeln berücksichtigt.

ii) Zu identischen Ergebnissen wie der Rangsummentest von Wilcoxon führt der U-Test von Mann & Whitney, der in SPSS enthalten ist, aber per Hand umständlicher zu rechnen ist.

🖳 SPSS: 'Nichtparametrische Tests - Zwei unabhängige Stichproben - Mann-Whitney U-Test'.

II.C.1.1.2 Rangtests bei abhängigen Stichproben

Liegen zwei abhängige Stichproben $x_{11}, x_{12}, ..., x_{1n}$ und $x_{21}, x_{22}, ..., x_{2n}$ auf mindestens Ordinalskalenniveau vor, so kann man auch hier die zentralen Tendenzen beider Stichproben auf Unterschiede testen.

Wie beim t-Test für abhängige Stichproben interessieren wir uns für die Differenz der Messwertpaare $d_i = x_{1i} - x_{2i}$. Haben die Populationen, aus denen die Stichproben stammen, die gleiche zentrale Tendenz, dann werden die Differenzen in beiden Stichproben symmetrisch um Null verteilt sein, ein Überwiegen von positiven oder negativen Differenzen ist nur zufällig.

II.C.1.1.2.1 Vorzeichentest

Es wird ausgezählt wie oft bei einer Stichprobe vom Umfang n die Differenzen der Messwertpaare d_i positives und negatives Vorzeichen haben. Unter der Nullhypothese (keine Unterschiede in der zentralen Tendenz) ist die Anzahl der Vorzeichen binomial verteilt. Mit der B(n, 0.5)-Verteilung kann der Test durchgeführt werden. Damit ist der Vorzeichentest ein Spezialfall des Binomialtests (siehe Diehl und Arbinger, 1992, S. 401).

II.C.1.1.2.2 Wilcoxon-Test für zwei abhängige Stichproben

Der Vorzeichentest berücksichtigt nur das Vorzeichen der Differenzenwerte d_i, nicht ihre Größe. Diese Information wird dagegen vom Wilcoxon-Test für abhängige Stichproben genutzt, der darum schärfer ist (im Sinne eines geringeren β-Fehlers).

Voraussetzung:

- Die Differenzen $d_i = x_{1i} - x_{2i}$ müssen Ordinalskalenniveau haben.
- Die Werte der beiden Stichproben müssen paarweise einander zugeordnet werden können.

Durchführung:

Die Daten müssen als n Wertepaare x_{1i}, x_{2i} vorliegen. Es werden die Differenzen $d_i = x_{1i} - x_{2i}$ gebildet und das Vorzeichen der Differenz notiert. Zusätzlich werden die Beträge der d_i in eine Rangreihe gebracht (vgl. das folgende Beispiel). Als nächstes werden die Rangsummen der positiven Differenzen R_+ bzw. der negativen Differenzen R_- berechnet. Beide zusammen ergeben die gesamte Rangsumme $1+2+...+n = n(n+1)/2$. Es ist also

$$R_+ + R_- = n(n+1)/2.$$

Es bezeichne R_{+Pop} die Rangsumme der positiven. Differenzen in der Population (analog R_{-Pop}). Die statistischen Hypothesen bei diesem Test lauten dann:

H_0: In der Population gibt es genauso große Rangsummen bei den negativen Differenzen wie bei den positiven Differenzen, es gilt $R_{+Pop} = R_{-Pop}$.

H_1: Es gilt $R_{+Pop} \neq R_{-Pop}$ (entsprechend gerichtete H_1).

Gilt die H_0, so kann man zeigen, dass $R_+ = R_- = n(n+1)/4$ zu erwarten ist. Deutliche Abweichungen von diesem Wert sprechen gegen die Gültigkeit der H_0.

Gibt es bei den Differenzen d_i weniger negative als positive Werte, so wird um Arbeit zu sparen die Rangsumme der negativen d_i berechnet (sonst umgekehrt). Diese Rangsumme ist die Prüfgröße, deren Verteilung tabelliert ist.

Beispiel: An n = 9 zufällig ausgewählten Schulen wurde eine Aufklärungskampagne gegen Gewalt durchgeführt. Zur Evaluation dieser Maßnahme wurde die Anzahl der bei Prügeleien auf dem Schulhof verletzten Schüler in dem Jahr vor dieser Maßnahme gezählt und mit den Verletzten im darauffolgenden Jahr verglichen. Es soll einseitig mit $\alpha = 0.05$ getestet werden. Da Verletztenzahlen vermutlich poisson- und nicht normalverteilt sind, wird ein Rangtest angewendet.

Schule	a	b	c	d	e	f	g	h	i
Verletzte vorher	17	6	8	4	22	13	32	17	26
Verletzte nachher	18	2	10	7	15	8	24	9	15
Differenz d_i	-1	4	-2	-3	7	5	8	8	11
Rangplatz von $|d_i|$	1(-)	4	2(-)	3(-)	6	5	7.5	7.5	9

Es gibt weniger negative als positive Differenzen. Die Rangsumme über die negativen Differenzen ist

$$R_- = 1+2+3 = 6$$

Unter H_0 hat die Rangsumme R_- den Erwartungswert

$$E(R_-) = E(R_+) = 9(9+1)/4 = 22.5$$

Die „Richtung" des Effektes in der Stichprobe stimmt mit der in der H_1 formulierten Richtung überein. In der Tabelle zum Wilcoxon-Test für abhängige Stichproben im Anhang findet man als kritischen Wert für einseiti-

ges Testen mit $n = 9$, $\alpha = 0.05$ den Wert $R_{krit} = 8$. Wegen $R_- = 6 < R_{krit}$ wird die Nullhypothese verworfen.[11] *Die zweite Stichprobe weist signifikant niedrigere Rangplätze auf. Nach der Maßnahme gibt es niedrigere Verletztenzahlen an Schulen.*

Verteilung der Prüfgröße:

Für kleine Stichproben ($n \le 25$) finden sich kritische Werte der Verteilung der Rangsummen als Tabelle im Anhang. Bei diesem Test wird die H_0 verworfen, wenn die Prüfgröße *kleiner oder gleich* dem kritischen Wert R_{krit} ist.

Für große Stichproben geht die Verteilung der Prüfgröße in eine Normalverteilung über, mit

$$E(R_-) = E(R_+) = n(n+1)/4 \quad \text{und} \quad \sigma_{R_\pm} = \sqrt{\frac{n(n+1)(2n+1)}{24}}$$

Durch z-Transformation kann man die Prüfgröße in eine Standardnormalverteilung überführen und damit den Test durchführen.

 Technischer Hinweis:

Nulldifferenzen: Ist die Differenz von Wertepaaren null, so werden diese Paare aus der Berechnung ausgeschlossen und die Stichprobe entsprechend verkleinert. Allerdings sollte nicht mehr als 10% aller Paare Nulldifferenzen haben, weil dies zur Erhöhungen des α-Fehlers führt.

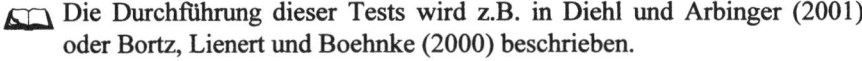 SPSS: 'Nichtparametrische Tests - Zwei verbundene Stichproben - Wilcoxon'.

II.C.1.1.3 Weitere Rangtests

Vergleich von mehr als 2 *unabhängigen* Stichproben hinsichtlich ihrer zentralen Tendenz: *Kruskal-Wallis-Test*

Vergleich von mehr als 2 *abhängigen* Stichproben hinsichtlich ihrer zentralen Tendenz: *Friedman-Test*.

Die Durchführung dieser Tests wird z.B. in Diehl und Arbinger (2001) oder Bortz, Lienert und Boehnke (2000) beschrieben.

 SPSS: 'Nichtparametrische Tests - k unabhängige bzw. k verbundene Stichproben'.

---

[11] Anders als beispielsweise beim t-Test führen bei diesem Rangtest sehr *kleine* Werte der Prüfgröße zum Verwerfen der H_0, denn sehr kleine Werte der Prüfgröße bedeuten hier große Abweichungen vom Erwartungswert und damit unwahrscheinliche Ereignisse.

II.C.1.2 Verfahren zur Analyse von Häufigkeiten: χ^2-Verfahren

In der Psychologie stehen oft nur Daten auf Nominalskalenniveau zur Verfügung. Wenn in einem Fragebogen erfragt wird, welchen Bereich innerhalb der Psychologie eine Person beruflich anstrebt, ob jemand raucht oder welchem Geschlecht jemand angehört, messen wir mit Nominalskalen. Die einzigen Informationen, die uns zur Verfügung stehen, sind die Häufigkeiten der Antwortkategorien (z. B. 76 Frauen und 28 Männer bei einer Befragung innerhalb einer Vorlesung). Entsprechende Hypothesen, ob der klinische Bereich bei Psychologiestudierenden beliebter ist als der Arbeits-, Betriebs- und Organisationsbereich oder ob mehr Frauen Psychologie studieren als Männer können wir mit unseren bisherigen Methoden nicht überprüfen. Uns stehen weder Mittelwerte noch Ränge, sondern lediglich Häufigkeiten zur Verfügung. Wir brauchen demnach neue Verfahren. Eine ganze Gruppe von solchen Verfahren zur Analyse von Häufigkeiten sind die sogenannten χ^2-*Verfahren*.

II.C.1.2.1 Die Idee der χ^2-Tests

Bei χ^2- Tests wird gefragt, ob beobachtete Häufigkeiten in der Stichprobe mehr als nur zufällig von erwarteten Häufigkeiten abweichen. Die erwarteten Häufigkeiten drücken dabei die Nullhypothese aus. Die Abweichungen werden zu einer Prüfgröße verrechnet, deren Verteilung bekannt ist: Sie ist angenähert χ^2-verteilt. Sind die Abweichungen von beobachteten Häufigkeiten und erwarteten Häufigkeiten groß, so spricht das gegen die Nullhypothese.

Zur Schreibweise: die beobachteten Häufigkeiten werden als f_o (frequencies observed) abgekürzt, die erwarteten Häufigkeiten als f_e (frequencies expected).

Beispiel: Es soll untersucht werden, ob sich unter Studierenden der Psychologie die Häufigkeiten von Frauen und Männern unterscheiden. Eine Befragung von 104 Studierenden liefert folgende Daten.

	Frauen	Männer
Häufigkeit	76	28

Wir testen die Nullhypothese, dass es in der Population gleich viele Frauen und Männer gibt. In beiden Gruppen sind die erwarteten Häufigkeiten f_e also gleich, nämlich 52 Frauen und 52 Männer. Sind die gefundenen Abweichungen von diesen erwarteten Häufigkeiten nur zufällig?

Das Testen solcher Hypothesen erfolgt in den bekannten 4 Schritten

0) Voraussetzungen überprüfen

1) Signifikanzniveau festlegen

2) die Wahrscheinlichkeit des zufälligen Zustandekommens der Abweichungen der beobachteten von den erwarteten Häufigkeiten (oder noch größerer) bestimmen

3) Entscheidung treffen

Zu 2) wird die Verteilung der Abweichung von beobachteten und erwarteten Häufigkeiten benötigt. Die exakte Wahrscheinlichkeitsverteilung könnte über die Multinomialverteilung (vgl. I.B.3) bestimmt werden. Diese wäre dann aber äußerst umständlich zu tabellieren. Es zeigt sich aber, dass die Prüfgröße

$$\chi^2 = \sum_{i=1}^{k} \frac{(f_{o,i} - f_{e,i})^2}{f_{e,i}}$$

mit sehr guter Näherung einer χ^2-Verteilung[12]. (vgl. II.B.4.2.1) mit k-1 Freiheitsgraden folgt. Dabei wird für alle k Ausprägungen der untersuchten Merkmale die Differenz von beobachteten und erwarteten Häufigkeiten berechnet, quadriert, durch die erwartete Häufigkeit geteilt und über alle k Ausprägungen aufsummiert.

Diese Grundidee haben alle χ^2-Verfahren gemeinsam. Es werden die Abweichungen der beobachteten von den erwarteten Häufigkeiten untersucht.

Je nach konkreter Anwendung unterscheiden sich die einzelnen Tests, darum werden in den folgenden Abschnitten verschiedene Varianten einzeln vorgestellt.

II.C.1.2.2 χ^2-Test für ein dichotomes Merkmal

Ein Merkmal sei nominalskaliert und habe genau zwei verschiedene Ausprägungen. Es sollen Hypothesen bezüglich der Häufigkeiten dieser Ausprägungen getestet werden.

Beispiel: Es sollen Hypothesen über die Häufigkeit von Frauen und Männern unter Psychologiestudierenden getestet werden. Das Merkmal „Geschlecht" hat $k = 2$ Ausprägungen.

H_0: Es gibt genauso viele Frauen wie Männer in der Population

H_1: Es gibt unterschiedlich viele Frauen und Männer in der Population

Die beobachteten Häufigkeiten f_o und erwarteten Häufigkeiten f_e sind:

Frauen	Männer
$f_{o,1} = 76$	$f_{o,2} = 28$
$f_{e,1} = 52$	$f_{e,2} = 52$

---

[12] Zur Herleitung siehe z.B. Büning, & Trenkler (1978), Seite 92 ff.

Voraussetzungen:

- Die statistischen Einheiten müssen eindeutig Kategorien zugeordnet werden (also: Nominalskalenniveau)
- Die erwarteten Häufigkeiten in jeder Kategorie müssen mindestens 10 sein.

Durchführung:

Gemäß der H_0 müssen die erwarteten Häufigkeiten f_e berechnet werden. Dazu ist die durch die H_0 spezifizierte Wahrscheinlichkeit einer ‚Zelle' mit dem Stichprobenumfang zu multiplizieren. Im Beispiel ist f_e der Männer gleich $P(\text{männlich}) \cdot n = 0.5 \cdot 104 = 52$. Sind die f_e mindestens 10 und liegt eine Nominalskala vor, so sind die Voraussetzungen des Tests erfüllt. Anschließend wird die Prüfgröße berechnet. Im Beispiel hat die Prüfgröße den Wert

$$\chi^2 = \frac{(f_{o,1} - f_{e,1})^2}{f_{e,1}} + \frac{(f_{o,2} - f_{e,2})^2}{f_{e,2}} = \frac{(76-52)^2}{52} + \frac{(28-52)^2}{52}$$

$$= \frac{576}{52} + \frac{576}{52} = 22.15.$$

Für die statistische Entscheidung ist der kritische Wert χ^2_{krit} mit *einem* Freiheitsgrad ($df = 1$) der Tabelle im Anhang zu entnehmen. Dabei liegt nur ein Freiheitsgrad vor, da nur in einer „Zelle" der Häufigkeitstabelle die beobachteten Häufigkeiten einen zufälligen Wert annehmen können (z.B. 76 Frauen). Dann ist in der anderen Zelle die Häufigkeit festgelegt (bei insgesamt 104 Befragten müssen es 28 Männer sein). Die H_0 kann verworfen werden, wenn die Prüfgröße den kritischen Wert *übersteigt*.

Aus der Tabelle der χ^2-Verteilung entnimmt man, dass der kritische Wert zum 5%-Niveau und $df = 1$ der Wert $\chi^2_{krit} = 3.84$ ist. Da $\chi^2 > \chi^2_{krit}$, ist die Alternativhypothese anzunehmen. Es gibt unterschiedlich viele Frauen und Männer in der Population.

➤── *Technischer Hinweis:*

Einseitige Tests: Wird der χ^2-Test wie beschrieben durchgeführt, so werden dabei *ungerichtete Hypothesen* getestet. Im Beispiel wurde nicht getestet, ob es *weniger* Männer als Frauen gibt. Ist die Hypothese *gerichtet*, so muss zunächst überprüft werden, ob die Abweichung die in der H_1 formulierte Richtung haben, sonst wird die H_0 beibehalten. Ist dies der Fall, so ist der kritische Wert für das Niveau $2 \cdot \alpha$ zum Vergleich heranzuziehen, um auf dem Niveau α zu testen.

Beispiel: Lautet die H_1, dass es weniger Männer als Frauen gibt, so spricht die Richtung der Abweichungen (der beobachteten von den erwarteten Häufigkeiten) für die H_1. Der Prüfgrößenwert muss mit dem kritischen Wert zum 10%-Niveau verglichen werden. Entsprechend ausführliche Tabellen finden sich z.B. bei Bortz (1999, S.773). In diesem Fall ist $\chi^2_{krit} = 2.7$ ($df = 1$).

 SPSS: 'Nichtparametrische Tests - Chi Quadrat'.

II.C.1.2.2.1 χ^2-Test bei abhängigen Stichproben: McNemar-Test

Wird ein dichotomes Merkmal wiederholt gemessen, so können die Veränderungen zwischen den beiden Messungen mit dem *McNemar-Test of change* untersucht werden.

Beispiel: Bei einer Kampagne zur Vorsorge gegen Aids wird für die Verwendung von Kondomen geworben. Zur Überprüfung der Wirksamkeit werden vor und nach der Kampagne 80 StudentInnen befragt, ob sie beim Sex mit einem neuen Partner Kondome verwenden würden (ja/nein). Die Daten lauten:

		Nachher	
		ja	nein
Vorher	ja	35	3
	nein	27	15

Voraussetzungen:

• Die Messwerte müssen als Paare vorliegen (z.B. Messungen an denselben Personen vor und nach einer Intervention)

• Die statistischen Einheiten müssen eindeutig Kategorien zugeordnet werden (also: Nominalskalenniveau)

• Die erwarteten Häufigkeiten in jeder Kategorie müssen mindestens 10 sein.

Durchführung:

Getestet werden beim McNemar-Test nur die Änderungen, im Beispiel also die Häufigkeit, mit der vorher „ja" und nachher „nein" gemessen wurde und umgekehrt. Diese Häufigkeiten sind im Beispiel $f_{o,ja \to nein} = 3, f_{o, nein \to ja} = 27$.

Die Hypothesen lauten:
H_0: Es sind gleich viele Wechsel in beide Richtungen zu erwarten.
H_1: Es gibt mehr Wechsel von „nein" zu „ja" (gerichtet).

Unter H_0 sind in beide Richtungen $(3+27)/2 = 15$ Wechsel zu erwarten, also

$$f_{e,ja \to nein} = f_{e,nein \to ja} = 15.$$

Die Prüfgröße wird berechnet durch

$$\chi^2 = \frac{(27-15)^2}{15} + \frac{(3-15)^2}{15} = 2 \cdot \frac{144}{15} = 19.2$$

Sie ist mit df=1 Freiheitsgraden χ^2-verteilt.

Im Beispiel soll der Test einseitig mit $\alpha = 0.05$ durchgeführt werden. Daher wird der Wert der Prüfgröße mit dem kritischen Wert χ^2 für $2 \cdot \alpha = 0.1$ verglichen. Der kritische Wert lautet $\chi^2_{krit} = 2.7$. Die H_0 ist daher zu verwerfen.

 SPSS: 'Deskriptive Statistik - Kreuztabellen - Statistik - McNemar'.

II.C.1.2.2.2 Verwandte Verfahren:

Mehr als zwei abhängige Stichproben bei dichotomem Merkmal: Cochran-Test.

II.C.1.2.3 Verteilungstests: χ²-Test für ein k-fach gestuftes Merkmal

Bisher haben wir ein dichotomes Merkmal und dessen Häufigkeitsverteilung betrachtet. In der Psychologie gibt es jedoch oft Daten auf Nominalskalenniveau, die in *mehr als zwei* Ausprägungen vorkommen (z. B. der *angestrebte Berufsbereich von Psychologiestudierenden, die Parteienpräferenz bei der Bundestagswahl, die Haarfarbe etc.*). Auch werden häufig Merkmale mit höherem Skalenniveau zu Kategorien zusammengefasst (um z. B. ein Histogramm zu zeichnen). Hypothesen über die Verteilung solcher Merkmale können ebenfalls mit dem χ²-Test geprüft werden.

II.C.1.2.3.1 Test auf Gleichverteilung

Der Test ist analog zum dichotomen Merkmal. Allerdings sind die Voraussetzungen etwas milder.

Voraussetzung:

• eindeutige Zuordnung zu Kategorien

• erwartete Häufigkeiten mindestens 5

Hat ein Merkmal k Ausprägungen und wurden n Merkmalsträger untersucht, dann sind bei Vorliegen einer Gleichverteilung die erwarteten Häufigkeiten f_e alle gleich n/k. Die Prüfgröße

$$\chi^2 = \sum_{j=1}^{k} \frac{(f_{o,j} - f_{e,j})^2}{f_{e,j}}$$

ist χ^2-verteilt mit $df=k-1$.

Beispiel: Die Daten der Vorlesungsbefragung liefern folgende Häufigkeitsverteilung bezüglich des Merkmals 'angestrebter Berufsbereich':

angestrebter Berufsbereich	Anzahl
klinischer Bereich	46
Forschung	15
ABO	20
Sonstiges	11

Welches Ergebnis würde wohl der χ²-Test liefern? (Übungsaufgabe)

 SPSS: 'Nichtparametrische Tests - Chi Quadrat'.

II.C.1.2.3.2 Test auf Normalverteilung

Mit Hilfe des χ^2-Tests haben wir endlich auch die Möglichkeit zu testen, ob ein Merkmal normalverteilt ist. Dies war oft eine Voraussetzung für andere Tests. Diese Variante des χ^2-Tests heißt auch 'Test für die Güte der Anpassung an eine Normalverteilung' (goodness of fit).

Voraussetzung:

- eindeutige Zuordnung zu Kategorien
- erwartete Häufigkeiten mindestens 5

Durchführung:

Das Merkmal muss zunächst in Kategorien aufgeteilt werden. Dann kann die Abweichung von beobachteten Häufigkeiten $f_{o,j}$ und erwarteten Häufigkeiten $f_{e,j}$ getestet werden.

Beispiel: Es soll überprüft werden, ob die Variable „Körpergröße von Frauen" normalverteilt ist. Die Daten stammen von Studierenden, die nach der Körpergröße ihrer Mütter befragt wurden. Die durchgezogene Linie stammt von einer Normalverteilung, deren Mittelwert gerade der Stichprobenmittelwert 165.4 cm und deren Streuung die Stichprobenstreuung s = 6.15 cm ist.

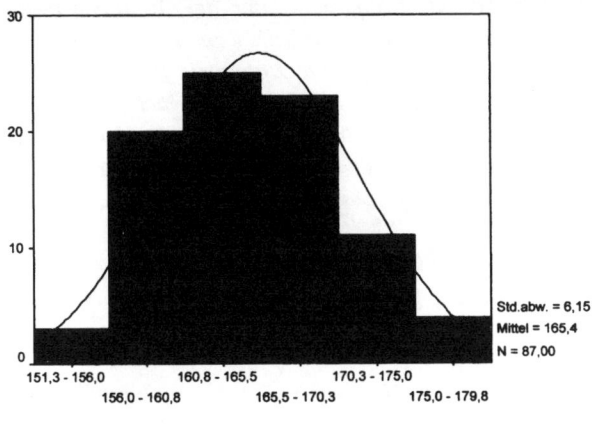

Abbildung 46: Häufigkeitsverteilung der Variable „Körpergröße der Mutter" und Dichte einer Normalverteilung.

Die erwarteten Häufigkeiten sind die bei Vorliegen einer Normalverteilung zu erwartenden Häufigkeiten. Die Prüfgröße ist wieder

169

$$\chi^2 = \sum_{j=1}^{k} \frac{(f_{o,j} - f_{e,j})^2}{f_{e,j}}$$

Sie ist χ^2-verteilt mit $df=k$-3 (denn es gehen mit dem Stichprobenumfang, dem Mittelwert und der Standardabweichung drei Freiheitsgrade „verloren". Die minimale Anzahl von Kategorien für diesen Test ist daher $k=4$).

Beispiel: Bei dem Merkmal „Körpergröße der Mütter" wurden die Daten in $k=6$ Kategorien zusammengefasst. Die Tabelle zeigt die Ergebnisse.

Kategorie Größe in cm	f_0	f_e	$\frac{(f_o - f_e)^2}{f_e}$
< 156	3	5.53	1.157
156-160,749	20	14.07	1.91
160,75-165,49	25	24.48	0.01
165,5-170,249	23	24.19	0.058
170,25-174,99	11	13.56	0.48
>175	5	5.15	0.004

$$\chi^2 = \sum \frac{(f_o - f_e)^2}{f_e} = 3.62$$

Zur Berechnung der erwarteten Häufigkeiten: Zunächst wird die Wahrscheinlichkeit für jede Kategorie unter der Annahme bestimmt, dass eine Normalverteilung (mit Mittelwert 165.4 cm und Streuung 6.15 cm) vorliegt. So ergibt sich z.B. für die größte Kategorie $P(Größe > 175) = 0.0592$ (zur Berechnung vgl. Abschnitt I.B.8.1). Die erwartete Häufigkeit f_e für diese Kategorie erhält man als Produkt der Kategorienwahrscheinlichkeit mit dem Stichprobenumfang. Für die größte Kategorie gilt z.B.

$$f_{e,>175} = 0.0592 \cdot 87 = 5.15.$$

Der kritische χ^2-Wert bei einem Signifikanzniveau von $\alpha=0.05$ und $df=k$-3 $=3$ beträgt 7.81. Der gefundene χ^2-Wert von 3.62 ist kleiner als der kritische Wert, daher ist die H_0 beizubehalten.

 Aber: Kann damit das Vorliegen einer Normalverteilung als statistisch abgesichert betrachtet werden?

Problem: H_0 ist Wunschhypothese. Der Test schließt verkehrt herum! H_0 bedeutet: die Daten sind normalverteilt (genauer: das Merkmal ist in der Population normalverteilt). Der χ^2-Test sichert gegen falsche Annahme von H_1 ab (α-Fehler). Die Wahrscheinlichkeit für falsches Beibehalten der H_0 (β-Fehler) kann nicht konkret angegeben werden. Man weiß nur: je kleiner die Wahrscheinlichkeit für einen α-Fehler, desto größer die Wahrscheinlichkeit für einen β-Fehler.

Pragmatische Lösung: Man wählt zumindest bei sehr kleinen Stichproben ein großes α (z.B. $\alpha=0.20$) und hält damit den β-Fehler klein.

Weitere Probleme:

Stichprobengröße: Der χ^2-Test für die Güte der Anpassung kann bei kleinen Stichproben eine Abweichung von der Normalverteilung kaum entdecken, denn der β-Fehler hängt von der Stichprobengröße ab (vgl. Abschnitt II.B.1.3.1.2). Anschaulich ist klar, dass man zu nur einem oder zwei Messwerten immer eine Normalverteilung finden kann, aus der die Werte stammen könnten. Erst bei einer größeren Stichprobe gibt es überhaupt eine Chance, die H_0 zu verwerfen. Daher sollte dieser Test bei sehr kleinen Stichproben nicht angewendet werden (siehe auch der nächste Abschnitt).

Aufwendige Durchführung: Der hier vorgestellte Test kann nicht direkt mit SPSS durchgeführt werden sondern erfordert selbständiges Rechnen. Aus diesem Grunde werden in der Praxis gern die folgenden Verfahren für das Testen der Normalverteilung verwendet:

Verwandte Verfahren:

In der Praxis wird für den Test auf Normalverteilung bei großen Stichproben ($n>50$) der *Kolmogoroff-Smirnoff-Test* und bei kleinen Stichproben der *Shapiro-Wilk-Test* verwendet. Beide Tests untersuchen die Abweichung der empirischen Verteilungsfunktion von der Verteilungsfunktion einer Normalverteilung. Auch hier taucht wie bei allen „Voraussetzungstests" das Problem auf, dass die H_0 die Wunschhypothese ist und die Kontrolle des β-Fehlers wichtiger ist als die Kontrolle des α-Fehlers. Daher ist zumindest bei sehr kleinen Stichproben die Verwendung von einem großen α (z.B. $\alpha=0.20$) empfehlenswert.

🖳 *SPSS: 'Deskriptive Statistik - Explorative Datenanalyse - Diagramme - Normalverteilungsdiagramm mit Tests'.*

Der Shapiro-Wilk-Test wird von SPSS nur bei kleinen Stichproben ausgeführt. Außerdem existiert eine zweite Fassung des Kolmogoroff-Smirnoff-Test im Menü 'Nonparametrische Tests', die allerdings statistisch nicht korrekt ist. Für den Anwender ist es außerdem meist nicht entscheidend, ob exakt eine Normalverteilung vorliegt, sondern ob die Daten einer Normalverteilung hinreichend ähnlich sind. Dafür eignen sich auch grafische Analysen wie Q-Q-Plots (im Menü Diagramme). Auch kann es in manchen Fällen sinnvoll sein, Daten zu transformieren, um sie „normaler" zu machen. Bei linkssteilen Verteilungen hilft es z.B. oft die Daten zu logarithmieren.

II.C.1.2.4 χ^2-Test für mehrere Merkmale

Auch bei mehreren Merkmalen können mit Hilfe von χ^2-Verfahren Hypothesen getestet werden. Trägt man die Häufigkeiten mehrerer Merkmale in eine Tabelle ein, so erhält man eine sogenannte *Kontingenztafel*.

Beispiel: Es liegen Daten in Form einer 4-Felder Kontingenztafel bezüglich der Merkmale „Geschlecht" und „Rauchen" vor. In den einzelnen Feldern (auch Zellen genannt) stehen die Häufigkeiten der jeweiligen Merkmalskombination. Die Daten stammen von 95 TeilnehmerInnen einer Vorlesung.

	Nichtraucher	*Raucher*	*gesamt*
weiblich	51	22	73
männlich	14	8	22
gesamt	65	30	95

Die Anwendung von χ^2-Verfahren bei mehreren Merkmalen erfolgt nach dem gleichen Prinzip wie beim Testen eines Merkmals: Die Abweichungen der beobachteten Häufigkeiten f_o von den erwarteten Häufigkeiten f_e sind angenähert χ^2-verteilt. Die erwarteten Häufigkeiten ergeben sich durch die Nullhypothese.

II.C.1.2.4.1 Hypothesen bei zwei Merkmalen

Rauchen überproportional mehr Männer als Frauen? Diese Frage richtet sich auf den Zusammenhang der Merkmale. Wenn bekannt ist, dass es 50% Männer und 30% Raucher in der Bevölkerung gibt, wären 15% männliche Raucher zu erwarten, wenn die Merkmale unabhängig sind (vgl. Abschnitt II.C.1.2.1). Wenn eine Abhängigkeit der Merkmale besteht, werden die beobachteten Häufigkeiten systematisch von den bei Unabhängigkeit erwarteten Häufigkeiten abweichen. Die Hypothesen lauten:

H_0: Die Merkmale „Rauchen" und „Geschlecht" sind stochastisch unabhängig.

H_1: Die Merkmale sind stochastisch abhängig. Es gibt einen Zusammenhang beider Merkmale.

Voraussetzungen:

*   Merkmale nominalskaliert
*   Erwartete Häufigkeiten mindestens 5

Bei der Durchführung müssen verschiedene Fälle unterschieden werden.

1.Fall: die Verteilung der einzelnen Merkmale ist bekannt

Es sei bekannt, dass das Merkmal *Geschlecht* die Verteilung P(Mann) = P(Frau)=0.5 und das Merkmal *Rauchen* die Verteilung P(Raucher)=0.3 und P(Nichtraucher)=0.7 haben. Die erwartete Wahrscheinlichkeit für eine Merkmalskombination ist bei der Unabhängigkeit der Merkmale das Produkt der Einzelwahrscheinlichkeiten. Also

$$P(\text{Frau} \cap \text{Nichtraucher})=P(\text{Frau}) \cdot P(\text{Nichtraucher})=0.5 \cdot 0.7=0.35$$

Die erwartete Häufigkeit von nicht rauchenden Frauen ist

$$P(\text{Frau} \cap \text{Nichtraucher}) \cdot n,$$

wenn n der Stichprobenumfang ist. Es sind z.B. $0.35 \cdot 95=33.25$ nicht rauchende Frauen zu erwarten.

Durchführung

Die Durchführung läuft in den bekannten 4 Schritten ab. Die Prüfgröße lautet

$$\chi^2 = \sum_{j=1}^{4} \frac{(f_{o,j} - f_{e,j})^2}{f_{e,j}}$$

Sie ist χ^2-verteilt mit $df=3$ Freiheitsgraden.

Bezeichnung: 4-Felder χ^2-Test

Problem: Die Verteilung der einzelnen Merkmale ist oft unbekannt. Für unsere Vorlesungsdaten kann das Verfahren so nicht angewendet werden, weil die Verteilung des Merkmals „*Geschlecht*" unter Psychologiestudierenden sicherlich nicht P(Mann)=P(Frau)=0.5 ist. Es bleibt uns nichts anderes übrig, als die Verteilung zu schätzen.

2. Fall: die Verteilung der einzelnen Merkmale ist unbekannt.

Sind die Verteilungen der einzelnen Merkmale nicht bekannt, so werden sie durch die relativen Häufigkeiten aus der Stichprobe geschätzt. Die Unabhängigkeit der Merkmale wird dann aufgrund der Abweichung der beobachteten Häufigkeiten von den geschätzten erwarteten Häufigkeiten getestet.

In unseren Daten finden wir eine relative Häufigkeit von Frauen h(Frau)=73/95 =0.768 und entsprechend h(Mann)=22/95=0.232. Für das Merkmal „Rauchen" finden wir die relative Häufigkeit h(Raucher) = 30/95 = 0.316 und h(Nichtraucher)=65/95=0.684.

Im Falle der stochastischen Unabhängigkeit beider Merkmale würden wir das Produkt der jeweiligen relativen Häufigkeiten erwarten, z. B. h(rauchende Frau)=0.316·0.768=0.243. Die erwartete Häufigkeit f_e wäre dann

$$f_{e,rauchende\ Frau}=h(\text{rauchende Frau}) \cdot n=0.243 \cdot 95=23.0.$$

Beispiel: In die Häufigkeitstabelle wurden neben den beobachteten Häufigkeiten f_o die bei Unabhängigkeit der Merkmale erwarteten Häufigkeiten f_e eingetragen.

	Nichtraucher	Raucher	Zeilensumme
weiblich	$f_o=51$	$f_o=22$	73
	$f_e=49.95$	$f_e=22.05$	
männlich	$f_o=14$	$f_o=8$	22
	$f_e=15.05$	$f_e=6.95$	
Spaltensumme	65	30	95

Durchführung: Die erwarteten Häufigkeiten können auch direkt durch

$$f_{e,ij} = (Zeilensumme_i \cdot Spaltensumme_j) / n$$

berechnet werden. Die Prüfgröße wird in bekannter Weise berechnet. Sie ist χ^2-verteilt, allerdings mit $df = 1$. Weil durch die Zeilen- und Spaltensummen die erwarteten Häufigkeiten geschätzt werden, kann nur eine Größe in der Kontingenztafel frei variieren.

II.C.1.2.4.2 Verwandte Verfahren

In analoger Weise können die Häufigkeiten von mehr als zwei Merkmalsausprägungen untersucht werden. Hat das eine Merkmal k Ausprägungen, das andere l Ausprägungen, so ist die Prüfgröße

$$\chi^2 = \sum_{i,j} \frac{(f_{o,ij} - f_{e,ij})^2}{f_{e,ij}}$$

χ^2-verteilt mit $df = k \cdot l - 1$ bei vorgegebenen Verteilungen der Merkmale und mit $df = (k-1)(l-1)$ bei geschätzten Verteilungen der Merkmale.

Komplexere Probleme bei der Analyse von Häufigkeiten wie die Zusammenhänge zwischen mehr als zwei Merkmalen können ebenfalls mit χ^2-Tests untersucht werden. Entsprechende Verfahren findet man unter dem Stichwort *Log-Lineare Modelle.*

SPSS: 'Deskriptive Statistik - Kreuztabellen - Statistik - Chi Quadrat'.

Weiterführende Literatur

Die hier genannten verteilungsfreien Verfahren und noch viele weitere Tests finden sich z.B. in den Büchern von Diehl und Arbinger (2001) oder Bortz, Lienert und Boehnke (2000). Beide eignen sich gut, um zu bestimmten Fragen den passenden Test zu finden. Ergänzungen zu den hier vorgestellten Verfahren finden sich auch auf *www.statistik-fuer-psychologen.de*, zum Beispiel kommentierte SPSS-Berechnungen für die aufgeführten Rechenbeispiele. Zu Log-Linearen Modellen ist das Buch von Agresti (1990) zu empfehlen.

II.C.2 Varianzanalyse

Eines der am häufigsten verwendeten Verfahren der Inferenzstatistik ist die Varianzanalyse. Ihr ist daher ein ausführlicher Abschnitt gewidmet. Das Ziel der Varianzanalyse ist es, Unterschiede der *Mittelwerte* bei mehr als zwei Stichproben zu testen. Im folgenden Abschnitt wird zuerst die Idee des Verfahrens vorgestellt und dann die Rechenschritte erklärt. Anschließend werden eine ganze Reihe verschiedener Varianten der Varianzanalyse besprochen.

Die Fragestellung der Varianzanalyse verdeutlicht das folgende Beispiel:

Beispiel: Messen Psychologen mit unterschiedlichen Berufszielen dem beruflichen Erfolg unterschiedliche Bedeutung bei? Bei einer Befragung von Studierenden der Psychologie wurden der „angestrebte Berufsbereich" und die „Wichtigkeit von Erfolg" auf einer 5-Punkte Skala erhoben. Die Ausprägungen des Merkmals „angestrebter Berufsbereich" stellen die verschiedenen Faktorstufen dar (1 klinisch-therapeutischer Bereich, 2 Arbeits-, Betriebs- und Organisationsbereich, 3 Forschung, 4 pädagogischer Bereich).

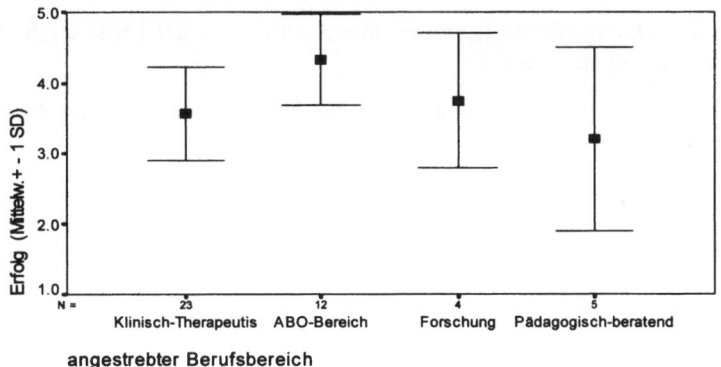

Die Grafik zeigt die unterschiedlichen Mittelwerte bei den verschiedenen Gruppen von Studierenden der Psychologie. Um die Mittelwerte herum ist die Standardabweichung eingezeichnet. Mit einer Varianzanalyse können die Unterschiede der verschiedenen *Mittelwerte* getestet werden.

Die Nullhypothese lautet: Die Mittelwerte unterscheiden sich nur zufällig (genauer: in der Population gibt es keine Unterschiede zwischen den Gruppen hinsichtlich ihrer Einschätzung von „Erfolg").

Die Alternativhypothese lautet: In der Population gibt es Unterschiede zwischen den Berufsgruppen hinsichtlich ihrer Einschätzung von „Erfolg".

Häufige Anwendung: Varianzanalysen werden gern zur Auswertung von Experimentaldaten verwendet. Die unter verschiedenen experimentellen Bedingungen gewonnenen Daten liefern dann die verschiedenen Stichproben, deren Mittelwerte auf Unterschiede getestet werden sollen. Diese Experimentalbedingungen stellen die Ausprägungen der *unabhängigen Variable* dar, deren Wirkung auf eine *abhängige Variable* untersucht wird.

Bezeichnung: Eine unabhängige Variable (UV) wird auch als *Faktor* bezeichnet (das meint hier aber etwas anderes als bei der Faktorenanalyse). Die verschiedenen Ausprägungen der UV werden *Faktorstufen* genannt.

II.C.2.1 Idee der Varianzanalyse

Obwohl der Name Varianzanalyse (abgekürzt wird auch die Bezeichnung VA benutzt) erst einmal etwas anderes nahelegt, dienen Varianzanalysen der *Überprüfung von Mittelwertsunterschieden*. Dazu wird allerdings die *Varianz* der abhängigen Variable analysiert. Dies ist die entscheidende Idee des Verfahrens. Die Populationsvarianz kann aus den Daten auf verschiedene Arten geschätzt werden:

I. aus den Unterschieden (genauer: aus der Varianz) der Mittelwerte der verschiedenen Stichproben.

II. aus den Unterschieden (genauer: aus der Varianz) innerhalb der Stichproben (innerhalb der Gruppen)

Unter der Nullhypothese sind dies beide erwartungstreue Schätzer der Populationsvarianz, die sich nur zufällig unterscheiden. Die Gleichheit dieser beiden geschätzten Varianzen kann mit dem F-Test geprüft werden.

Gibt es aber große Unterschiede zwischen den Gruppenmittelwerten, so wird die aus den Gruppenmittelwerten geschätzte Populationsvarianz (Schätzer I) größer sein als die aus der Varianz innerhalb der Stichproben geschätzte Populationsvarianz (Schätzer II). Unterscheiden sich Studierende mit unterschiedlichen *Berufszielen* hinsichtlich der Bewertung von *Erfolg*, so werden sich die Mittelwerte der Gruppen mehr als nur zufällig vom Gesamtmittelwert unterscheiden.

II.C.2.2 Durchführung einer einfaktoriellen Varianzanalyse

Ausgangspunkt bilden die Messwerte einer abhängigen Variablen (im Beispiel „Bedeutung von Erfolg") aus k unabhängigen Stichproben. Die Stichproben entsprechen den Ausprägungen *einer* unabhängigen Variablen (*eines* Faktors, der in k Stufen vorliegt). Im Beispiel sind das die 4 Ausprägungen der Variable

„angestrebter Berufsbereich". Der Einfachheit halber sollen alle Stichproben zunächst den gleichen Umfang n haben. Ziel ist es, die Populationsvarianz σ^2 auf zwei Arten zu schätzen:

- aufgrund der Varianz *innerhalb* der einzelnen Gruppen:
  Bezeichnung: $\hat{\sigma}^2_{inn}$

- aufgrund der Varianz der Mittelwerte, also aufgrund der Unterschiede *zwischen* den Gruppen: *Bezeichnung*: $\hat{\sigma}^2_{zwischen}$

Diese unterscheiden sich nur zufällig, wenn die Nullhypothese gilt. Unterscheiden sich die verschiedenen Gruppenmittelwerte aber mehr als nur zufällig, so wird die daraus geschätzte Varianz $\hat{\sigma}^2_{zwischen}$ größer sein als die innerhalb einzelner Gruppen geschätzte Varianz $\hat{\sigma}^2_{inn}$.

II.C.2.2.1 Berechnung von $\hat{\sigma}^2_{inn}$

Es wird aus jeder Stichprobe die Populationsvarianz σ^2 geschätzt. Für die *i*-te Stichprobe lautet die Schätzung

$$\hat{\sigma}^2_{i\text{-}te\text{-}Stichprobe} = \frac{\sum_{j=1}^{n}(x_{ij} - \bar{x}_i)^2}{n-1}$$

Hierbei ist x_{ij} der j-te Messwert in Stichprobe i und $\bar{x}_i$ der Mittelwert der i-ten Stichprobe. Ein noch besserer Schätzer für die Populationsvarianz σ^2 ist der Mittelwert dieser k Schätzer:

$$\hat{\sigma}^2_{inn} = \frac{\hat{\sigma}^2_1 + \hat{\sigma}^2_2 + ... + \hat{\sigma}^2_k}{k} = \frac{\sum_{i=1}^{k}\sum_{j=1}^{n}(x_{ij} - \bar{x}_i)^2}{k(n-1)}$$

Bezeichnung: der Ausdruck

$$QS_{inn} = \sum_{i=1}^{k}\sum_{j=1}^{n}(x_{ij} - \bar{x}_i)^2$$

wird als Quadratsumme innerhalb der Gruppen bezeichnet (im Englischen wird QS_{inn} als SS_{within} – Sum of Squares within - abgekürzt).

II.C.2.2.2 Berechnung von $\hat{\sigma}^2_{zwischen}$

Aus den Mittelwerten der verschiedenen Stichproben kann die Populationsvarianz folgendermaßen geschätzt werden. Gilt die H_0, dann unterscheiden sich die k Mittelwerte nur zufällig. $\bar{\bar{x}}$ bezeichne den Gesamtmittelwert *aller* Daten. Dann kann die Varianz der *Mittelwerteverteilung* geschätzt werden durch

$$\hat{\sigma}^2_{\bar{X}} = \frac{\sum_{i=1}^{k}(\bar{x}_i - \bar{\bar{x}})^2}{k-1}.$$

Dies ist gerade der (quadrierte) geschätzte Standardfehler des Mittelwertes. Der Standardfehler des Mittelwertes hängt aber eng mit der gesuchten Populationsvarianz σ^2 zusammen. Es gilt nämlich

$$\sigma_{\bar{x}}^2 = \frac{\sigma^2}{n} \text{ (vgl. II.A.1.2.1).}$$

Aus der Varianz der Mittelwerte kann daher die Populationsvarianz σ^2 durch

$$\hat{\sigma}_{zwischen}^2 = n \cdot \hat{\sigma}_{\bar{x}}^2 = \frac{n \cdot \sum_{i=1}^{k}(\bar{x}_i - \bar{\bar{x}})^2}{k-1}$$

geschätzt werden.

Bezeichnung: der Ausdruck QS$_{zwischen}$ = $n \cdot \sum_{i=1}^{k}(\bar{x}_i - \bar{\bar{x}})^2$ wird als Quadratsumme zwischen den Gruppen bezeichnet (englisch: SS$_{between}$).

Entscheidend ist: Unter der Nullhypothese sind $\hat{\sigma}^2_{inn}$ und $\hat{\sigma}^2_{zwischen}$ beide erwartungstreue Schätzer der Populationsvarianz σ^2. Sie unterscheiden sich nur zufällig. Unterscheiden sich aber die wahren Mittelwerte der Gruppen, dann wird $\hat{\sigma}^2_{zwischen}$ systematisch größer sein als $\hat{\sigma}^2_{inn}$. Dies wird getestet.

Prüfgröße: Die Prüfgröße ist der Quotient beider Varianzschätzer. Gilt die Nullhypothese, dann ist

$$\frac{\hat{\sigma}_{zwischen}^2}{\hat{\sigma}_{inn}^2} \quad F\text{-verteilt}$$

mit $df = k-1$ (Zähler) und $df = k \cdot (n-1)$ (Nenner) Freiheitsgraden.

II.C.2.2.3 Praktische Durchführung

Zunächst betrachten wir den Fall, dass alle Stichproben den gleichen Umfang n haben. Es werden zunächst die Quadratsummen QS$_{zwischen}$ und QS$_{inn}$ und anschließend die Prüfgröße berechnet.

Beispiel: In einer experimentellen Untersuchung werden 20 depressive Patienten vier Gruppen mit unterschiedlicher Behandlung zufällig zugeordnet.
1) Warteliste (Kontrollgruppe)
2) kognitive Therapie
3) medikamentöse Behandlung (Antidepressiva)
4) Placebo

Unter jeder Bedingung werden fünf Personen zwei Monate behandelt. Anschließend wird das Ausmaß der Depressivität als abhängige Variable gemessen. Hohe Werte bedeuten ein hohes Ausmaß an Depressivität. Die Ergebnisse lauten:

	Stichprobe (Faktorstufe)		
1 (Kontroll)	2 (kognitiv)	3 (medikamentös)	4 (Placebo)
10	8	8	7
13	7	10	12
15	8	12	10
14	6	9	12
13	11	6	9
$\sum_j x_{1j} = 65$	$\sum_j x_{2j} = 40$	$\sum_j x_{3j} = 45$	$\sum_j x_{4j} = 50$
$\overline{x}_1 = 13$	$\overline{x}_2 = 8$	$\overline{x}_3 = 9$	$\overline{x}_4 = 10$

Tabelle 10: Daten des Therapiebeispiels.

Das Gesamtmittel $\overline{\overline{x}}$ aller Stichproben berechnet sich durch

$$\overline{\overline{x}} = \frac{\sum_{i=1}^{4}\sum_{j=1}^{5} x_{ij}}{20} = \frac{65 + 40 + 45 + 50}{20} = 10$$

(die Summe über die vorletzte Zeile, geteilt durch die Anzahl aller Vpn).

Die Nullhypothese lautet: Die Mittelwerte der vier Gruppen unterscheiden sich nur zufällig, die wahren Mittelwerte unterscheiden sich nicht.

H_0: $\mu_1 = \mu_2 = \mu_3 = \mu_4$

Die Alternativhypothese lautet: Mindestens zwei der wahren Mittelwerte unterscheiden sich.

H_1: $\mu_i \neq \mu_j$ (für mindestens 2 Mittelwerte)

Berechnung der Quadratsummen QS_{inn} und $QS_{zwischen}$

Bei einer Varianzanalyse werden die Werte der abhängigen Variablen in folgendem Zahlenschema aufgeschrieben. Es gibt k Faktorstufen, also k Stichproben, welche die Spalten bilden. Für die Durchführung einer Varianzanalyse sind zu berechnen:

- Die Summe der Werte jeder Stichprobe (Spaltensumme) $S_i = \sum_j x_{ij}$

- die Mittelwerte $\overline{x}_i = \frac{S_i}{n}$ für jede der k Stichproben

- und das Gesamtmittel $\bar{\bar{x}} = \dfrac{\sum\limits_i S_i}{n \cdot k}$.

	Stichprobe (Faktorstufe)			
	1	2	...	k
Vp	x_{11}	x_{21}	...	x_{k1}
	x_{12}	x_{22}	...	x_{k2}
	$\vdots$	$\vdots$	$\vdots$	$\vdots$
	x_{1n}	x_{2n}	...	x_{kn}
S_i	$\sum\limits_j x_{1j}$	$\sum\limits_j x_{2j}$	...	$\sum\limits_j x_{kj}$
$\bar{x}_i$	$\bar{x}_1$	$\bar{x}_2$	...	$\bar{x}_k$

Tabelle 11: Datenschema zur Durchführung einer einfaktoriellen Varianzanalyse.

Daraus werden die *Quadratsummen* berechnet:

$$QS_{inn} = \sum_i \sum_j (x_{ij} - \bar{x}_i)^2 \quad \text{und} \quad QS_{zwischen} = n \cdot \sum_{i=1}^{k} (\bar{x}_i - \bar{\bar{x}})^2$$

Beispiel: Mit den Daten des Depressionsbeispiels werden folgende Werte errechnet:

$$QS_{zwischen} = n \cdot \sum_{i=1}^{k} (\bar{x}_i - \bar{\bar{x}})^2$$

$$= 5 \left[(13\text{-}10)^2 + (8\text{-}10)^2 + (9\text{-}10)^2 + (10\text{-}10)^2\right]$$

$$= 5 \left[9 + 4 + 1 + 0\right]$$

$$= 70$$

$$QS_{inn} = \sum_i \sum_j (x_{ij} - \bar{x}_i)^2$$

$$= (10\text{-}13)^2 + (13\text{-}13)^2 + (15\text{-}13)^2 + (14\text{-}13)^2 + (13\text{-}13)^2$$
$$+ (8\text{-}8)^2 \ + (7\text{-}8)^2 \ + (8\text{-}8)^2 \ + (6\text{-}8)^2 \ + (11\text{-}8)^2$$
$$+ (8\text{-}9)^2 \ + (10\text{-}9)^2 + (12\text{-}9)^2 + (9\text{-}9)^2 \ + (6\text{-}9)^2$$
$$+ (7\text{-}10)^2 \ + (12\text{-}10)^2 + (10\text{-}10)^2 + (12\text{-}10)^2 + (9\text{-}10)^2$$
$$= 14 + 14 + 20 + 18 \ = \ 66$$

Mit diesen Quadratsummen kann die Prüfgröße bestimmt werden.

Berechnung der Prüfgröße:

Für die Schätzung der Populationsvarianz aufgrund der Mittelwertunterschiede zwischen den Gruppen wird $QS_{zwischen}$ durch die Zahl der Freiheitsgrade geteilt. Wenn es k Stichproben gibt, hat $QS_{zwischen}$ k-1 Freiheitsgrade.

$$\hat{\sigma}^2_{zwischen} = \frac{QS_{zwischen}}{k-1}$$

Für die Schätzung der Populationsvarianz aufgrund der Varianz *in* den Stichproben wird QS_{inn} durch die Zahl der Freiheitsgrade geteilt. In jeder Stichprobe gibt es n-1 frei variierbare Größen, insgesamt hat also QS_{inn} k·(n-1) Freiheitsgrade.

$$\hat{\sigma}^2_{inn} = \frac{QS_{inn}}{k(n-1)}$$

Die Prüfgröße

$$F = \frac{\hat{\sigma}^2_{zwischen}}{\hat{\sigma}^2_{inn}}$$

ist bei Gültigkeit der H_0 F-verteilt mit $df_{Zähler}=k-1$ und $df_{Nenner}=k\cdot(n-1)$.

Beispiel: Im Depressionsbeispiel hat $QS_{zwischen}$ 4-1 = 3 Freiheitsgrade. Es ist

$$\hat{\sigma}^2_{zwischen} = \frac{QS_{zwischen}}{k-1} = \frac{70}{3} = 23.33.$$

QS_{inn} hat k(n-1) = 4·4 = 16 Freiheitsgrade. Demnach ist

$$\hat{\sigma}^2_{inn} = \frac{QS_{inn}}{k(n-1)} = \frac{66}{16} = 4.125.$$

Die Prüfgröße berechnet sich durch

$$F = \frac{\hat{\sigma}^2_{zwischen}}{\hat{\sigma}^2_{inn}} = \frac{23.33}{4.125} = 5.657$$

bei $df_{Zähler}$ = 3, df_{Nenner} = 16. Für $\alpha = 0.05$ lautet der kritische F-Wert $F_c = 3.24.$[13] Der Test führt zur Annahme der H_1. Die Mittelwerte der Gruppen unterscheiden sich mehr als nur zufällig.

Interpretation: Die unterschiedlichen Behandlungsbedingungen führen zu unterschiedlicher Ausprägung von Depressivität.

 SPSS: ,Mittelwerte vergleichen - Einfaktorielle ANOVA'. ANOVA ist die Abkürzung für Analysis Of Variance. Beim Datenbeispiel der verschiede-

---

[13] Die Tabelle im Anhang liefert für diese Freiheitsgrade keine Angaben. Der kritische F-Wert wurde mit Hilfe eines Online Statistik Rechners ermittelt (siehe der Link auf www.statistik-fuer-psychologen.de).

nen Depressionstherapien erhält man mit SPSS die folgende Ausgabe:

depressivität

	Quadrat-summe	df	Mittel der Quadrate	F	Signifikanz
Zwischen den Gruppen	70.000	3	23.333	5.657	.008
Innerhalb der Gruppen	66.000	16	4.125		
Gesamt	136.000	19			

Die Werte stimmen mit unserer Berechnung „von Hand" überein. In der Spalte ‚Signifikanz' wird der p-Wert, also die Wahrscheinlichkeit für den vorgefundenen (oder einen noch größeren) F-Wert unter Gültigkeit der H_0, angegeben. Damit kann unmittelbar die statistische Entscheidung getroffen werden. Würde mit $\alpha = 0.05$ getestet, dann wären die Unterschiede signifikant (sofern die Voraussetzungen des Tests erfüllt sind (s.u.).).

II.C.2.3 Voraussetzungen der Varianzanalyse

Die Anwendung der Varianzanalyse ist wie alle bisher vorgestellten Verfahren an Voraussetzungen gebunden.

- Normalverteilung in den Gruppen (d. h. die Fehler müssen normalverteilt sein).
- Varianzhomogenität (die Fehler müssen in den verschiedenen Gruppen die gleiche Varianz haben).
- Die Stichproben müssen unabhängig sein.

Die drei Voraussetzungen werden für die Varianzschätzung durch QS_{inn} und $QS_{zwischen}$ und für den anschließenden F-Test benötigt.

Was passiert bei Verletzungen der Voraussetzungen? Einige ☝-Regeln:

- Abweichungen von der Normalverteilung sind zu vernachlässigen, wenn die Verteilungen schief sind. Bei extrem schmalgipfligen Verteilungen neigt der F-Test zu konservativen Entscheidungen (bleibt eher bei H_0), bei breitgipfligen Verteilungen wird er progressiver (entscheidet eher für H_1).
- Heterogene Varianzen beeinflussen den F-Test bei gleichgroßen Stichproben nur unerheblich.
- Erhebliche Gefahr besteht bei kleinen Stichproben unterschiedlicher Größe, wenn die Varianzen heterogen sind.

Empfehlung: Varianzanalyse wenn möglich bei gleicher Stichprobengröße durchführen (dann größere Robustheit). Mittlerweile gibt es Verfahren, welche die Voraussetzung homogener Varianzen nicht benötigen (Welch-Test, Brown-Forsythe-Test). Ansonsten kann auf einen Rangtest zurückgegriffen werden (Kruskall-Wallis-Test, die sogenannte *Rangvarianzanalyse*).

Überprüfung der Voraussetzungen

Zur Überprüfung der Normalverteilungsvoraussetzung vgl. Abschnitt II.C.1.2. 3.2. Die Homogenität der Varianzen von mehr als 2 Stichproben kann mit dem Levene-Test überprüft werden (Achtung: H_0 ist bei beiden Tests die Wunschhypothese). Der Levene-Test ist robuster als der F-Test. Er beruht auf einer Analyse der Abweichungsbeträge und nicht der Abweichungsquadrate der Messwerte vom Mittelwert. Die Unabhängigkeit von Stichproben ist nicht mittels Signifikanztest sondern mittels theoretischer Überlegungen zu überprüfen. Unabhängigkeit bedeutet, dass die Zuordnung einer Person zu einer Stichprobe stochastisch unabhängig von der Zuordnung anderer Personen sein muss. Dies ist z.B. in randomisierten Experimenten der Fall.

 SPSS: Unter ,Mittelwerte vergleichen - Einfaktorielle ANOVA - Optionen' kann man die Homogenität der Varianzen mit dem Levene-Test überprüfen.

Anmerkung:
Vergleicht man die Mittelwerte von nur *zwei* Gruppen, so stimmen die Ergebnisse von Varianzanalyse und t-Test überein. Der t-Test ist ein Spezialfall der Varianzanalyse.

➤━━ *Durchführung einer einfaktoriellen Varianzanalyse bei ungleich großen Stichproben*

Es liegen Daten von k Stichproben vom Umfang $n_1, n_2, ..., n_k$ vor:

	Stichprobe (Faktorstufe)			
	1	*2*	...	*k*
	x_{11}	x_{21}	...	x_{k1}
	x_{12}	x_{22}	...	x_{k2}
Vp	:	:	:	:
	x_{1n_1}	x_{2n_2}	...	x_{kn_k}
S_i	$\sum_{j=1}^{n_1} x_{1j}$	$\sum_{j=1}^{n_2} x_{2j}$	...	$\sum_{j=1}^{n_k} x_{kj}$
$\overline{x}_i$	$\overline{x}_1$	$\overline{x}_2$	...	$\overline{x}_k$

Zu berechnen sind:

- Der gesamte Umfang N aller Stichproben $N = \sum_{i=1}^{k} n_i$

- Die Summe der Werte jeder Stichprobe (Spaltensumme) $S_i = \sum_{j=1}^{n_i} x_{ij}$

183

- die Mittelwerte $\overline{x}_i = \dfrac{S_i}{n_i}$ aller k Stichproben

- und das Gesamtmittel $\overline{\overline{x}} = \dfrac{\sum_i S_i}{N}$.

Daraus werden die Quadratsummen berechnet:

$$\text{QS}_{\text{inn}} = \sum_{i=1}^{k} \sum_{j=1}^{n_i} (x_{ij} - \overline{x}_i)^2 \quad \text{und} \quad \text{QS}_{\text{zwischen}} = \sum_{i=1}^{k} n_i (\overline{x}_i - \overline{\overline{x}})^2$$

Freiheitsgrade: $\text{QS}_{\text{zwischen}}$ hat k-1 Freiheitsgrade, QS_{inn} hat N-k Freiheitsgrade. Damit kann dann die Prüfgröße berechnet und der Test durchgeführt werden.

Problem: Unterscheiden sich die Stichprobenumfänge sehr stark, so werden große Stichproben bei der Berechnung von $\text{QS}_{\text{zwischen}}$ überproportional gewichtet. Findet sich z.B. bei der größten Stichprobe auch ein großer Effekt, führt dies beim Test eher zu einer Entscheidung für die H_1 und damit zu einem höheren α-Fehler → Korrekturformeln.[14]

Wir haben bisher gesehen, wie eine Varianzanalyse mit einer unabhängigen Variable (Bezeichnung: einfaktorielle VA) praktisch durchgeführt wird und welche Idee dahinter steht. Der folgende Abschnitt stellt die Hintergründe genauer dar.

II.C.2.4 Hintergrund: Quadratsummenzerlegung und Allgemeines Lineares Modell

Nachdem die praktische Berechnung einer einfaktoriellen Varianzanalyse vorgestellt wurde, soll nun auf den theoretischen Hintergrund eingegangen werden. Die zu berechnenden Quadratsummen $\text{QS}_{\text{zwischen}}$ und QS_{inn} können nämlich wie bei der linearen Regression als „erklärte Abweichungen" und „Fehler" gesehen werden. Es zeigt sich, dass die Varianzanalyse als eine Art der Regressionsrechnung aufgefasst werden kann.

Quadratsummenzerlegung

Wie bei einer Regressionsgeraden (vgl. Abschnitt II.C.2. in Band 1) können auch bei der Varianzanalyse die quadrierten Abweichungen der Messwerte x_{ij} vom Gesamtmittelwert $\overline{\overline{x}}$ aufgeteilt werden: Die Abweichungen $x_{ij} - \overline{\overline{x}}$ der

---

[14] z.B. bei Eimer (1978), S.38 f. oder Diehl & Arbinger (2001), Kap. 13.

Messwerte vom Gesamtmittel können in „erklärte Abweichungen" $\bar{x}_i - \bar{\bar{x}}$ und „Fehler" $x_{ij} - \bar{x}_i$ additiv zerlegt werden.

$$x_{ij} - \bar{\bar{x}} = x_{ij} - \bar{x}_i + \bar{x}_i - \bar{\bar{x}}$$

In der folgenden Abbildung ist diese Zerlegung mit den Daten des Beispiels dargestellt.

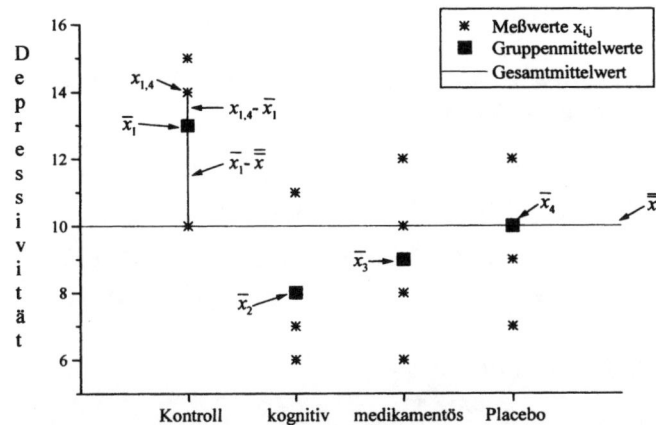

Abbildung 47: Zerlegung der Abweichungen der Messwerte x_{ij} vom Gesamt-mittel (Daten des Depressionsbeispiels).

In den hiesigen Begriffen sind die „Fehler" $x_{ij} - \bar{x}_i$ die Abweichung innerhalb der Stichprobe und die „erklärte Abweichung" $\bar{x}_i - \bar{\bar{x}}$ die Abweichung zwischen den Stichproben. Um Aussagen über das Ausmaß solcher Abweichungen zu machen und zu verhindern, dass positive und negative Abweichungen sich insgesamt zu null addieren, werden quadrierte Abweichungen betrachtet.

Nun stellt sich heraus, dass auch die *quadrierten Abweichungen* in der gleichen Weise zerlegt werden können wie die einfachen Abweichungen. Die gesamte Summe der quadrierten Abweichung QS_{gesamt} ist

$$QS_{gesamt} = \sum_i \sum_j (x_{ij} - \bar{\bar{x}})^2 \ .$$

Sie kann „aufgeteilt" werden in die Quadratsumme zwischen den Gruppen $QS_{zwischen}$ und die Quadratsumme innerhalb der Gruppen QS_{inn}. Bei der Quadratsumme zwischen den Gruppen wird für jeden Messwert der Gruppenmittelwert eingesetzt:

$$QS_{zwischen} = \sum_i n(\bar{x}_i - \bar{\bar{x}})^2 \ .$$

Bei der Quadratsumme innerhalb der Gruppen QS_{inn} werden die quadrierten Abweichungen vom jeweiligen Gruppenmittel aufsummiert:

$$QS_{inn} = \sum_i \sum_j (x_{ij} - \overline{x}_i)^2 .$$

Die gesamten quadrierten Abweichungen können in $QS_{zwischen}$ und QS_{inn} zerlegt werden. Es gilt die *Quadratsummenzerlegung*:

$$QS_{gesamt} = QS_{zwischen} + QS_{inn}$$

Begründung: Der Index i beschreibt die Gruppenzugehörigkeit, der Index j die Vp. Dann ist $(x_{ij} - \overline{\overline{x}}) = (x_{ij} - \overline{x}_i) + (\overline{x}_i - \overline{\overline{x}})$.

Quadrieren liefert

$$(x_{ij} - \overline{\overline{x}})^2 = (x_{ij} - \overline{x}_i)^2 + (\overline{x}_i - \overline{\overline{x}})^2 + 2(x_{ij} - \overline{x}_i)(\overline{x}_i - \overline{\overline{x}}).$$

Summiert man über die Vpn. einer Stichprobe i, so erhält man

$$\sum_j (x_{ij} - \overline{\overline{x}})^2 = \sum_j (x_{ij} - \overline{x}_i)^2 + n \cdot (\overline{x}_i - \overline{\overline{x}})^2 + 2(\overline{x}_i - \overline{\overline{x}})\sum_j (x_{ij} - \overline{x}_i).$$

Der letzte Summand ist null, da

$$\sum_j (x_{ij} - \overline{x}_i) = 0 .$$

Summiert man über alle Stichproben i, so erhält man die gesamten Abweichungsquadrate QS_{gesamt}

$$\sum_i \sum_j (x_{ij} - \overline{\overline{x}})^2 = \sum_i \sum_j (x_{ij} - \overline{x}_i)^2 + \sum_i n(\overline{x}_i - \overline{\overline{x}})^2$$

$$QS_{gesamt} \qquad = \qquad QS_{inn} \qquad + \qquad QS_{zwischen} .$$

Wie bei der Regressionsrechnung lassen sich die Abweichungsquadrate aufteilen in erklärte Abweichungen (erklärte Varianz, hier: $QS_{zwischen}$) und nicht erklärte Abweichungen (Fehler, hier QS_{inn}). Eine solche Zerlegung von Abweichungsquadraten (und damit von Varianzen) findet sich in vielen statistischen Verfahren wieder.

Ebenso wie die Quadratsummen lassen sich die Freiheitsgrade aufteilen:

	QS_{gesamt}		$QS_{zwischen}$		QS_{inn}
df	$n \cdot k - 1$	$=$	$k - 1$	$+$	$k \cdot (n-1)$

Diese Zerlegung von Abweichungsquadraten und Freiheitsgraden findet sich bei der Darstellung der Ergebnisse von Varianzanalysen. Die Ausgabe von SPSS auf Seite 182 entspricht dem folgenden Schema:

Varianzquelle	Quadratsummen	Freiheitsgrade df	Varianzschätzer	F-Wert
zwischen	$QS_{zwischen}$	$k-1$	$\hat{\sigma}^2_{zwischen} = \dfrac{QS_{zwischen}}{k-1}$	$\dfrac{\hat{\sigma}^2_{zwischen}}{\hat{\sigma}^2_{inn}}$
innerhalb	QS_{inn}	$k(n-1)$	$\hat{\sigma}^2_{inn} = \dfrac{QS_{inn}}{k(n-1)}$	
gesamt	QS_{gesamt}	$k \cdot n - 1$		

Tabelle 12: Ergebnisdarstellung bei einer Varianzanalyse

In Analogie zur linearen Regression kann also von *erklärter Varianz* (durch die unabhängige Variable (*UV*) bedingte Varianz) und *Fehlervarianz* (innerhalb der Gruppen, nicht durch die *UV* bedingte Varianz) gesprochen werden. Wird die Varianzanalyse zur Auswertung von Experimentaldaten verwendet, so ist $QS_{zwischen}$ die durch die unabhängige Variable „erklärte" Abweichung der Messwerte vom Gesamtmittelwert $\bar{\bar{x}}$ und QS_{inn} die durch andere Einflussgrößen und Messfehler zu erklärende restliche Variabilität der Daten. Dahinter steht das folgende Modell:

Varianzanalyse als Spezialfall der Regressionsrechnung

Der Messwert x_{ij} der Person j in Bedingung i setzt sich folgendermaßen zusammen:

$$x_{ij} = \mu_i + e_{ij}$$

Dabei ist μ_i der wahre Mittelwert unter Bedingung i und in e_{ij} spiegeln sich die individuellen Unterschiede der Personen und Messfehler wieder. Teilt man μ_i auf in den wahren Mittelwert μ der Gesamtpopulation, aus der alle Stichproben stammen, und in einen „Effekt" α_i, den die Bedingung i auf die abhängige Variable hat, so erhält man eine Gleichung, die stark an die lineare Regression erinnert:

$$x_{ij} = \mu + \alpha_i + e_{ij}$$

Die Varianzanalyse ist ein Spezialfall der Regressionsrechnung, bei dem die Werte des Kriteriums (die Werte x_{ij} der abhängigen Variablen X) aufgrund eines nominalskalierten Prädiktors (der Faktorstufe i) „vorhergesagt" werden.

Führt man eine lineare Regression mit SPSS durch, so findet sich im Output auch eine ANOVA-Tabelle von der Art, wie sie in Tabelle 12 wiedergegeben ist. Beispiele für einen solchen Output finden Sie unter www.statistik-fuer-psychologen.de unter dem Thema ‚Lineare Regression'.

Varianzanalyse und lineare Regressionsrechnung sind Spezialfälle desselben Prinzips: Mittels linearer Gleichungen wird der Zusammenhang von Variablen modelliert und mit einem F-Test überprüft. Man spricht vom *Allgemeinen Linearen Modell* (*ALM*, im englischen *general linear model GLM*). Mit dem ALM kann man auch wesentlich kompliziertere Zusammenhänge modellieren und dann möglichst genau auf die eigene inhaltliche Fragestellung abgestimmte statistische Hypothesen prüfen. Problematisch ist, dass man zunächst einiges an „Technik" braucht, um das ALM anzuwenden. Um z.B. mit einer nominalskalierten Variable wie „Art der Therapie" im ALM rechnen zu können, muss diese zunächst als metrische Variable geeignet „kodiert" werden. Hierzu gibt es verschiedene Kodiertechniken (vgl. z.B. in Bortz, (2005) , Kap. 14.1). Außerdem werden die Rechenoperationen beim ALM meist in Matrizenschreibweise dargestellt. Dies ist sehr vorteilhaft, um lineare Beziehungen zwischen mehreren Variablen kurz und übersichtlich zu formulieren. Für Einsteiger ist diese Darstellungsweise allerdings schwer verständlich.

 SPSS: ‚Allgemeines Lineares Modell'

📖 *Literatur zum ALM:*
In dem Buch von Bortz wird das Allgemeine Lineare Modell in Kap. 14 eingeführt. Empfehlenswert ist auch das Werk von Neter et al. (1996), wo verschiedene varianzanalytische Verfahren auch immer im Zusammenhang mit dem ALM und trotzdem verständlich beschrieben werden.

II.C.2.5 Zur Anwendung von Varianzanalysen

II.C.2.5.1 Kontraste

Die Varianzanalyse wird angewendet, wenn die Mittelwerte von mehr als 2 Stichproben (Faktorstufen) verglichen werden sollen. Es wird die Nullhypothese getestet, dass *alle* wahren Mittelwerte gleich sind ($\mu_1=\mu_2=...=\mu_k$). Das ist jedoch nicht unbedingt unsere inhaltliche Fragestellung. Es dürfte in vielen Fällen interessanter sein, bestimmte Mittelwerte zu vergleichen. Ist in dem Beispiel die kognitive Therapie der Depression wirksamer als die medikamentöse Behandlung, also $\mu_2 < \mu_3$? Oder sinkt bei allen behandelten Patienten die Depressivität im Vergleich zur Kontrollgruppe? Letztere Frage könnte durch die Hypothese $\mu_1 > 1/3(\mu_2+\mu_3+\mu_4)$ getestet werden. Bei diesen Hypothesen geht es um bestimmte Vergleiche von Mittelwerten. Solche Vergleiche werden *Kontraste* genannt. Kontraste können im Rahmen einer Varianzanalyse „mitgetestet" werden. Die gängigen Statistikprogramme bieten diesbezügliche Optionen an. Mit unseren Therapiedaten aus Abschnitt II.C.2.2.3 und dem Programmpaket SPSS wird dies illustriert.

Beispiel: Angenommen, wir haben vor der Untersuchung zur Depressionstherapie folgende Hypothesen aufgestellt:

i. Kognitive Therapie unterscheidet sich in der Wirksamkeit von medikamentöser Behandlung. Das bedeutet statistisch, dass wir $\bar{x}_2 = 8$ (Mittelwert der Gruppe „kognitive Therapie") mit $\bar{x}_3 = 9$ (Mittelwert der Gruppe "medikamentöse Therapie") vergleichen und den Unterschied testen.

ii. Alle Behandlungen helfen (der entscheidende Wirkfaktor ist, dass die Patienten behandelt werden, nicht, womit sie behandelt werden). Wir erwarten, dass sich die Kontrollgruppe von allen behandelten Gruppen hinsichtlich der Depressionswerte unterscheidet. Dazu kann z.B. $\bar{x}_1$ mit $1/3(\bar{x}_2 + \bar{x}_3 + \bar{x}_4)$ verglichen werden.

zum Testen von i: Die statistischen Hypothesen lauten hier: H_0: $\mu_2 - \mu_3 = 0$ und H_1: $\mu_2 - \mu_3 \neq 0$. Die folgenden Tabellen fassen die SPSS-Ausgabe zusammen:

	Grp 1	Grp 2	Grp 3	Grp 4
Contrast	0	1.0	-1.0	0

Es wird die Hypothese $0 \cdot \mu_1 + 1 \cdot \mu_2 - 1 \cdot \mu_3 + 0 \cdot \mu_4 = 0$ getestet. Dies ist gleichbedeutend mit $\mu_2 = \mu_3$. Zum Testen wird der Kontrast

$$0 \cdot \bar{x}_1 + 1 \cdot \bar{x}_2 - 1 \cdot \bar{x}_3 + 0 \cdot \bar{x}_4 = 8 - 9 = -1$$

berechnet. -1 ist der Wert des Kontrastes. Gelten die Voraussetzungen der Varianzanalyse, dann ist der Quotient aus dem Kontrast und seinem geschätzten Standardfehler t-verteilt.

Value	*S.E.*	*T Value*	*D.F.*	*T Prob.*
-1	1.2845	-.778	16.0	.448

Als Prüfgröße ergibt sich $-1/1.2845 = -0.778$ mit $df = 16$. Der p-Wert liegt mit 0.448 über $\alpha = 0.05$. Die Unterschiede sind nicht signifikant, damit wird die H_0 beibehalten. Die wahren Mittelwerte der „kognitiven Gruppe" und der „medikamentösen Gruppe" unterscheiden sich nicht. Wir gehen weiterhin davon aus, dass die gefundenen Mittelwertunterschiede nur zufällig zustande gekommen sind.

Zum Testen von Kontrasten wird die t-Verteilung verwendet. Dieser t-Test ist jedoch „schärfer" als ein gewöhnlicher t-Test. Mit „schärfer" ist gemeint, dass vorhandene wahre Unterschiede eher zu einem signifikanten

Ergebnis führen, die Wahrscheinlichkeit eines β-Fehlers also geringer ist[15]. Dies liegt daran, dass bei der Berechnung auch die Daten von Gruppe 1 und Gruppe 4 herangezogen werden, was zu einem kleineren Standardfehler führt[16].

Beispiel: Zu ii): Getestet wird H_0: $3\mu_1 - (\mu_2+\mu_3+\mu_4) = 0$ gegen H_1: $3\mu_1 - (\mu_2+\mu_3+\mu_4) > 0$. Die Berechnung mit SPSS liefert das folgende Ergebnis:

	Grp 1	Grp 2	Grp 3	Grp 4
Contrast	3	-1.0	-1.0	-1.0
Value	S.E.	T Value	D.F.	T Prob.
-12	3.146	3.814	16	.002

Der Unterschied geht in Richtung der H_1 und wird auf dem 5%-Niveau signifikant. Wir entscheiden uns für die (gerichtete) H_1 und können schließen, dass der wahre mittlere Depressionswert unbehandelter Patienten höher ist als bei behandelten Patienten.

 SPSS: ‚Mittelwerte vergleichen - Einfaktorielle ANOVA - Kontraste'.

Warum nicht viele t-Tests?

Prinzipiell wäre es möglich, anstatt einer Varianzanalyse mit entsprechend vielen t-Tests alle Paare von Mittelwerten zu vergleichen. Im Beispiel wären das die Mittelwerte der Gruppen 1 und 2, der Gruppen 1 und 3 usw. Bei 4 Gruppen sind das 6 einzelne t-Tests.[17] Zusätzlich könnten noch eine Fülle von Kontrasten wie der Vergleich von Gruppe 1 mit dem Mittel der anderen Gruppen getestet werden.

 Problem: Es erhöht sich die Gefahr, durch das oftmalige Testen einen α-Fehler zu machen.

Werden mehrere Tests zum Niveau α unabhängig voneinander durchgeführt, so wächst die Wahrscheinlichkeit, bei mindestens einem dieser Tests fälschlicherweise die H_1 anzunehmen. Diese Wahrscheinlichkeit wird als *Gesamt-α-Fehler* bezeichnet. Überlegen wir, wie groß die Wahrscheinlichkeit eines Gesamt-α-Fehlers in Abhängigkeit von der Anzahl durchgeführter Tests ist. Alle Tests sollen unabhängige Zufallsexperimente darstellen und zum gleichen Niveau α durchgeführt werden.

---

[15] Mehr zu diesem Thema gibt es in Abschnitt II.D.1.3.
[16] Zum Vergleich und zur Übung empfehlen wir, nur mit den Daten der Gruppen 2 und 3 einen t-Test zu rechnen.
[17] Kombination ohne Wiederholung, vgl. Abschnitt I.B.1.1.2.

Ein Test: Die Wahrscheinlichkeit für einen α-Fehler ist α.

Zwei Tests: Die Wahrscheinlichkeit, bei 2 Tests mindestens einen α-Fehler zu machen, ist 1- P(kein α-Fehler in beiden Tests)=1-(1-α)(1-α).

.
.
.

k-Tests: Die Wahrscheinlichkeit, bei k Tests mindestens einen α-Fehler zu machen, ist 1-P(kein α-Fehler in allen k Tests)=$1-(1-\alpha)^k$.

Ein solches Anwachsen des Gesamt-α-Fehlers wird als *kumulierter α-Fehler* bezeichnet.

Beispiel: Wertet man die Therapievergleichsstudie mit 6 unabhängigen t-Tests (mit $\alpha=0.05$) aus, dann beträgt der Gesamt-α-Fehler $1-0.95^6=0.265$.

Konsequenz: Korrigierte α-Niveaus

Werden viele Tests durchgeführt und droht ein kumulierter α-Fehler, dann sollte man bei den einzelnen Tests mit einem korrigierten Signifikanzniveau α' arbeiten, so dass der Gesamt-α-Fehler eine vorgegebene Schranke α nicht überschreitet (z.B. $\alpha=0.05$ oder $\alpha=0.01$). Werden *k* Tests durchgeführt, dann kann obige Formel Gesamt-$\alpha=1-(1-\alpha')^k$ nach α' aufgelöst werden. Es ist

$$\alpha'=1-(1-\text{Gesamt-}\alpha)^{1/k}$$

Im Beispiel ergibt sich bei einem Gesamt-α von 0.05 ein korrigiertes α' vom Wert $\alpha'=0.0085$.

Bequemer zum Rechnen ist die Korrekturformel nach *Bonferoni*: $\alpha' = \alpha / k$. Sie führt in guter Näherung zu den gleichen Resultaten.

Mit der Bonferoni-Korrektur ergibt sich im Beispiel ein korrigiertes $\alpha' = 0.0083$.

Problem:

Die genannten Korrekturformeln setzen voraus, dass alle Tests unabhängig sind. Dies ist zumeist nicht der Fall. Wenn im Beispiel alle Paare von Mittelwerten getestet werden, dann ist nach Durchführung des Vergleichs von μ_1 mit μ_2 und μ_2 mit μ_3 der Vergleich von μ_1 und μ_3 bereits festgelegt. Gilt in den ersten beiden Tests die Nullhypothese, dann gilt sie auch im dritten Test. Das hat zur Folge, dass bei Anwendung der Korrekturformeln das Gesamt-α *kleiner* ist als angegeben. Die Korrektur führt zu sehr konservativem Testen mit dem Nachteil, dass vorhandene Unterschiede mit größerer Wahrscheinlichkeit nicht entdeckt werden. Der β-Fehler ist erhöht.

Daher muss bei der Durchführung mehrerer Tests folgendes abgewogen werden: Ist die Einhaltung eines vorgegeben Gesamt-α wichtig (etwa dann, wenn α-Fehler schlimme Konsequenzen haben)? In diesem Fall sollte ein korrigiertes α-Niveau verwendet werden. Das vorgegebene Gesamt-α wird dann nicht überschritten. Ist es hingegen wichtiger, mögliche vorhandene Effekte zu entdecken, dann kann auf die Korrektur verzichtet werden. Letzteres Vorgehen ist mehr explorativ, ersteres dient eher dem Absichern von Effekten. Wichtig ist, dass beim Berichten der Ergebnisse solcher Tests die Gesamtanzahl der durchgeführten Tests angegeben wird. Es wäre großer Unsinn, beispielsweise 100 Tests mit $\alpha = 0.05$ durchzuführen und dann ausschließlich über 5 signifikante Ergebnisse zu berichten. Selbst wenn keinerlei Effekte in der Population vorliegen, sind bei 100 unabhängigen Tests 5 „signifikante" Ergebnisse zu erwarten. In der Praxis ist dieses Vorgehen jedoch leider häufig zu beobachten. Die Folge ist, dass in psychologischen Fachzeitschriften viel zu oft „empirisch nachgewiesene" Ergebnisse veröffentlicht werden, die in Nachfolgeuntersuchungen nicht mehr auffindbar sind.

II.C.2.5.2 Post hoc Analysen (don't look back...?)

Hat man mehrere Mittelwerte mittels einer Varianzanalyse auf Unterschiede getestet, und ist das Ergebnis signifikant, so möchte man im Nachhinein (post hoc) schauen, wo die Unterschiede denn lagen. Statistische Programmpakete bieten hierzu eine Fülle von Verfahren (benannt nach ihren Entwicklern wie Newman-Keuls, Duncan, Tukey, Scheffé u.a.). Diese Verfahren werden als *multiple Mittelwertvergleiche* bezeichnet. Sie unterscheiden sich hinsichtlich der Art und der Menge der Vergleiche, die durchgeführt werden. Bei manchen wird der kumulierte α-Fehler durch Korrektur berücksichtigt (z.B. Tukey, Scheffé) bei anderen nicht (z.B. Least-Significant Difference (LSD-Test)). Beim Scheffé-Test werden neben allen Paaren auch eine Reihe von Kontrasten (z.B. μ_1 und $1/2(\mu_2+\mu_3)$, μ_1 und $1/3(\mu_2+\mu_3+\mu_4)$) zu einem vorgegebenen Gesamt-α-Fehler getestet.

Unter www.statistik-fuer-psychologen finden Sie die SPSS-Ausgabe für den Tukey und Scheffé-Test. Der Scheffé-Test liefert bei $\alpha=0.05$ nur einen signifikanten Unterschied, und zwar zwischen Kontrollgruppe und kognitiver Therapie, wohingegen nach dem Tukey-Test sich Kontrollgruppe und kognitive Therapie sowie Kontrollgruppe und medikamentöse Therapie signifikant unterscheiden.

Da der Scheffé-Test mehr Vergleiche simultan durchführt als andere Verfahren und insgesamt das vorgegebene α-Niveau einhält, entscheidet er bei einzelnen Vergleichen eher für die Beibehaltung der H_0. Der Scheffé-Test ist im Vergleich zum Tukey-Test das *konservativere* Verfahren.

Alle genannten Verfahren setzten Varianzhomogenität zischen den Gruppen voraus. Ist diese Voraussetzung nicht erfüllt, können die Verfahren von Games-Howell oder Tamhane verwendet werden.

 Bei post hoc Analysen kann *nicht* von einem Hypothesentest gesprochen werden, da der Test im Nachhinein (post hoc) angesichts eines bereits signifikanten Gesamtergebnisses durchgeführt wurde. Das Ergebnis einer post hoc Analyse liefert lediglich Hypothesen darüber, welche Unterschiede genau bestehen (hypothesengenerierende Verfahren). Nur wenn bereits *vorher* Hypothesen über bestimmte Mittelwertunterschiede aufgestellt wurden, können diese mit den hier vorgestellten Verfahren getestet werden. Allerdings wird man in der Praxis häufig Analysen begegnen, bei denen die Ergebnisse von post hoc Analysen als getestete Hypothesen angesehen werden.

Generell gilt: Mit den gleichen Daten können nicht zugleich Hypothesen generiert und getestet werden (vgl. Abschnitt II.B.1.3.3)!

SPSS: ‚Mittelwerte vergleichen - Einfaktorielle ANOVA - Post Hoc‘.

Weitere Informationen zu Kontrasten, multiplen Mittelwertvergleichen und Tests zur Überprüfung der Voraussetzungen der Varianzanalyse finden sich z.B. in Diehl & Arbinger (2001).

II.C.2.6 Zwei- und mehrfaktorielle Varianzanalysen

Menschliches Denken, Fühlen und Handeln wird in den seltensten Fällen nur durch eine Variable beeinflusst. Betrachtet man die mögliche Wirkung mehrerer unabhängiger Variablen auf eine abhängige intervallskalierte Variable, dann kann mit mehrfaktoriellen Varianzanalysen gearbeitet werden. Wir betrachten hier den Fall, dass zwei unabhängige Variablen, also zwei Faktoren, vorliegen.

Beispiel: Bei depressiven Störungen werden zwei wichtige Arten von Depressionen unterschieden: Major Depression und bipolare Störung. Erstere zeichnet sich durch Niedergeschlagenheit und Antriebslosigkeit über einen längeren Zeitraum aus, letztere durch den Wechsel von Phasen hoher Passivität und Niedergeschlagenheit mit Phasen großer Aktivität und Euphorie. Bei der Studie zur Wirksamkeit von Depressionstherapien soll nun zusätzlich die Art der Depression unterschieden werden. Wir beschränken uns der Einfachheit halber auf zwei Therapieformen.

Faktor A: Therapie (1 kognitive Therapie, 2 medikamentöse Therapie)
Faktor B: Art der Depression (1 Major Depression, 2 bipolare Störung)

	Faktor A:		
	1 kognitiv	*2 medikamentös*	
Faktor B:	8	10	
	7	12	
1 Major	6 $\bar{x}_{11} = 6$	11 $\bar{x}_{12} = 11$	$\bar{x}_{1\cdot} = 8.5$
Depression	4	9	
	5	13	
	11	8	
	10	9	
2 Bipolare	8 $\bar{x}_{21} = 10$	6 $\bar{x}_{22} = 7$	$\bar{x}_{2\cdot} = 8.5$
Störung	11	6	
	10	6	
	$\bar{x}_{\cdot 1} = 8$	$\bar{x}_{\cdot 2} = 9$	$\bar{\bar{x}} = 8.5$

AV (abhängige Variable): Ausmaß der Depressivität nach sechsmonatiger Behandlung. Hohe Werte bedeuten hohe Depressivität.

Für jede Kombination der Faktorstufen wurde die abhängige Variable an 5 Versuchspersonen gemessen. Die obige Tabelle (mit fiktiven Daten) zeigt die Messwerte und die Mittelwerte.

Wir erwarten, dass sich unterschiedliche Wirksamkeit der Therapien in signifikanten Unterschieden der Spaltenmittelwerte $\bar{x}_{\cdot 1} = 8$ und $\bar{x}_{\cdot 2} = 9$ zeigt, und unterschiedliche Behandlungserfolge in Abhängigkeit von der Art der Depression in Unterschieden der Zeilenmittelwerte. Da diese hier gleich sind ($\bar{x}_{1\cdot} = 8.5 = \bar{x}_{2\cdot}$), ist ein solcher Einfluss in den Daten nicht zu finden.

In diesem Abschnitt beschränken wir uns auf eine zweifaktorielle Varianzanalyse für unabhängige Stichproben mit gleicher „Zellenbesetzung" (Im Beispiel ist die Anzahl von Messwerten pro „Zelle", also für jede Kombination von Faktorstufen gleich). Zu ungleich großen Stichproben vgl. z. B. Bortz (1999), Abschnitt 8.4.

Mit einer zweifaktoriellen Varianzanalyse werden drei Hypothesen getestet:

1. Die Spaltenmittelwerte unterscheiden sich nur zufällig (H_0: $\mu_{\cdot 1} = \mu_{\cdot 2}$). Interpretation: Die Therapieformen sind gleich wirksam.

2. Die Zeilenmittelwerte unterscheiden sich nur zufällig (H_0: $\mu_{1\cdot} = \mu_{2\cdot}$). Interpretation: Die Depressionsarten unterscheiden sich nach einer Behandlung nicht hinsichtlich ihrer Schwere.

3. Zwischen Faktor A und Faktor B besteht keine *Interaktion*. Damit ist gemeint, dass die Abweichungen der Zellenmittelwerte vom Gesamtmittel durch die Summe der Effekte von Faktor A und Faktor B zustande kommt.

Der Begriff „Interaktion" ist sehr wichtig und wird später noch genauer erklärt. Er bedeutet anschaulich, dass die spezielle Kombination zweier (oder mehrerer) Faktorstufen eine Wirkung hat. Die Wirkung eines Faktors allein wird dagegen *Haupteffekt* genannt.

II.C.2.6.1 Idee des Verfahrens

Die Idee ist bei allen Varianten der Varianzanalyse gleich. Die gesamten quadrierten Abweichungen der Messwerte vom Gesamtmittel werden zerlegt, um daraus verschiedene Schätzer für die Populationsvarianz zu ermitteln. Gilt die H_0, so unterscheiden sich die geschätzten Varianzen nur zufällig. Die Zerlegung der Abweichungsquadrate lautet:

Gesamtabweichung (QS_{gesamt}) = erklärte Abweichung ($QS_{zwischen}$) + Fehler (QS_{inn})

Dabei wird QS_{inn} wie bei der einfaktoriellen Varianzanalyse für unabhängige Stichproben durch die Abweichungen der Messwerte vom Zellenmittelwert berechnet. Die erklärte Abweichung wird aufgeteilt in

erklärte Abweichung = Einfluss Faktor A + Einfluss Faktor B + Interaktion A×B.

Insgesamt erfolgt die Zerlegung

Gesamtabweichung = Einfluss Faktor A + Einfluss Faktor B + Interaktion A×B + Fehler

$$QS_{gesamt} \quad = \quad QS_A \quad + \quad QS_B \quad + \quad QS_{A×B} \quad + QS_{inn}.$$

Auf die Berechnungsformeln dieser Quadratsummen wird an dieser Stelle verzichtet. Teilt man die Quadratsummen durch ihre Freiheitsgrade, dann erhält man bei Gültigkeit von H_0 jeweils Schätzer der Populationsvarianz, welche mit dem F-Test auf Gleichheit getestet werden.

Beispiel: Für die Depressionstherapie erhält man folgendes Ergebnis:

Varianzquelle	QS	df	$\hat{\sigma}^2$	F-Wert
Faktor A	5	1	5	2.353
Faktor B	0	1	0	0
A×B	80	1	80	37.647
Fehler	34	16	2.125	
Gesamt	119	19	6.263	

Tabelle 13: Ergebnis der zweifaktoriellen Varianzanalyse mit den Daten des Therapiebeispiels.

Der kritische F-Wert für $\alpha = 0.05$ für $df = 1$ (Zähler) und $df = 16$ (Nenner) lautet $F_{krit} = 4.49$ (vgl. die F-Tabelle in Bortz, 1999, S. 778). Damit wird bei den Hypothesen 1 und 2 die H_0 beibehalten. Weder der Faktor „Art der Behandlung" noch der Faktor „Depressionstyp" haben für sich genommen einen signifikanten Effekt. Mit anderen Worten: Die Haupteffekte sind nicht signifikant.

Bei Hypothese 3 wird die H_0 jedoch verworfen. Die Art der Therapie in Kombination mit der Art der Depression haben einen signifikanten Einfluss auf die Schwere der Depression. Die Zellenmittelwerte legen nahe, dass kognitive Therapie bei einer Major Depression und medikamentöse Behandlung bei einer bipolaren Störung wirksam sind.

Voraussetzungen des Verfahrens

Es gelten ganz ähnliche Voraussetzungen wie bei der einfaktoriellen Varianzanalyse für unabhängige Stichproben. Unter allen Kombinationen von Faktorstufen muss die abhängige Variable normalverteilt sein mit gleicher Varianz und die einzelnen Stichproben müssen unabhängig sein.

II.C.2.6.2 Interaktion

Interaktionen zweier Faktoren kann man durch Grafiken veranschaulichen. Die folgende Abbildung macht dies am Beispiel der Depressionstherapiedaten deutlich.

Auf der Abszisse werden die Stufen eines Faktors eingetragen, auf der Ordinate die Mittelwerte der abhängigen Variable. Die verschiedenen Linien entsprechen den verschiedenen Stufen des anderen Faktors.

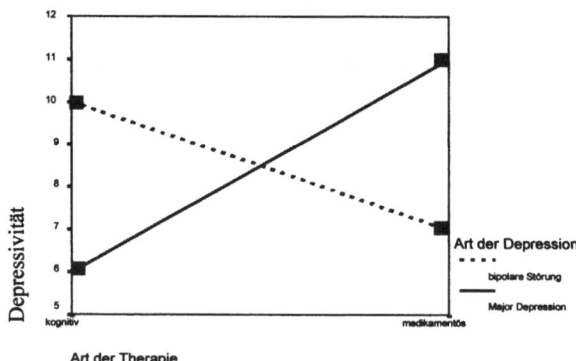

Abbildung 48: Die beiden Faktoren „Therapieform" und „Depressionstyp" aus dem Beispiel interagieren.

196

Eine Interaktion erkennt man daran, dass die Linien nicht parallel verlaufen.

Wenn Interaktionen vorliegen, kann das Konsequenzen für die Bedeutung vorhandener Haupteffekte haben. Bei bestimmten Interaktionen dürfen Haupteffekte nicht mehr isoliert interpretiert werden, selbst wenn sie signifikant sind. Machen wir uns das am Therapiebeispiel klar.

Beispiel: Angenommen, bei den Therapiedaten wäre der Unterschied der Mittelwerte bei kognitiver Therapie $\bar{x}_{.1} = 8$ und medikamentöser Therapie $\bar{x}_{.2} = 9$ signifikant. Dann dürfte dieser Haupteffekt des Faktors „Art der Therapie" trotzdem nicht in dem Sinne interpretiert werden, dass eine Art der Therapie generell wirksamer ist als die andere. Denn je nach Art der Depression ist entweder die kognitive Therapie oder die medikamentöse Therapie überlegen.

Die folgende Übersicht erläutert an Zahlenbeispielen verschiedene Typen von Interaktionen. Es wird angegeben, wann ein Haupteffekt interpretiert werden darf und wann nicht. Die Tabellen geben die Mittelwerte unter den beiden Stufen von Faktor A und Faktor B an.

1. Ordinale Interaktion: Beide Linien im Interaktionsdiagramm weisen immer den gleichen Trend auf. Beide Haupteffekte sind auch isoliert interpretierbar. Die Interaktion zeigt sich in unterschiedlichem Anstieg der Linien.

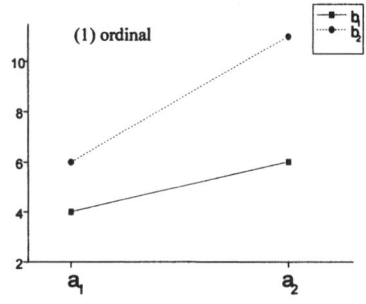
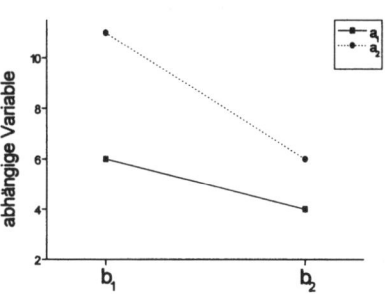

	Faktor A	
B	6	11
	4	6

Abbildung 49: Mittelwerte und Interaktionsdiagramm bei ordinaler Interaktion.

197

2. Hybride Interaktion: Bei einem Faktor weisen die Linien einen gegenläufigen Trend, beim anderen den gleichen Trend auf. In Fällen wie dem folgenden Datenbeispiel sollte Faktor A nicht isoliert interpretiert werden.

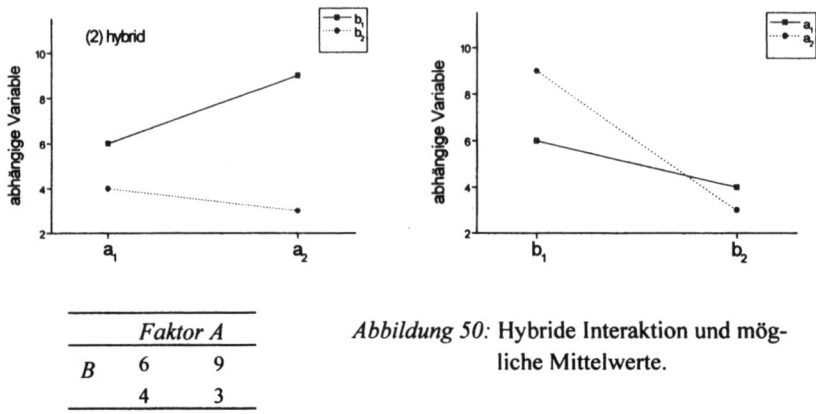

Faktor A	
B 6	9
4	3

Abbildung 50: Hybride Interaktion und mögliche Mittelwerte.

3. Disordinale Interaktion: Bei beiden Faktoren gibt es gegenläufige Trends, beide Faktoren sollten daher nicht isoliert interpretiert werden.

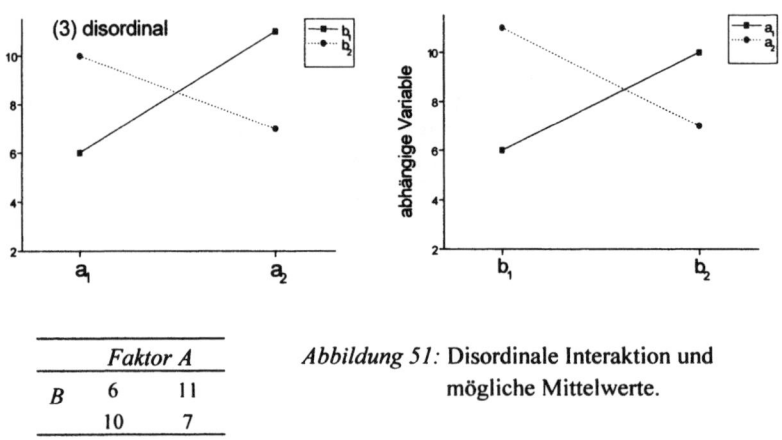

Faktor A	
B 6	11
10	7

Abbildung 51: Disordinale Interaktion und mögliche Mittelwerte.

II.C.2.6.3 Zur Anwendung mehrfaktorieller Varianzanalysen

Mehrfaktorielle Varianzanalysen können auch mit mehr als zwei Faktoren oder mit abhängigen Stichproben durchgeführt werden. So könnte beispielsweise in der Therapiestudie vor und nach der Therapie das Ausmaß an Depression gemessen werden. Der Faktor „Zeit" wäre dann der dritte Faktor in einem dreifaktoriellen Design mit Messwiederholungen.

Allerdings taucht bei mehreren Faktoren schnell das Problem auf, dass sehr viele Vpn benötigt werden. Möchte man z. B. 4 Arten von Therapien bei vier Arten von Depression nach Geschlechtern getrennt untersuchen und pro Zelle 10 Personen haben, kommt man auf 320 Patienten. Mögliche Abhilfe bringen sogenannte unvollständige Versuchspläne, die in der Literatur unter den Stichworten *lateinische* oder *griechisch-lateinische Quadrate* zu finden sind.

 SPSS: ‚Allgemeines Lineares Modell - Univariat'

II.C.2.7. Varianten und verwandte Verfahren

Es gibt eine enorme Vielfalt an varianzanalytischen Verfahren und an zusätzlichen Auswertungsmöglichkeiten. Einige davon werden nun in Kurzform vorgestellt. Ziel dieses Abschnittes ist es, einen Überblick zu schaffen, welches Verfahren in welcher Situation angemessen ist. Für die Durchführung sollte man sich mit dem jeweiligen Verfahren bekannt machen, z.B. mit der am Ende des Abschnitts aufgeführten Literatur.

Varianzanalyse mit Messwiederholung

Werden die gleichen Personen mehrfach untersucht, dann handelt es sich um abhängige Stichproben, bei denen die bisher beschriebenen Varianten der Varianzanalyse nicht durchgeführt werden dürfen. Statt dessen kann eine Varianzanalyse mit Messwiederholung im Rahmen des Allgemeinen Linearen Modells verwendet werden. Technisch gesehen handelt es sich bei der Durchführung um eine sogenannte multivariate Varianzanalyse (MANOVA, siehe der folgende Abschnitt), da das Verfahren die mehrfach gemessene abhängige Variable wie mehrere abhängige Variablen analysiert.

Kovarianzanalyse

Üblicherweise haben die unabhängigen Variablen bei der Varianzanalyse Nominalskalenniveau. Die Ausprägungen der UV bilden die Faktorstufen. Hat man aber in einer Untersuchung eine intervallskalierte Variable mit erhoben, von der ausgegangen wird, dass sie ebenfalls Einfluss auf die abhängige Variable hat, so kann dieser Einfluss mit der Kovarianzanalyse berücksichtigt werden.

Eine solche intervallskalierte unabhängige Variable wird als *Kovariate* bezeichnet. Im Therapiebeispiel könnte z. B. das Alter der Patienten eine solche Kovariate sein. Die Idee bei der Kovarianzanalyse ist, den Einfluss dieser Kovariate mittels Regressionsrechnung aus der abhängigen Variable herauszurechnen. Dadurch wird die Fehlervarianz in den Daten gesenkt und ein signifikanter Einfluss der anderen Faktoren leichter nachweisbar.

Multivariate Varianzanalyse (MANOVA)

Bisher haben wir ausschließlich den Fall *einer* abhängigen Variable betrachtet. Dies wird als der *univariate* Fall bezeichnet. Bei der multivariaten Varianzanalyse wird der Einfluss einer (oder mehrerer) unabhängigen Variablen auf die Mittelwerte *mehrerer* abhängiger Variablen untersucht. Bezeichnung: *MANOVA* = *M*ultivariate *A*nalysis *o*f *V*ariance

Rangvarianzanalysen

Wird die Wirkung eines Faktors auf eine abhängige Variable untersucht, welche nur auf einer Ordinalskala gemessen wurde, dann kann mit dem Kruskall-Wallis Test bei unabhängigen Stichproben und mit dem Friedman-Test bei abhängigen Stichproben gearbeitet werden. Diese Verfahren sind auch eine Alternative, wenn die Voraussetzungen für die Anwendung einer Varianzanalyse nicht erfüllt sind.

Log-Lineare Modelle

Wird die abhängige Variable lediglich auf einer Nominalskala gemessen, dann kann mit Hilfe von Log-Linearen Modellen ähnlichen Fragen nachgegangen werden, wie es die Varianzanalyse tut.

Feste oder zufällige Faktoren

Im Therapiebeispiel wurde die Wirkung unterschiedlicher Behandlungsarten (kognitive Therapie, medikamentöse Therapie) untersucht. Die Ergebnisse beziehen sich auf diese festen (fixed) Ausprägungen der Variable „Art der Therapie". Bei anderen Fragestellungen kann es dagegen interessanter sein, die Wirkung einer unabhängigen Variablen (eines Faktors) insgesamt und nicht nur der speziell ausgewählten Faktorstufen zu ermitteln.

Beispiel: Die Wirkung des „Alters" auf die „Gedächtnisleistung" soll untersucht werden. Werden Stichproben eines vorgegebenen Alters (z. B. 20jährige, 40jährige und 60jährige) erhoben, so spricht man von einem fixed factor. *Werden dagegen die zu untersuchenden Altersklassen selbst zufällig ermittelt, so handelt es sich um einen* random factor. *In diesem Falle können die Ergebnisse als Wirkung des Faktors „Alter" allgemein und nicht nur der speziell ausgewählten Faktorstufen (20jährige, 40jährige und 60jährige) interpretiert werden.*

Stellen bei einer Varianzanalyse die Faktorstufen eine zufällige Auswahl der möglichen Werte einer unabhängigen Variable dar, so spricht man von einem *random model*. Die Berechnung unterscheidet sich etwas von dem hier vorgestellten *fixed model*. Tauchen bei einer mehrfaktoriellen Varianzanalyse sowohl fixed als auch random factors auf, dann spricht man von sogenannten *mixed models*.

Wieviel Varianz wird „erklärt"?

Die Varianzanalyse als statistisches Testverfahren beantwortet die Frage, ob durch die Faktoren mehr Varianz „erklärt" werden kann, als es durch Zufall zu erwarten wäre. Es wird nichts darüber ausgesagt, *wie stark* sich die Mittelwerte unterscheiden. Man erhält im Therapiebeispiel keine Antwort auf die Frage, wie stark die Veränderungen aufgrund der Therapien sind. Auskunft darüber gibt der Anteil der „erklärten Varianz" an der Gesamtvarianz. Kommen im Therapiebeispiel die Unterschiede der Messwerte nur aufgrund der unterschiedlichen Therapien zustande, dann wären die durch den Faktor „Art der Therapie" erklärten Abweichungsquadrate QS_{Faktor} gleich den gesamten Abweichungsquadraten QS_{gesamt}. Konkret wird folgende Maßzahl η^2 (griechisch: eta) für die Stärke des Einflusses eines Faktors berechnet:

$$\eta^2 = \frac{QS_{Faktor}}{QS_{gesamt}} .$$

η^2 ist ein deskriptives Maß und bezieht sich auf die Stichprobe. Bei einer einfaktoriellen Varianzanalyse entspricht η^2 dem r^2 bei der Regressionsrechnung.

Beispiel: Bei den Daten des Therapiebeispiels aus Abschnitt II.C.2.2.2 ergaben sich folgende Quadratsummen: $QS_{Faktor} = QS_{zwischen} = 70$ und $QS_{gesamt} = 136$. Die Stärke des Effektes der verschiedenen Therapien kann durch $\eta^2 = 70/136 = 0.515$ beschrieben werden. Mehr als die Hälfte der Varianz der abhängigen Variablen „Depressivität" kann auf die unterschiedliche Behandlung zurückgeführt werden.

Will man den wahren erklärten Varianzanteil für die Population schätzen (also ein inferenzstatistisches Maß angeben), so wird dafür eine Maßzahl mit der Bezeichnung $\hat{\omega}^2$ berechnet, deren Berechnung in entsprechender Literatur[18] zu finden ist.

---

[18] vgl. z. B. Hays & Winkler (1970): Statistics. Vol II, Kap. 11.18

II.C.2.8 Kleine Checkliste zur Anwendung von Varianzanalysen

Varianzanalysen (VA) werden in aller Regel mit Statistikprogrammen und nicht von Hand gerechnet. Das vergrößert die Gefahr, ein Programm „einfach mal rechnen" zu lassen. Um zu sinnvollen Aussagen zu gelangen, ist es aber unverzichtbar, sich vorher genau zu überlegen, *was* man *wie* auswerten möchte. Allgemein ist bei der Anwendung varianzanalytischer Verfahren folgendes zu beachten:

- Sind die Skalenniveaus und die anderen Voraussetzungen für eine VA erfüllt? → Robustheit überprüfen oder andere Verfahren wie Rangvarianzanalyse, χ^2-Verfahren oder Log-lineare Modelle verwenden.

- Gibt es *eine abhängige* Variable (univariate VA: ANOVA), oder sollen *mehrere abhängige* Variablen gemeinsam analysiert werden (multivariate VA: MANOVA)?

- Gibt es *eine unabhängige* Variable (einfaktorielle VA), oder sollen *mehrere unabhängige* Variablen (mehrfaktorielle VA) analysiert werden? → mögliche Interaktionen. Soll eine weitere metrische unabhängige berücksichtigt werden? → Kovarianzanalyse.

  - Bei mehrfaktoriellen Designs: gleiche Stichprobengrößen in den Zellen? (Sonst gibt es mehrere Methoden der Quadratsummenzerlegung (Typ I bis IV), die darauf beruhen, dass bei ungleich großen Stichproben eine eindeutige Zerlegung der gesamten Quadratsumme in die Quadratsumme der einzelnen Faktoren nicht immer möglich ist. Meistens wird Typ III verwendet, ohne dass den Benutzern die Unterschiede klar sind).

  - Unvollständige Versuchspläne. Wenn man nicht an allen möglichen Interaktionen interessiert ist, braucht man nicht alle Kombinationen der Faktorstufen zu messen. → griechisch-lateinische Quadrate. Das spart Versuchspersonen.

SPSS: Die einfaktorielle univariate Varianzanalyse findet sich unter ‚Mittelwerte vergleichen - Einfaktorielle ANOVA'. Varianzanalyse mit Messwiederholung sowie mehrfaktorielle und multivariate Varianzanalyse inklusive der Kovarianzanalyse und der Wahlmöglichkeit zwischen festen und zufälligen Faktoren finden sich unter dem Menüpunkt ‚ALM'.

Weiterführende Literatur:

Eine vertiefende Behandlung varianzanalytischer Verfahren findet sich in den Statistikbüchern von Bortz (205) oder Diehl und Arbinger (2001) sowie in Spezialliteratur wie Krishnaiah (1981) oder Winer et al. (1991). Der Bezug zum ALM wird in Neter et al. (1996) deutlich.

6. Aufgabenblock

1) Gibt es einen Zusammenhang zwischen dem Geschlecht und der Wahl der Leistungskurse in der Schule? Die folgende Tabelle zeigt die Antworthäufigkeiten bei einer Befragung von 113 Personen. Dabei bedeuten

LK 1: zwei Geistes- oder Sozialwissenschaften
LK 2: mindestens eine Naturwissenschaft oder Mathematik.

	weiblich	männlich	Zeilensumme
LK 1	37	11	48
LK 2	50	15	65
Spaltensumme	87	26	113

Bei der Stichprobe handelt es sich um Psychologiestudierende. Nehmen Sie an, es handelt sich um eine Zufallsstichprobe aus der Population *aller* Psychologen. Testen Sie, ob es mehr weibliche Psychologen als männliche gibt.

Testen Sie, ob die Merkmale „Geschlecht" und „Leistungskurskombination" stochastisch unabhängig sind. Wie viele Freiheitsgrade hätten Sie, wenn Sie von gleichviel Frauen und Männern in der Population ausgehen würden? Ist dies hier gerechtfertigt? Was können Sie in diesem Fall tun?

2) Gibt es unter angehenden Psychologen unterschiedliche Präferenzen hinsichtlich des angestrebten Arbeitsbereichs? Formulieren Sie geeignete Hypothesen und testen Sie diese mit den Daten, die in Abschnitt II.C.1.2.3.1 aufgeführt sind.

3) Kahlköpfige Menschen leiden vermehrt unter mangelndem Selbstbewusstsein. In einer experimentellen Untersuchung testen Sie die Wirkung dreier Therapien (Th$_1$: regelmäßige Massage der Kopfhaut mit östrogenhaltigem Haarwasser, Th$_2$: Kognitive Umstrukturierung: Glatze ist schön!, Th$_3$: regelmäßiges Einreiben der Kopfhaut mit Hirschlosung zur Aktivierung animalischer Kräfte) an jeweils 7 Versuchspersonen. Nach drei Wochen erheben Sie die Variable „Selbstbewusstsein" (die Werte seien normalverteilt auf einer Skala von 0 bis 20, hohe Werte entsprechen hohem Selbstbewusstsein). Die Werte lauten

Th_1 10 11 6 9 12 13 8
Th_2 5 11 12 8 6 9 7
Th_3 4 6 3 5 9 8 4

Unterscheiden sich die Mittelwerte dieser drei Gruppen signifikant ($\alpha = 0.05$)? Kann man daher sagen, dass die Therapien unterschiedlich wirksam sind? Kann man aus dem Ergebnis schließen, dass die kognitive Therapie besser wirkt als die Hirschlosung?

Was können Sie tun, um die Hypothese zu testen, dass die eher mystische Therapie Th$_3$ schlechter wirkt als die mittlere Wirkung von Th$_1$ und Th$_2$?

Welches Testverfahren würden Sie für den Vergleich der drei Therapien wählen, wenn die Voraussetzungen für eine Varianzanalyse nicht erfüllt sind? Bei welcher Voraussetzungsverletzung wäre ein anderes Verfahren besonders dringend geboten?

4) Überlegen Sie sich eigene plausible psychologische Beispiele für ordinale, hybride und disordinale Interaktion zweier unabhängiger Variablen bei ihrer Wirkung auf eine abhängige Variable.

5) In einem „Ranking" europäischer Universitäten erhielten deutsche Unis die Plätze 5, 9, 17, 19, 25, 33, 36, 42. Englische Unis erhielten die Plätze 1, 2, 6, 12, 18, 23. Überprüfen Sie die Hypothese, dass englische Unis bezogen auf diese Art des Rankings systematisch besser abschneiden.

6) Nehmen Sie an, Sie haben eine inhaltliche Hypothese, welche Sie mit Hilfe einer empirischen Untersuchung überprüfen wollen. Angenommen, die H_0 gilt. Sie führen die Untersuchung dreimal unabhängig voneinander durch und testen jeweils mit $\alpha = 0.05$. Wie wahrscheinlich ist es, dass mindestens einer Ihrer Tests zu einer falschen Entscheidung führt? Erläutern Sie an diesem Beispiel die Anwendung der Bonferoni-Korrektur.

II.D Zur Anwendung statistischer Verfahren

II.D.1 Bedeutsamkeit inferenzstatistischer Ergebnisse

Die Grundlage inferenzstatistischer Verfahren ist das Schließen von Stichprobendaten auf die Population. Solche Schlüsse können nie mit völliger Sicherheit gemacht werden, da sich in einer Stichprobe zufällig auch ganz abweichende und für die Population „untypische" Kennwerte finden können (Stichwort: Stichprobenfehler). Daher wurden Techniken entwickelt, um beim Schließen auf die Population das Risiko eines Irrtums zumindest zu beschränken. Konkret haben wir allerlei Techniken des Testens von Hypothesen kennengelernt. Der Nutzen von Signifikanztests besteht vor allem darin, dass man bei einer Entscheidung für die Alternativhypothese eine vorher festgelegte Irrtumswahrscheinlichkeit einhält. Eine Entscheidung für die H_1 ist in diesem Sinne abgesichert. Erhält man z. B. bei einem t-Test ein signifikantes Ergebnis, so kann man im obigen Sinne abgesichert sagen, dass sich die wahren Mittelwerte unterscheiden.

Allerdings wird damit keine Aussage darüber gemacht, *wie groß* der Unterschied ist. Bei sehr großen Stichproben werden auch kleine Unterschiede signifikant.

Beispiel: Gegeben seien zwei Stichproben von jeweils gleicher Größe n. Gemessen wird das Merkmal „Körpergröße" von männlichen Stadt- (X_1) und Landbewohnern (X_2). Gibt es Größenunterschiede zwischen Stadt und Land?

$$\overline{x}_1 = 179.39 \text{ cm}, \quad \hat{\sigma}_1 = 7.1 \text{ cm}$$

$$\overline{x}_2 = 179.12 \text{ cm}, \quad \hat{\sigma}_2 = 7.1 \text{ cm}$$

Handelt es sich um Stichproben vom Umfang n=10, dann ergibt sich als Prüfgröße des t-Tests (vgl. II.B.2.1)

$$t = \frac{\overline{X}_1 - \overline{X}_2}{\hat{\sigma}_{\overline{X}_1 - \overline{X}_2}} = \frac{0.27}{\sqrt{\dfrac{2 \cdot 7.1^2}{10}}} = 0.085 \ .$$

Handelt es sich um Stichproben vom Umfang n=10 000, dann ergibt sich analog als Prüfgröße des t-Tests der Wert 2.689.
Der kritische Wert für $\alpha = 0.05$ ist bei zweiseitigem Test $t_{krit}=2.31$ für df=8 und $t_{krit}=z_{krit}=1.96$ für df=9998 (dann entspricht die t-Verteilung der N(0,1)-Verteilung). Bei der kleinen Stichprobe ist der Mittelwertunterschied nicht signifikant, bei der großen Stichprobe schon.

Eine noch so kleine Mittelwertdifferenz wird bei hinreichend großen Stichproben signifikant. Hat so eine Differenz aber noch eine praktische Bedeutung? Ist die Aussage sinnvoll, dass männliche Stadtbewohner signifikant größer sind als männliche Landbewohner, wenn der Unterschied nur wenige Millimeter beträgt?

Beispiel: In einer Arbeit von Bakan (1966) unterteilte dieser eine große Stichprobe von 60 000 Amerikanern anhand willkürlicher Unterscheidungsmerkmale in Subgruppen (etwa nach ihrer Herkunft westlich oder östlich des Mississippi) und fand in allen Fällen signifikante Unterschiede. Die Größe der Unterschiede war jedoch in allen Fällen verschwindend gering.

II.D.1.1 Effektstärke

Wenn nicht nur gefragt wird, *ob* es einen mehr als nur zufälligen Unterschied oder allgemeiner, einen Effekt gibt, sondern wenn man sich für das *Ausmaß* des Effektes interessiert, kann man auch dafür Kennwerte angeben, nämlich die *Effektstärke*[18].

Die Effektstärke wird oft im Anschluss an eine Untersuchung bestimmt. Interessiert man sich für die Unterschiede von Mittelwerten, so ist die standardisierte Mittelwertdifferenz

$$d = (\bar{x}_1 - \bar{x}_2)/s ,$$

also die Mittelwertdifferenz, geteilt durch die Streuung des Merkmals, ein deskriptives Maß für die Effektstärke (vgl. II.B.4 in Band 1).

Im Beispiel der Körpergröße von Stadt- und Landbewohnern ist
$d = 0.27/7.1 = 0.038.$

Bezogen auf die Population ist $\delta = (\mu_1 - \mu_2)/\sigma$ ein solches Effektstärkemaß. Eine Effektstärke d (bzw. δ) von 0.2 gilt als kleiner, 0.5 als mittlerer und 0.8 als großer Effekt. Der Körpergrößenunterschied ist demnach ein sehr kleiner Effekt. Die Entscheidung über praktische Bedeutsamkeit ist aber immer eine inhaltliche Entscheidung.

Andere Effektstärkemaße: Bei der Varianzanalyse ist η^2 (vgl. II.C.2.7) ein Maß für die Stärke des Effektes. Bei der Regressionsrechnung wird der Determinationskoeffizient r^2, bei dichotomen Variablen Odds Ratio als Effektstärkemaß verwendet (vgl. Abschnitt II.C.2.4 bzw. II.D.2.2 in Band 1).

Bei empirischen Untersuchungen sollte neben der Signifikanz (oder Nicht-Signifikanz) eines Ergebnisses immer die Effektstärke berichtet werden. Nur so ist die praktische Bedeutsamkeit der Ergebnisse abschätzbar.

---

[18] synonymer Begriff: *Effektgröße*, englisch: *effect size*. Eine andere Bezeichnung dafür lautet *Maß der praktischen Signifikanz*.

II.D.1.2 Kontrolle des β-Fehlers bei spezifischen Alternativhypothesen

Ein großes Manko des Signifikanztests, wie er in Abschnitt II.B.1 eingeführt wurde, besteht darin, dass beim Verwerfen der H_0 für die Annahme einer unspezifischen H_1 entschieden wird. Für was entscheidet man sich da eigentlich? Möchte man beispielsweise den Effekt einer psychologischen Intervention testen, dann ist man nicht an *irgendwelchen* Verbesserungen von möglicherweise verschwindend geringer Effektstärke sondern an bedeutsamen Effekten interessiert. Wenn eine bestimmte Effektstärke inhaltlich begründet vorgegeben werden kann, dann sollte die *spezifische* H_1, dass der Effekt mindestens so stark wie die vorgegebene Effektstärke ist, getestet werden. Dieses Vorgehen erläutert das folgende Beispiel:

Beispiel: Eine auf Einzelgesprächen basierende Trainingsmaßnahme soll bei Polizisten zur Senkung von berufsbedingtem Stress führen. Experten halten erst eine Änderung von mindestens 5 Punkten auf der verwendeten Stressskala für praktisch bedeutsam und angesichts des Aufwandes für lohnend. Aus Reihenuntersuchungen ist bekannt, dass die Streuung des Stressniveaus bei Polizisten den Wert $\sigma = 8$ hat. Die anvisierte Effektstärke δ des Trainings ist

$$\delta = \frac{5}{\sigma} = 0.625 .$$

Anhand des Vergleichs einer Stichprobe trainierter Polizisten (Gruppe 1) mit einer Kontrollgruppe (Gruppe 2) sind H_0: $\mu_1 = \mu_2$ gegen H_1: $|\mu_2 - \mu_1| \geq 5$ (zweiseitig) bzw. H_1: $\mu_2 - \mu_1 \geq 5$ (einseitig) zu testen.

Was ist der Vorteil einer solchen spezifischen Alternativhypothese? Der folgende Abschnitt zeigt, dass in diesem Fall nicht nur der α-Fehler sondern auch der β-Fehler unter eine vorgegebene Schranke gebracht werden kann.

II.D.1.3 Teststärke (Power) und Wahl der Stichprobengröße

Bei einer unspezifischen Alternativhypothese H_1 kann die Größe des β-Fehlers (die Wahrscheinlichkeit, fälschlich die H_0 beizubehalten) nicht angegeben werden. Anders ist es bei einer *spezifischen* H_1. Im Beispiel des Stresstrainings für Polizisten lautet die H_1, dass trainierte Polizisten im Vergleich zu untrainierten Kollegen ein um (mindestens) 5 Punkte niedrigeres Stressniveau haben. In diesem Fall kann der β-Fehler bestimmt werden.

Zur Begrifflichkeit: Statt von der Wahrscheinlichkeit des β-Fehler wird auch häufig von seiner Gegenwahrscheinlichkeit, der *Teststärke* gesprochen:

Die Wahrscheinlichkeit, die H_1 richtigerweise anzunehmen, heißt *Teststärke* (oder englisch: *power*).

$\textit{Teststärke} = P(\text{Entscheidung für } H_1 \mid H_1 \text{ gilt}) = 1-\beta$

Der β-Fehler und damit die Teststärke hängen im Wesentlichen von der Stichprobengröße, der Effektstärke sowie vom α-Niveau ab. Dieser Zusammenhang wird in Abschnitt II.B.1.3.1.2 ausführlich behandelt (siehe auch die dortigen Abbildungen 36 und 37). Sind Effektstärke und Stichprobengröße bekannt, dann kann die Teststärke eines Tests für ein festes α-Niveau berechnet werden. Das folgende Diagramm zeigt diese Abhängigkeit am Beispiel des t-Tests für unabhängige Stichproben. Die Berechnungen wurden mit einem speziellen Programm (*Gpower* von Erdfelder et al., 1996) durchgeführt.

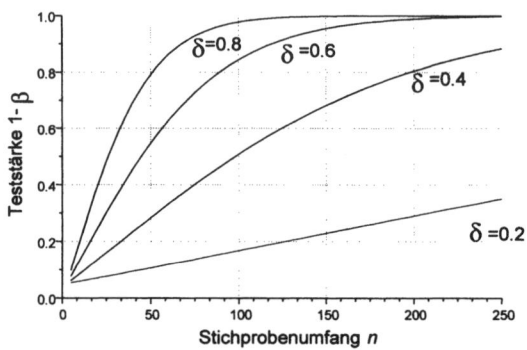

Abbildung 52: Teststärke beim zweiseitigen t-Test (unabhängige Stichproben vom Gesamtumfang *n*, α=0.05). Für sehr große Stichproben wird der β-Fehler immer kleiner. Andererseits braucht man bei sehr kleinen Mittelwertunterschieden enorm große Stichproben, um mit einer Sicherheit von beispielsweise 90% richtig für die H_1 zu entscheiden.

Wurde eine inhaltlich sinnvolle Effektstärke vorgegeben, so kann zu einem gewünschten maximalen β-Fehler die dazu notwendige Stichprobengröße ermittelt werden. Die obige Abbildung zeigt, dass beispielsweise für einen β-Fehler von 0.25 bei einem großen Effekt δ=0.8 Stichproben vom Gesamtumfang *n*=45 ausreichen, für einen kleinen Effekt von δ=0.25 sind dagegen Stichproben von insgesamt *n*=440 notwendig (die Grafik bezieht sich auf zweiseitiges Testen beim t-Test für unabhängige Stichproben mit Gesamtumfang *n* und α=0.05).

Im Beispiel des Stressreduktionstrainings für Polizisten soll der erhoffte Effekt einer Änderung des mittleren Stressniveaus um mindestens 5 Punkte mit einer Sicherheit von 90 % aufgefunden werden. Der β-Fehler wird also auf 0.1 begrenzt. Das Programm Gpower liefert bei α = 0.05 eine erforderliche Gesamtstichprobengröße von n = 110 Personen. Bei einem einseitigen Test wären insgesamt n=90 Personen, also 45 pro Gruppe, ausreichend.

Die Durchführung des Tests erfolgt in den üblichen 4 Schritten. Lediglich die Ergebnisse können jetzt anders interpretiert werden. Führt man z.B. beim Stressreduktionstraining einen zweiseitigen t-Test mit je 55 Personen in der Trainings- und Kontrollgruppe durch, dann gilt Folgendes. Führt das Training zu einer Änderung des Stressniveaus von 5 Punkten, dann wird dieser Effekt mit einer Wahrscheinlichkeit von 90% entdeckt (größerer Effekte werden noch sicherer entdeckt). Auch bei kleineren Effekten kann der Test für die H_1 entscheiden, nur ist in diesem Fall die Teststärke geringer. Die Wahrscheinlichkeit für einen α-Fehler liegt nach wie vor bei dem vorgegebenen Signifikanzniveau $\alpha=0.05$.

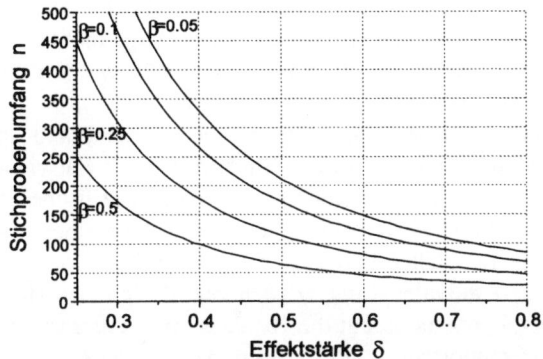

Abbildung 53: Notwendiger gesamter Stichprobenumfang *n* bei vorgegebener Effektstärke und β-Fehler (für zweiseitigen t-Test, unabhängige Stichproben, $\alpha=0.05$).

Faustregel: Liegt ein kleiner Effekt vor, so kann er nur mit großen Stichproben „entdeckt" werden. Liegen große Effekte vor, so sind diese auch bei kleinen Stichproben auffindbar.

Folgerung für Testanwender: Wenn für eine Fragestellung mehrere Tests zur Verfügung stehen, sollte der Test mit der größten Teststärke verwendet werden. Einseitige Tests haben z.B. eine größere Teststärke als zweiseitige Tests.

🖥 Die Berechnung des β-Fehlers, der Teststärke sowie des notwendigen Stichprobenumfangs kann mit dem Programm ‚Gpower' durchgeführt werden, welches unter www.psycho.uni-duesseldorf.de/aap/projects/gpower/ kostenlos heruntergeladen werden kann.

Insgesamt läßt sich Folgendes feststellen: Die Effektstärke ist wichtig für die inhaltliche Bedeutung statistischer Ergebnisse, die Teststärke bezieht sich auf die Sicherheit statistischer Entscheidungen bei Gültigkeit der H_1. Wie wir gesehen haben, ist beides miteinander verknüpft. Wo immer es möglich ist, sollte

in der psychologischen Forschung eine praktisch bedeutsame Effektstärke festgelegt, eine Schranke für den β-Fehler vorgegeben und die Untersuchung mit
der dafür benötigten Stichprobengröße durchgeführt werden.

II.D.1.4 Äquivalenztests

In vielen praktischen Fragestellungen interessiert man sich dafür, ob z.B. zwei
verschiedene Behandlungen annähernd gleiche oder aber substanziell unterschiedliche Effekte haben. Dabei kann es vorkommen, dass die Aussage „es
gibt keine bedeutsamen Unterschiede zwischen den Behandlungen" die
‚Wunschhypothese' ist, gegen deren fälschliche Annahme man sich mit einer
Irrtumswahrscheinlichkeit absichern möchte. Der übliche Signifikanztest mit
der H_0 (keine Unterschiede) und H_1 (Unterschiede) taugt nicht dazu, annähernd
gleiche Effekte der verschiedenen Behandlungen nachzuweisen. Warum ist das
so? Zum einen besagt die übliche Nullhypothese ($\mu_1=\mu_2$), dass es überhaupt
keine Mittelwertunterschiede gibt. Selbst kleine, in der Praxis unbedeutende
Unterschiede würden jedoch bei großen Stichproben zur Entscheidung für die
Alternativhypothese führen. Zum anderen ist ohne spezifische H_1 die Wahrscheinlichkeit für falsche Beibehaltung der Wunschhypothese (keine Unterschiede) unbekannt. In solchen Fällen ist die Anwendung von Äquivalenztests
zu empfehlen. Bei Äquivalenztests werden die Rollen der H_0 und H_1 ver-
tauscht. Bei Äquivalenztests besagt die H_0, dass zwei Verfahren zu bedeutsam
unterschiedlichen Ergebnissen. Die H_1 besagt, dass es keine (oder nur unbedeutende) Unterschiede zwischen den Effekten der beiden Behandlungsmethoden
gibt. Ein solcher Test erlaubt also die Testung der Gleichwertigkeit (Äquivalenz) zweier Verfahren. Entscheidungen für die Äquivalenz können also mit
einer vorgegeben Irrtumswahrscheinlichkeit abgesichert werden.

*Beispiel: Das Vorgehen soll am Beispiel des in Abschnitt II.D.1.2 vorgestellten
Trainings zur Stressreduktion erläutert werden. Wie nehmen an, dass jenes
zeit- und damit kostenintensive Verfahren bereits flächendeckend eingesetzt
wird. Ein neu entwickeltes Verfahren mit Namen Mindfulness-Based Stress
Reduction (MBSR) verspricht nun ähnliche Effekte bei deutlich geringeren
Kosten[19]. Zur Testung der Gleichwertigkeit beider Verfahren wird ein
Äquivalenztest durchgeführt.*

Bei einem Äquivalenztest muss eine maximale Effektstärke (vgl. Abschnitt
II.D.1.1) festgelegt werden, bis zu welcher die Unterschiede zwischen verschiedenen Verfahren als praktisch unbedeutsam gelten können. Diese Effektstärke ist aufgrund praktischen Hintergrundwissens zu bestimmen.

*Im Beispiel wurde diese Effektstärke auf 5 Punkte auf der Stressskala fest-
gelegt werden. Die Hypothesen des Äquivalenztests lauten:*

---

[19] Das neue Verfahren kann im Gruppenkontext geübt werden.

$H_0:\ |\mu_{altes\ Verfahren}-\mu_{MBSR}| \geq 5$

$H_1:\ |\mu_{altes\ Verfahren}-\mu_{MBSR}| < 5$

Zur Durchführung des Äquivalenztests wäre im Beispiel die Kennwerteverteilung von Mittelwertunterschieden im Fall $|\mu_{altes\ Verfahren}-\mu_{MBSR}| = 5$ zu bestimmen (würde in diesem Fall die Nullhypothese der Nicht-Äquivalenz beibehalten, so würde dies auch bei noch größeren wahren Unterschieden geschehen).

In der Praxis werden solche Äquivalenztests derart durchgeführt, dass man sich von einem Statistikprogramm ein Vertrauensintervall für die Differenz der Stichprobenmittelwerte berechnen lässt. Liegt im Beispiel dieses Vertrauensintervall vollständig im Bereich von -5 bis +5, dann kann die H_0 verworfen und auf die Äquivalenz der Verfahren geschlossen werden.

 Die für Äquivalenztests benötigten Vertrauensintervalle für Mittelwertdifferenzen werden in SPSS im Rahmen der t-Tests für abhängige bzw. unabhängige Stichproben mit ausgegeben.

⚲ II.D.1.5 Zum historischen Hintergrund des Signifikanztests

Das hier wie in fast allen einschlägigen Statistiklehrbüchern vorgestellte Vorgehen zum Testen von Hypothesen wird aus didaktischen Gründen als eine einheitliche Prozedur dargestellt. Es gibt jedoch historisch gesehen zwei unterschiedlichen „Schulen": Der klassische Signifikanztest geht auf Ronald A. Fisher zurück. Zentral ist die Frage der Beibehaltung bzw. Verwerfung der H_0. Begriffe wie β-Fehler, Teststärke und die Entscheidung zwischen zwei Hypothesen stammen dagegen aus der Schule von Jerzy Neyman und Egon Pearson. Beide Schulen standen sich zum Teil sehr kontrovers gegenüber. Ausführlich ist die Debatte Fisher vs. Neyman-Pearson in dem Buch von Gigerenzer et al. (1999) dokumentiert.

II.D.1.6 Metaanalyse

Wie wir gesehen haben, sind Fehler bei statistischen Entscheidungen und den daraus abgeleiteten inhaltlichen Schlussfolgerungen nicht 100%ig auszuschließen. Wenn z.B. in einer Studie zur Wirksamkeit einer neuen Psychotherapie nur eine sehr geringe Anzahl von Patienten untersucht werden kann, ist die Gefahr eines β-Fehlers sehr groß und ein möglicher positiver Effekt der Therapie kann übersehen werden. Daher werden zu psychologischen Fragestellungen in der Regel nicht nur eine, sondern mehrere Untersuchungen durchgeführt. Die *Metaanalyse* ist eine statistische Methode, um Ergebnisse verschiedener Studien zu einer Fragestellung zusammenzufassen. Somit können Aussagen über die Stärke und die Signifikanz von Effekten gemacht werden, in welche die Information aller einzelnen Studien mit eingeht. Dadurch werden solche Aussagen genauer und weniger fehleranfällig.

II.D.1.7 Effekte und Kausalität

Der Begriff „Effekt" ist in der Psychologie sehr beliebt, wenn es um den Zusammenhang von Variablen geht. Findet sich z.B. bei therapierten Patienten eine Verbesserung der Befindlichkeit im Vergleich zu nicht-therapierten Patienten, so ist man schnell geneigt, diesen Zusammenhang als „Effekt" der Therapie zu interpretieren. Effekt meint implizit einen kausalen Einfluss in der Form, dass die Ausprägung einer Variablen ursächlich zur Ausprägung einer anderen Variable beiträgt. Umgekehrt wird das Ausbleiben eines Effektes schnell als Nichtwirksamkeit einer Therapie interpretiert. Das folgende Beispiel zeigt, dass man außerhalb randomisierter Experimente mit solchen Interpretationen äußerst vorsichtig sein muss.

Beispiel: Betrachten wir eine experimentelle Untersuchung zur Wirksamkeit einer neuen Therapie. Das Merkmal Teilnahme an einer Therapie hat zwei Ausprägungen (ja, nein), ebenso das Merkmal Heilung (ja, nein). Teilnahme an einer Therapie wird als Treatment- und Heilung als Responsevariable bezeichnet. An der Untersuchung mögen insgesamt 100 Patienten teilnehmen. Die Hälfte von ihnen wird therapiert (Therapiebedingung), die anderen bleiben unbehandelt (Kontrollbedingung). Am Ende des Therapiezeitraumes werden die folgenden Ergebnisse ermittelt:

		Heilung	
		ja	nein
Therapie	*ja*	30	20
	nein	30	20

Tabelle 14: Ergebnisse der *n*=100 Patienten. Die Zahlen geben die Häufigkeit der Patienten unter den entsprechenden Bedingungen an. So wurden insgesamt 50 Patienten therapiert, 30 davon waren anschließend geheilt. Insgesamt haben therapierte und nicht-therapierte Patienten die gleichen Heilungsquoten von 30/50, also 60%.

Die Zahlen in Tabelle 14 geben jeweils die Häufigkeiten von Patienten mit entsprechender Merkmalskombination an. So gab es z. B. 30 therapierte und geheilte Patienten sowie 20 therapierte und nicht geheilte Patienten. Liest man die Daten der Tabelle zeilenweise, so kann man die Ergebnisse der therapierten und der nicht-therapierten Patienten vergleichen.

Auf den ersten Blick zeigt sich kein Unterschied zwischen Therapie- und Kontrollbedingung: Unter beiden Bedingungen beträgt die Heilungsquote 30/50, also 60%. Demnach scheint es egal zu sein, ob eine Therapie durchgeführt wird oder nicht: Auf den ersten Blick ist der Effekt der Therapie gleich null, die Therapie also unwirksam.

Ist damit das letzte Wort über die Wirksamkeit der Therapie gesprochen? Ein neugieriger Forscher betrachtet diese Ergebnisse noch einmal im De-

tail. Für alle Patienten wurde nämlich zu Beginn der Untersuchung zusätzlich die „Therapiemotivation" (in den zwei Ausprägungen „motiviert" und „nicht-motiviert") gemessen. Der Zusammenhang von „Therapie" und „Heilung" wird nun getrennt für motivierte und nicht-motivierte Patienten untersucht. Dabei zeigt sich folgendes Ergebnis:

Motivierte Patienten (n=60)				Nicht-motivierte Patienten (n=40)			
		Heilung				Heilung	
		ja	nein			ja	nein
Therapie	ja	12	6	Therapie	ja	18	14
	nein	26	16		nein	4	4

Tabelle 15: Ergebnisse getrennt nach motivierten und nicht-motivierten Patienten: Therapierte Patienten haben in beiden Gruppen höhere Heilungsquoten als nicht-therapierte Patienten.

Das Ergebnis ist verblüffend: Sowohl bei den motivierten als auch bei den nicht-motivierten Patienten ist die Therapiebedingung die erfolgreichere Bedingung (wohlgemerkt, es handelt sich um die gleichen Daten wie in Tabelle 14, nur aufgeteilt in zwei Teilgruppen. Fügt man die Daten wieder zu einer Tabelle zusammen, so ist diese mit Tabelle 14 identisch). Bei den motivierten Patienten beträgt die Heilungsquote in der Therapiebedingung 12 von insgesamt 18, also 66.7%, während nicht-therapierte Patienten nur eine Heilungsquote von 26/42, also 61.9% aufweisen. Bei den nicht-motivierten Patienten ergibt sich ein ähnliches Bild: Die Heilungsquote unter der Therapiebedingung beträgt 18/32, also 56.3%, während nicht-therapierte Patienten nur eine Heilungsquote von 4/8, also 50% aufweisen. In beiden Teilgruppen ist die Therapiebedingung die erfolgreichere Bedingung, nur in der Gesamtgruppe aller Patienten nicht. Oder pointiert ausgedrückt: Die Therapie wirkt bei motivierten und bei nicht-motivierten Patienten, aber nicht bei Patienten allgemein.

Wie ist dieses paradoxe Phänomen zu erklären? Die „Motivation" der Patienten erweist sich in diesem Beispiel als *konfundierende Variable*. Konfundierung bedeutet, dass eine dritte Variable den Zusammenhang zwischen zwei anderen Variablen ‚verfälscht'. Im Beispiel werden motivierte Patienten seltener therapiert (18 von 60, also 30%) als nicht-motivierte Patienten (32 von 40, also 80%), entsprechend überproportional häufig finden sich motivierte Patienten in der Kontrollgruppe. Gleichzeitig haben motivierte Patienten generell höhere Heilungswahrscheinlichkeit (38 von 60, also 63.3%) als nicht-motivierte (22 von 40, also 55%).

Q Konfundierung kann bei Experimenten durch zufällige Zuweisung der Patienten zu den Behandlungsgruppen ausgeschlossen werden. Diese *Randomisierung* verhindert, dass z.B. systematisch mehr motivierte als nicht-motivierte Patienten in die Kontrollgruppe kommen.[20] Dies ist einer der Gründe dafür, warum in der Psychologie so viel Wert auf experimentelle Forschung gelegt wird.[21]

Die Quintessenz dieses Beispiels ist, dass Effekte außerhalb randomisierter Experimente zwar eine kausale Beziehung bedeuten können, aber keineswegs müssen. Eine große Vorsicht bei kausaler Interpretation von Effekten, so plausibel sie auch sein mögen, ist geboten.

II.D.2 Möglichkeiten und Grenzen der Statistik

Die Statistik ist *ein* Baustein im Wissenschaftsprozess. Dieser hat das Ziel, gesicherte Aussagen über die reale Welt hervor zu bringen. Fehler in diesem Prozess können an vielen unterschiedlichen Stellen gemacht werden, sowohl innerhalb der statistischen Anwendung als auch bei dem „Transfer" zwischen beiden Bereichen, nämlich bei der Übersetzung inhaltlicher Fragen in statistische Begriffe und bei der Interpretation statistischer Ergebnisse.

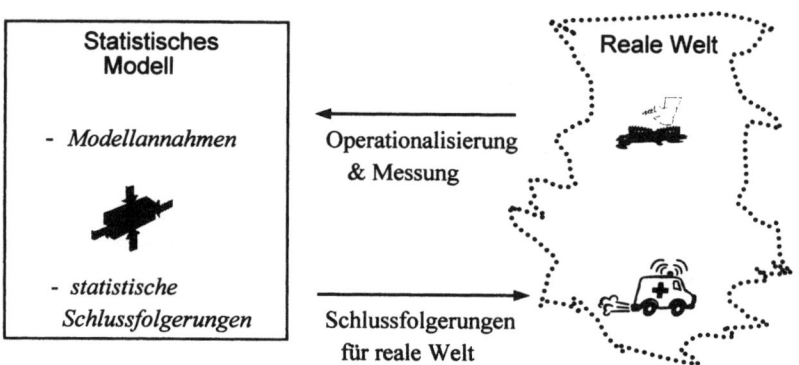

Abbildung 54: Verhältnis zwischen realer Welt und statistischem Modell

---

[20] Ein zufälliges Übergewicht in einer Stichprobe ist zwar auch bei Randomisierung möglich, doch zur Kontrolle dieses Stichprobenfehlers haben wir ja gerade Verfahren wie Vertrauensintervalle und Signifikanztests eingeführt.

[21] Experimentelle Forschung hat natürlich auch große Nachteile, z.B. im Bereich der externen und ökologischen Validität. An dieser Stelle geht es jedoch nur um die Möglichkeit kausaler Interpretation von Ergebnissen, bei der randomisierte Experimente große Vorteile haben.

In diesem Buch wurden in erster Linie Techniken, Möglichkeiten und Fehler besprochen, die innerhalb des statistischen Modells liegen, wir haben uns also bevorzugt im linken Teil von Abb. 54 bewegt. Hier ist es wichtig, ein gewähltes statistisches Verfahren auch korrekt durchzuführen. Da die Berechnungen selbst in der Regel mit Hilfe von Statistikprogrammen durchgeführt werden, liegen hier die Fehler meist in der Wahl des falschen Verfahrens, insbesondere in der mangelhaften Überprüfung der Voraussetzungen eines Verfahrens. Auswertungsprogramme nehmen einem zwar das Rechnen, aber nicht das Denken ab.

Die Angemessenheit eines statistischen Modells ist eine inhaltliche Frage und muss (und kann nur) von Leuten entschieden werden, die inhaltlich *und* statistisch kompetent sind. Für die Beurteilung psychologischer Theorien und damit für die Kompetenz als Psychologe sind daher inhaltliche *und* methodische Kenntnisse unverzichtbar.

Die folgenden Überlegungen weisen noch einmal auf die enge Verknüpfung dieser beiden Bereiche hin. Wir beschäftigen uns mit der „richtigen" Auswahl von Verfahren und mit den allgemeinen Grenzen der gängigen statistischen Modelle. Zum Schluss wird auf besonders beliebte Fehler hingewiesen.

II.D.2.1 Zur Auswahl statistischer Verfahren

Bei der Auswahl eines statistischen Verfahrens sind sowohl inhaltliche als auch methodische Fragen zu klären. Zunächst muss sichergestellt sein, dass die anvisierte inhaltliche Frage auch mit den verfügbaren Daten beantwortet werden kann. Möchte man ermitteln, ob Männer mehr rauchen als Frauen, so ist zu präzisieren, ob es nur um den Anteil rauchender Männer und Frauen oder aber um die Intensität des Rauchens geht. Im ersten Fall ist der zu ermittelnde Kennwert die Häufigkeit, im zweiten Fall z. B. die mittlere Anzahl von Zigaretten pro Tag. Erstere Frage kann mit einem χ^2-Test, letztere mit einem t-Test beantwortet werden, die untersuchten Merkmale müssen im ersten Fall nur auf einer Nominalskala, im zweiten Fall auf einer Intervallskala gemessen werden.

Ist die inhaltliche Zielsetzung geklärt, so können mögliche Kandidaten für eine statistische Auswertung ins Auge gefasst werden. Die Übersichtstabelle über wichtige inferenzstatistische Verfahren im Anhang gibt hier Orientierungshilfe. Bei der Auswahl eines Tests spielen die benötigten Voraussetzungen des Tests eine zentrale Rolle. In diesem Buch wurde die Durchführung eines Tests immer in 4 Schritten beschrieben, wobei als erstes die Voraussetzungen eines Tests zu überprüfen sind. Nur bei erfüllten Voraussetzungen leistet ein Test die Hypothesenprüfung mit vorgegebener Sicherheitswahrscheinlichkeit. Allerdings stellen sich bei solchen Überprüfungen verschiedene praktische Probleme ein:

- Das Überprüfen von Voraussetzungen ist oft problematisch, weil die verwendeten Tests selbst wieder Voraussetzungen benötigen.

- Wird z. B. die oft benötigte Voraussetzung der Normalverteilung eines Merkmals mit einem χ^2-Test oder die Varianzhomogenität mit einem Levene-Test geprüft, so erfolgt der Test in der „falschen Richtung" (vgl. II.C.1.2.3.2). Es wird von erfüllten Voraussetzungen ausgegangen (H_0), eine Wahrscheinlichkeit für falsches Beibehalten der H_0 kann nicht angegeben werden.

- Viele Verfahren benötigen „hinreichend große" Stichproben, damit bestimmte Verteilungsvoraussetzungen erfüllt sind. Oft ist unklar, ab wann eine Stichprobe hinreichend „groß" ist und wie sich mangelnde Größe auswirkt.

Konsequenz: Oft sind Voraussetzungen verletzt oder nur annähernd erfüllt (oder nur annähernd erfüllbar). Daher werden Kriterien benötigt, wann ein Test trotzdem sinnvoll durchgeführt werden kann und wann nicht.

II.D.2.1.1 Robustheit

Robustheit bedeutet, dass auch bei verletzten Voraussetzungen ein Test verläßlich arbeitet, dass sich α- und β-Fehler nur wenig ändern.

Führen Voraussetzungsverletzungen vermehrt zu einer Entscheidung für H_1, dann spricht man von progressiven Entscheidungen. Ein Test zum Niveau α hat dann in Wirklichkeit eine höhere Irrtumswahrscheinlichkeit als α.

Führen Verletzungen von Voraussetzungen eines Tests vermehrt zu einer Entscheidung für die Beibehaltung der H_0, dann spricht man von konservativen Entscheidungen. Ein Test zum Niveau α hat dann in Wirklichkeit eine niedrigere Irrtumswahrscheinlichkeit als α. Dafür bezahlt man aber mit einem höheren β-Fehler.

Die Robustheit eines Tests kann durch Computersimulation überprüft werden. Dazu werden sehr viele Stichproben künstlich erzeugt, bei denen die H_0 gilt, aber die Voraussetzung eines Tests *nicht* erfüllt sind. Dann wird ausgezählt, wie oft der Test (fälschlich) zu einer Entscheidung für die H_1 führt.

II.D.2.1.2 Was tun, wenn Voraussetzungen verletzt sind?

- Ausschau halten, ob es Verfahren gibt, die mit weniger Voraussetzungen auskommen.

- Wenn ein Test robust auf Voraussetzungsverletzungen reagiert, kann er trotzdem angewendet werden.

- Wenn ein Test konservativ auf Voraussetzungsverletzungen reagiert, und man so einen höheren β-Fehler in Kauf nimmt, kann er angewendet werden (sonst andere Verfahren).

- Wenn ein Test progressiv auf Voraussetzungsverletzungen reagiert, sollte er *nicht* angewendet werden → andere Verfahren suchen.

II.D.2.1.3 Interpretation der Ergebnisse. Was heißt hier signifikant?

Leider hat sich in der Praxis das Ritual etabliert, wissenschaftliche Ergebnisse in erster Linie danach zu beurteilen, ob sie signifikant sind. Vereinfacht gesprochen gelten signifikante Ergebnisse als aussagekräftig und veröffentlichungswürdig, nicht-signifikante Ergebnisse dagegen als Fehlschläge. Eine solche einseitige Bewertung von Forschungsergebnissen kann mit Fug und Recht als dumm und für den Erkenntnisfortschritt schädlich bezeichnet werden. Ergebnisse, die z.B. die Nichtwirksamkeit einer teuren und mit großen Nebenwirkungen behafteten Therapie zeigen, können von großem praktischen Nutzen sein. Wichtig ist dabei, die Möglichkeiten von Signifikanztests durch Hinzunahme von Effektstärke- und Teststärkeanalysen zu ergänzen (siehe Abschnitt II.D.1.1).

II.D.2.2 Grenzen statistischer Verfahren

Gucken wir uns zunächst den einfachen Mittelwertvergleich an, wie er zum Beispiel mit dem t-Test durchgeführt wird. Es sollen die Mittelwerte zweier Stichproben verglichen werden, etwa bei einer Gruppe therapierter Patienten und einer Kontrollgruppe. Bei der mehrfaktoriellen Varianzanalyse haben wir aber gesehen, dass solche Mittelwertunterschiede nicht einfach isoliert interpretiert werden dürfen, sondern sich möglicherweise in Abhängigkeit von weiteren Variablen andere Interpretationen ergeben (Stichwort Interaktion). Auch bei der multiplen Regression (vgl. Band 1, II.E) haben wir gesehen, dass sich Zusammenhänge von Variablen (ausgedrückt durch die Regressionsgewichte) ändern können, wenn weitere Variablen ins Spiel kommen.

Menschliches Verhalten ist durch ein komplexes Zusammenwirken vieler Variablen beeinflusst. Die Auswahl weniger Variablen und das Erstellen einfacher statistischer Modelle bedeutet immer eine Reduktion, die mehr oder weniger angemessen sein kann. Man kann versuchen, diesem Punkt Rechnung zu tragen, indem in Untersuchungen möglichst viele relevante Variablen erhoben und ausgewertet werden. Die dazu benötigten *multivariaten Verfahren* gehen über den Rahmen dieses Buches hinaus. Doch durch den Einsatz multivariater Verfahren werden die eben genannten Grenzen nur ausgedehnt, nicht gesprengt. Die grundsätzlichen Einschränkungen bleiben bestehen: Die Praktikabilität von Verfahren erfordert immer eine Einschränkung der Anzahl der untersuchten Variablen, sonst wächst die Zahl der benötigten Versuchspersonen über jedes realisierbare Maß, der Aufwand für die nötigen Untersuchungen würde jeden vertretbaren Rahmen sprengen. Welche Versuchsperson füllt schon auf Dauer stundenlang Fragebögen aus?

Noch entscheidender als diese praktischen Einschränkungen sind die theoretischen Grenzen unserer Modelle: Jedem statistischen Verfahren liegt ein bestimmtes Modell zugrunde. So kann mit der Pearson-Korrelation nur der lineare Zusammenhang zweier Variablen „entdeckt" werden, mögliche andere Zusammenhänge bleiben unsichtbar. Regressionen werden in aller Regel ebenfalls mittels eines linearen Ansatzes berechnet. Ein statistisches Verfahren gleicht somit einer getönten Brille, die bestimmte Dinge hervorhebt und andere unsichtbar läßt.

Was könnten diese anderen Dinge sein? Zunächst ist es unmittelbar plausibel, dass sich menschliches Denken, Fühlen und Handeln als Prozess über die Zeit verändert. Therapien sind nicht mit einem Schlag wirksam, sondern Heilungserfolge sind das Ergebnis eines Veränderungsprozesses. Der Vergleich von Mittelwerten von Kontroll- und Treatmentgruppe zu einem festen Zeitpunkt mittels t-Test kann ein sinnvoller Vergleich sein, doch ist man damit weit davon entfernt, die eigentlich interessierenden psychologischen Prozesse zu beschreiben. Die Korrelation zwischen Therapiedauer und Heilerfolg kann als grobe Orientierung über einen möglichen Zusammenhang nützlich sein, sie ist aber weit weg von der Frage, *wie* Veränderungen zustande kommen, ob etwa die bisherige Besserung der Symptome motivierend für die weitere Therapie wirkt und damit zu weiterem Heilungserfolg führt. Gerade solche Rückkopplungen von Variablen führen zu *nichtlinearen* Modellen und können mit den statistischen Standardmethoden nicht angemessen erfasst werden. Für eine solche prozessorientierte Betrachtungsweise werden andere Modelle benötigt, wie sie im Rahmen von *Zeitreihenanalysen* und *dynamischen Systemen* entwickelt werden.

Warum dominieren in der Praxis dennoch die „einfachen" Modelle, was begründet die Popularität von Mittelwertvergleichen? Neben der oben erwähnten Praktikabilität ist es vor allem das allgemein geschätzte Kriterium der Signifikanz. Gerade aufgrund der Einfachheit linearer Modelle können dort Hypothesentests durchgeführt werden. Dagegen sind bei komplexeren Modellen solche Tests schwieriger und oft nur eingeschränkt oder gar nicht möglich. Wenn wir nur die Frage stellen, ob wahre Mittelwerte gleich oder verschieden sind, dann bekommen wir Verteilungsannahmen, können Prüfgrößen bestimmen und einen Test durchführen. Wenn wir dagegen beschreiben, *wie* sich Dinge über die Zeit verändern, dann gibt es keine einfachen Null- und Alternativhypothesen mehr, in die wir unsere inhaltlichen Fragen übersetzen können. Da aber bei der Bewertung empirischer Forschung vor allem das Kriterium der Signifikanz Beachtung findet, wird bei der Auswertung der überwiegenden Mehrzahl empirischer Untersuchungen auf die „einfachen" statistischen Modelle zurückgegriffen.

II.D.2.3 Besonders beliebte Fehler

Neben den prinzipiellen Beschränkungen, welche mit den üblichen statistischen Verfahren in Kauf genommen werden müssen, gibt es jedoch eine Reihe von häufig gemachten, aber vermeidbaren Fehlern. Die folgende, sicherlich unvollständige Liste zeigt eine Reihe von besonders beliebten „Kunstfehlern" bei der Anwendung statistischer Verfahren.

- *Maßstäbe und Vergleiche der Ergebnisse fehlen oder sind irreführend:* Die Aussage, dass über 70 Prozent aller depressiven erwachsenen Frauen verheiratet sind, mag beispielsweise statistisch korrekt ermittelt worden sein. Allerdings ist der naheliegende Schluss, Ehe macht Frauen depressiv, keineswegs zwingend, wenn man bedenkt, dass sowieso ca. 70% aller erwachsenen Frauen verheiratet sind.

- *Nachdenken erst nach der Datenerhebung:* Besonders schlimm: Hypothesen werden nachträglich passend zu den Daten formuliert. Versuchen Sie, bereits bei der Planung einer Untersuchung verschiedene Auswertungsmöglichkeiten in Gedanken durchzuspielen.

- *Geschönte Darstellung von Ergebnissen:* Bei der grafischen Aufbereitung von Daten können Unterschiede sehr gezielt „akzentuiert" werden.

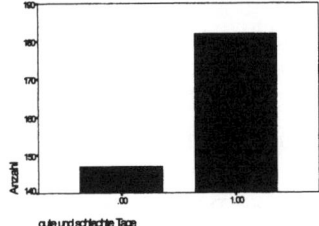 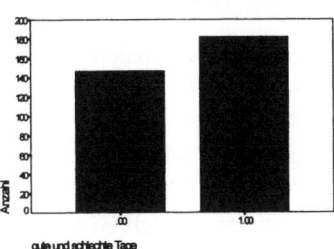

Abbildung 55: Zwei verschiedene Darstellungen der gleichen Daten.

In diesem Beispiel wird mit den gleichen Daten (Anzahl von guten (0) und schlechten Tagen (1) eines Jahres) durch unterschiedliche Wahl der Achsenabschnitte ein großer oder ein kleiner Unterschied suggeriert.

- *Voraussetzungen werden nicht beachtet:* Einfach gesagt, aber die Beispiele mit der Überprüfung der Verteilungsannahmen zeigen, dass es oft schwierig zu machen ist → Robustheit von Tests beachten.

- *Masse statt Klasse:* es werden so viele Variablen erhoben und Tests durchgeführt, dass manche durch Zufall geradezu signifikant werden müssen.

- *Zusammenhänge (z.B. Korrelation) sind nicht das Gleiche wie Kausalität* (kann nicht oft genug gesagt werden). Kann ein Zusammenhang nachgewiesen werden, so folgt daraus nicht die Gültigkeit einer bestimmten kausalen Wirkbeziehung.

- *Was ist die Population?* Häufig werden ausgefeilte inferenzstatistische Datenanalysen durchgeführt, ohne dass die Generalvoraussetzung der repräsentativen Stichprobe berücksichtigt wird. Für welche Merkmale aus welcher Population bilden z.B. die häufig untersuchten Psychologiestudierenden eine spezifisch repräsentative Stichprobe?

Statistische Verfahren haben ihre Grenzen, aber innerhalb dieser Grenzen können sie bestimmte Dinge leisten. Dies setzt jedoch die korrekte Anwendung und Durchführung statistischer Analysen voraus. Hierzu ist weniger das befolgen starrer Regeln oder das Abgeben der Verantwortung an ‚Experten' oder Statistikprogramme der geeignete Weg, sondern das eigene kritische Verständnis und das eigene praktische Üben der Anwendungen. Als Psychologiestudierende(r) gehören Sie mittelfristig zu der ‚Expertengemeinschaft', welcher die kritische Bewertung psychologischer Forschungsergebnisse obliegt. Ziel dieses Buches ist es, Hinweise und Hilfen für diese Aufgabe bereit zu stellen.

Weiterführende Literatur

Klemmert (2004) informiert in ihrem Buch ausführlich über Äquivalenztests.

Zur Metaanalyse siehe die Einführung von Fricke und Treinies (1988) oder Lipsey und Wilson (2000) sowie zum Nachschlagen das Handbuch von Cooper und Hedges (1994).

Hinsichtlich der Problematik von Kausalität und Konfundierung vgl. z.B. Nachtigall et al. (1999, 2000).

Zu multivariaten Verfahren gibt es eine Fülle von Büchern. Als Beispiele seien das mathematisch anspruchsvolle Buch von Fahrmeir u. a. (1998) sowie Hartung et al. (2005) oder das anschauliche, aber weniger exakte Buch von Backhaus et al. (2005) genannt. Das Buch von Hair (1998) enthält viele Datenbeispiele, die der Leser selbst nachrechnen kann.

Für eine Reflexion und einen Blick über den Tellerrand des ‚psychologischen Mainstreams' sind z.B. die Bücher von Grawe et al. (1991), Schiepek und Tschacher (1997) sowie Nachtigall (1998) empfehlenswert.

Lehrreiche Beispiele dafür, wie man Statistik *nicht* machen sollte, liefert das Buch von Krämer (2000): Wie lügt man mit Statistik. Beliebte Tricks zum manipulativen Umgang mit Statistik werden auch in Beck-Bornholdt & Dubben (2001) anschaulich demonstriert.

Richtlinien zum Schreiben eigener wissenschaftlicher Arbeiten findet man z.B. in dem Artikel von Wilkinson (1999).

II.E Anhang

Die folgenden Tabellen geben wichtige Verteilungen und kritische Werte wieder. Im zweiten Teil des Anhangs finden Sie eine Übersicht über wichtige statistische Testverfahren sowie über derzeit verbreitete Statistikprogramme.

Verzeichnis der Tabellen	*Seite*
Binomialverteilung	222
Standardnormalverteilung	223
t-Verteilung	224
χ^2- Verteilung	225
F-Verteilung	226
Wilcoxon-Test (unabhängig)	227
Wilcoxon-Test (abhängig)	228
Statistische Tests und Software	*Seite*
Übersicht über wichtige Testverfahren	229
Statistiksoftware	230

In den Tabellen wird nur eine Auswahl an Freiheitsgraden und Signifikanzniveaus aufgeführt. Ausführlichere Tabellen finden sich z.B. in den Lehrbüchern von Bortz (2005), Diehl & Arbinger (2001), Hartung (2005) oder den Handbüchern von Graf u. a. (1998) oder Rinne (2003). Auch im Internet gibt es mittlerweile reichlich Quellen. Auf www.statistik-fuer-psychologen.de finden sich entsprechende Adressen.

Tabelle der Binomialverteilung

Die Tabelle enthält die Wahrscheinlichkeiten von Ereignissen k bei verschiedenen Parametern n und p.

n	k	0.1	0.2	0.25	0.3	0.4	0.5
5	0	.5905	.3277	.2373	.1681	.0778	.0312
	1	.3280	.4096	.3955	.602	.2592	.1562
	2	..0729	.2048	.2637	.3087	..3456	.3125
	3	.0081	.0512	.0879	.1323	.2304	.3125
	4	.0004	.0064	.0146	.0284	.0768	.1562
	5	.0000	.0003	.0010	.0024	.0102	.0312
10	0	.3487	.1074	.0563	.0282	.0060	.0010
	1	.3874	.2684	.1877	.1211	.0403	.0098
	2	.1937	.3020	.2816	.2135	.1209	.0439
	3	.0574	.2013	.2503	.2668	.2150	.1172
	4	.0112	.0881	.1460	.2001	.2508	.2051
	5	.0015	.0264	.0584	.1029	.2007	.2461
	6	.0001	.0055	.0162	.0368	.1110	.2051
	7	.0000	.0008	.0031	.0090	.0425	.1172
	8	.	.0001	.0004	.0014	.0106	.0439
	9	.	.0000	.0000	.0001	.0016	.0098
	10	.	.	.	.0000	.0001	.0010
15	0	.2059	.0352	.0134	.0047	.0005	.0000
	1	.3432	.1319	.0668	.0305	.0047	.0005
	2	.2669	.2309	.1559	.0916	.0219	.0032
	3	.1285	.2501	.2252	.1700	.0634	.0139
	4	.0428	.1876	.2252	.2186	.1268	.0417
	5	.0105	.1032	.1651	.2061	.1859	.0916
	6	.0019	.0430	.0917	.1472	.2066	.1527
	7	.0003	.0138	.0393	.0811	.1771	.1964
	8	.0000	.0035	.0131	.0348	.1181	.1964
	9	.	.0007	.0034	.0116	.0612	.1527
	10	.	.0001	.0007	.0030	.0245	.0916
	11	.	.0000	.0001	.0006	.0074	.0417
	12	.	.	.0000	.0001	.0016	.0139
	13	.	.	.	.0000	.0003	.0032
	14	.	.	.	.	.0000	.0005
	15	.	.	.	.	.	.0000
20	0	.1216	.0115	.0032	.0008	.0000	.0000
	1	.2702	.0576	.0211	.0068	.0005	.0000
	2	.2852	.1369	.0669	.0278	.0031	.0002
	3	.1901	.2054	.1339	.0716	.0123	.0011
	4	.0898	.2182	.1897	.1304	.0350	.0046
	5	.0319	.1746	.2023	.1789	.0746	.0148
	6	.0089	.1091	.1686	.1916	.1244	.0370
	7	.0020	.0545	.1124	.1643	.1659	.0739
	8	.0004	.0222	.0609	.1144	.1797	.1201
	9	.0001	.0074	.0271	.0654	.1597	.1602
	10	.0000	.0020	.0099	.0308	.1171	.1762
	11	.	.0005	.0030	.0120	.0710	.1602
	12	.	.0001	.0008	.0039	.0355	.1201
	13	.	.0000	.0002	.0010	.0146	.0739
	14	.	.	.0000	.0002	.0049	.0370
	15	.	.	.	.0000	.0013	.0148
	16	.	.	.	.	.0003	.0046
	17	.	.	.	.	.0000	.0011
	18	.	.	.	.	.	.0002
	19	.	.	.	.	.	.0000
	20	.	.	.	.	.	.

(aus Hays & Winkler, 1970, pp. 609-613, zitiert nach Bortz, 1993, S. 689.)

Tabelle der Standardnormalverteilung

z	0	1	2	3	4	5	6	7	8	9
0,0	0,5000	5040	5080	5120	5160	5199	5239	5279	5319	5359
0,1	5398	5438	5478	5517	5557	5596	5636	5675	5714	5753
0,2	5793	5832	5871	5910	5948	5987	6026	6064	6103	6141
0,3	6179	6217	6255	6293	6331	6368	6406	6443	6480	6517
0,4	6554	6591	6628	6664	6700	6736	6772	6808	6844	6879
0,5	6915	6950	6985	7019	7054	7088	7123	7157	7190	7224
0,6	7257	7291	7324	7357	7389	7422	7454	7486	7517	7549
07	7580	7611	7642	7673	7703	7734	7764	7794	7823	7852
0,8	7881	7910	7939	7967	7995	8023	8051	8078	8106	8133
0,9	8159	8186	8212	8238	8264	8289	8315	8340	8365	8389
1,0	8413	8438	8461	8485	8508	8531	8554	8577	8599	8621
1,1	8643	8665	8686	8708	8729	8749	8770	8790	8810	8830
1,2	8849	8869	8888	8907	8925	8944	8962	8980	8997	9015
1,3	9032	9049	9066	9082	9099	9115	9131	9147	9162	9177
1,4	9192	9207	9222	9236	9251	9265	9279	9292	9306	9319
1,5	9332	9345	9357	9370	9382	9394	9406	9418	9429	9441
1,6	9452	9463	9474	9484	9495	9505	9515	9525	9535	9545
1,7	9554	9564	9573	9582	9591	9599	9608	9616	9625	9633
1,8	9641	9649	9656	9664	9671	9678	9686	9693	9699	9706
1,9	9713	9719	9726	9732	9738	9744	9750	9756	9761	9767
2,0	9772	9778	9783	9788	9793	9798	9803	9808	9612	9817
2,1	9821	9826	9830	9834	9838	9842	9846	9850	9854	9857
2,2	9861	9864	9868	9871	9875	9878	9881	9884	9887	9890
2,3	9893	9896	9898	9901	9904	9906	9909	9911	9913	9916
2,4	9918	9920	9922	9925	9927	9929	9931	9932	9934	9936
2,5	9938	9940	9941	9943	9945	9946	9948	9949	9951	9952
2,6	9953	9955	9956	9957	9959	9960	9961	9962	9963	9964
2,7	9965	9966	9967	9968	9969	9970	9971	9972	9973	9974
2,8	9974	9975	9976	9977	9977	9978	9979	9979	9980	9981
2,9	9981	9982	9982	9983	9984	9984	9985	9985	9986	9986
3,0	9987	9987	9987	9988	9988	9989	9989	9989	9990	9990
3,1	9990	9991	9991	9991	9992	9992	9992	9992	9993	9993
3,2	9993	9993	9994	9994	9994	9994	9994	9995	9995	9995
3,3	9995	9995	9996	9996	9996	9996	9996	9996	9996	9997

Anwendung: Dargestellt ist die *Verteilungsfunktion* der Standardnormalverteilung. Zu dem z-Wert einer Zeile geben die Spalten die zweite Stelle nach dem Komma an. So ist z.B. $F_N(0.35) = 0.6368$ (der Wert steht in der 3.Zeile, 5. Spalte). Für negative Werte gilt: $F_N(-z) = 1 - F_N(z)$. Besonders wichtige Werte sind: $F_N(1.282) = 0.9$, $F_N(1.645) = 0.95$, $F_N(1.960) = 0.975$, $F_N(2.326) = 0.99$, $F_N(2.576) = 0.995$.

(aus Feuerpfeil, J., Heigl, F. & Wiedling, H. (1983). Praktische Stochastik. München: Bayrischer Schulbuch-Verlag. S. 217.)

Tabelle der t-Verteilung

Die Tabelle enthält die kritischen Werte der *t*-Verteilung zu verschiedenen Signifikanzniveaus α und Freiheitsgraden *df*.

α / *df*	0.05 / 0.1	0.025 / 0.05	0.01 / 0.02	0.005 / 0.01
	einseitig / zweiseitig			
1	6.314	12.71	31.82	63.66
2	2.920	4.303	6.965	9.925
3	2.353	3.182	4.541	5.841
4	2.132	2.776	3.747	4.604
5	2.015	2.571	3.365	4.032
6	1.943	2.447	3.143	3.707
7	1.895	2.365	2.998	3.499
8	1.860	2.306	2.896	3.355
9	1.833	2.262	2.821	3.250
10	1.812	2.228	2.764	3.169
11	1.796	2.201	2.718	3.106
12	1.782	2.179	2.681	3.055
13	1.771	2.160	2.650	3.012
14	1.761	2.145	2.624	2.977
15	1.753	2.131	2.602	2.947
16	1.746	2.120	2.583	2.921
17	1.740	2.110	2.567	2.898
18	1.734	2.101	2.552	2.878
19	1.729	2.093	2.539	2.861
20	1.725	2.086	2.528	2.845
21	1.721	2.080	2.518	2.831
22	1.717	2.074	2.508	2.819
23	1.714	2.069	2.500	2.807
24	1.711	2.064	2.492	2.797
25	1.708	2.060	2.485	2.787
26	1.706	2.056	2.479	2.779
27	1.703	2.052	2.473	2.771
28	1.701	2.048	2.467	2.763
29	1.699	2.045	2.462	2.756
30	1.697	2.042	2.457	2.750
40	1.684	2.021	2.423	2.704
60	1.676	2.009	2.403	2.678
60	1.671	2.000	2.390	2.660
80	1.664	1.990	2.374	2.639
100	1.660	1.984	2.364	2.626
200	1.652	1.972	2.345	2.601
500	1.648	1.965	2.334	2.586
∞	1.645	1.960	2.326	2.576

Anwendung: Wenn die Prüfgröße t *größer oder gleich* dem kritischen Wert ist ($t \geq t_{krit}$), kann die H_0 verworfen werden (aus Fedirighi, 1959, übernommen aus Graf u.a., 1998, S. 459).

Tabelle der χ^2- Verteilung

In der Tabelle stehen die kritischen χ^2-Werte für verschiedene Freiheitsgrade df zum Signifikanzniveau $\alpha=0.1$, $\alpha=0.05$ und $\alpha=0.01$.

df	$\chi^2_{krit,0.1}$	$\chi^2_{krit,0.05}$	$\chi^2_{krit,0.01}$	df	$\chi^2_{krit,0.1}$	$\chi^2_{krit,0.05}$	$\chi^2_{krit,0.01}$
1	2.71	3,84	6,63	21	29.62	32,67	38,93
2	4.61	5,99	9,21	22	30.81	33,92	40,29
3	6.25	7,81	11,34	23	32.01	35,17	41,64
4	7.78	9,49	13,28	24	33.20	36,42	42,98
5	9.24	11,07	15,09	25	34.38	37,65	44,31
6	10.64	12,59	16,81	26	35.56	38,89	45,64
7	12.02	14,07	18,48	27	36.74	40,11	46,96
8	13.36	15,51	20,09	28	37.92	41,34	48,28
9	14.68	16,92	21,67	29	39.09	42,56	49,59
10	15.99	18,31	23,21	30	40.26	43,77	50,89
11	17.28	19,68	24,73	40	51.81	55,76	63,69
12	18.55	21,03	26,22	50	63.17	67,50	76,15
13	19.81	22,36	27,69	60	74.40	79,08	88,38
14	21.06	23,68	29,14	70	85.53	90,53	100,42
15	22.31	25,00	30,58	80	96.58	101,88	112,33
16	23.54	26,30	32,00	90	107.57	113,15	124,12
17	24.77	27,59	33,41	100	118.50	124,34	135,81
18	25.99	28,87	34,81	200	226.02	233,99	249,45
19	27.20	30,14	36,19	300	331.79	341,40	359,91
20	28.41	31,41	37,57	500	540.93	553,13	576,49

Anwendung: Wenn die Prüfgröße χ^2 den kritischen Wert *über*schreitet, kann die H_0 verworfen werden. Dadurch wird die *ungerichtete* H_1 getestet (aus Tränkle,1983, S.309, und Rinne, 1997, S. 585).

Tabelle der F-Verteilung

Die Tabelle enthält kritische F-Werte df_1 (Zähler) und df_2 (Nenner) zum Signifikanzniveau $\alpha=0.05$.

df_2 \ df_1	1	2	3	4	5	10	20	30	40	50	100	200	1000
1	161	200	216	225	230	242	248	250	251	252	253	254	254
2	18.5	19.0	19.2	19.2	19.3	19.4	19.4	19.5	19.5	19.5	19.5	19.5	19.5
3	10.1	9.55	9.28	9.12	9.10	8.79	8.66	8.62	8.59	8.58	8.55	8.54	8.53
4	7.70	6.94	6.59	6.39	6.26	5.96	5.80	5.75	5.72	5.70	5.66	5.65	5.63
5	6.61	5.78	5.41	5.19	5.05	4.75	4.56	4.50	4.46	4.44	4.41	4.39	4.36
10	4.96	4.10	3.71	3.48	3.33	2.98	2.77	2.70	2.66	2.64	2.59	2.56	2.54
20	4.35	3.49	3.10	2.87	2.71	2.35	2.12	2.04	1.99	1.97	1.91	1.88	1.84
30	4.17	3.32	2.92	2.69	2.53	2.16	1.93	1.84	1.79	1.76	1.70	1.66	1.62
40	4.08	3.23	2.84	2.61	2.45	2.08	1.84	1.74	1.69	1.66	1.59	1.55	1.51
50	4.03	3.18	2.79	2.56	2.40	2.03	1.78	1.69	1.63	1.60	1.52	1.48	1.44
100	3.94	3.09	2.70	2.46	2.31	1.93	1.68	1.57	1.52	1.48	1.39	1.34	1.28
200	3.89	3.04	2.65	2.42	2.26	1.88	1.62	1.52	1.46	1.41	1.32	1.26	1.19
1000	3.84	3.00	2.60	2.37	2.21	1.83	1.57	1.46	1.39	1.35	1.24	1.17	1.00

Anwendung: Wenn die Prüfgröße F den kritischen Wert *über*schreitet, kann die H_0 verworfen werden. In der Varianzanalyse oder beim F-Test für den Vergleich zweier Varianzen wird damit die *ungerichtete* H_1 getestet (aus Tränkle, 1980, S. 316).

Wilcoxon-Test für unabhängige Stichproben

Die Tabelle enthält die kritischen Werte für die Prüfgröße $|R - \mu_R|$ bei zweiseitigem Testen mit Signifikanzniveaus $\alpha=0.05$ und $\alpha=0.01$ zum Stichprobenumfang n_1 und n_2. Dies entspricht bei einseitigem Testen $\alpha=0.025$ und $\alpha=0.005$.

n_1	n_2	4	5	6	7	8	9	10	11	12	13	14
2	0,05		-	-	-	8,0	9,0	10,0	10,0	11,0	12,0	13,0
	0,01	-	-	-	-	-	-	-	-	-	-	-
3	0,05	-	7,5	8,0	9,5	10,0	11,5	12,0	13,5	14,0	15,5	16,0
	0,01	-	-	-	-	-	13,5	15,0	16,5	17,0	18,5	20,0
4	0,05	8,0	9,0	10,0	11,0	12,0	13,0	15,0	16,0	17,0	18,0	19,0
	0,01	-	-	12,0	14,0	15,0	17,0	18,0	20,0	21,0	22,0	24,0
5	0,05	9,0	10,5	12,0	12,5	14,0	15,5	17,0	18,5	19,0	20,5	22,0
	0,01		12,5	14,0	15,5	18,0	19,5	21,0	22,5	24,0	25,5	28,0
6	0,05			13,0	15,0	16,0	17,0	19,0	20,0	22,0	23,0	25,0
	0,01			16,0	18,0	20,0	22,0	24,0	26,0	27,0	29,0	31,0
7	0,05				16,5	18,0	19,5	21,0	22,5	24,0	25,5	27,0
	0,01				20,5	22,0	24,5	26,0	28,5	30,0	32,5	34,0
8	0,05					19,0	21,0	23,0	25,0	26,0	28,0	29,0
	0,01					25,0	27,0	29,0	31,0	33,0	35,0	38,0
9	0,05						22,5	25,0	26,5	28,0	30,5	32,0
	0,01						29,5	32,0	33,5	36,0	38,5	41,0
10	0,05							27,0	29,0	30,0	32,0	34,0
	0,01							34,0	36,0	39,0	41,0	44,0
11	0,05								30,5	33,0	34,5	37,0
	0,01								39,5	42,0	44,5	47,0
12	0,05									35,0	37,0	39,0
	0,01									44,0	47,0	50,0
13	0,05										38,5	41,0
	0,01										50,5	53,0
14	0,05											43,0
	0,01											56,0

Anwendung: Wenn die Prüfgröße *größer oder gleich* dem kritischen Wert ist, kann die H_0 verworfen werden.

(aus Tränkle, 1980, S. 312. Für andere Signifikanzniveaus siehe die Darstellung des Wilcoxon-Tests bei Diehl und Arbinger, 1992) .

Wilcoxon-Test für abhängige Stichproben

Die Tabelle enthält die kritischen Werte R_{krit} für die Prüfgröße R bei verschiedenen Signifikanzniveaus α für einseitiges und zweiseitiges Testen.

n	einseitig α 0.05 / zweiseitig α 0.1	0.025 / 0.05	0.01 / 0.02	0.005 / 0.01
5	0			
6	2	0		
7	3	2	0	
8	5	4	2	0
9	8	6	3	2
10	10	8	5	3
11	13	11	7	5
12	17	14	10	7
13	21	17	13	10
14	25	21	16	13
15	30	25	20	16
16	35	30	24	20
17	41	35	28	23
18	47	40	33	28
19	53	46	38	32
20	60	52	43	38
21	67	59	49	43
22	75	66	56	49
23	83	73	62	55
24	91	81	69	61
25	100	89	77	68

Anwendung: Wenn die Prüfgröße R *kleiner oder gleich* dem kritische Wert ist (also $R \leq R_{krit}$), kann die H_0 verworfen werden (nach Tränkle, 1980, S. 311).

Tabelle 16: Eine Übersicht über wichtige inferenzstatistische Verfahren

Fragestellung Skalenniveau	1 Stichprobe	2 Stichproben		> 2 Stichproben	
		unabhängig	*abhängig*	*unabhängig*	*abhängig*
Nominalskala: Vergleich von Häufigkeiten	χ^2-Verteilungstest Kolmogoroff-Smirnoff-Test Binomialtest	χ^2-Test Exakter Test von Fisher	McNemar-Test	χ^2-Test Log-lineare Modelle	Cochran χ^2-Test
Rangskala: Vergleich von zentraler Tendenz	-	Wilcoxon-Test (unabhängig) Fishers Randomisierungstest	Wilcoxons-Test (abhängig) Vorzeichentest	Kruskal-Wallis-Test	Friedman-Test
Intervall- und Verhältnisskala: -zentrale Tendenz	Konfidenzintervall für μ	t-Test (unabhängig)	t-Test (abhängig)	ein- und mehrfaktorielle Varianzanalyse ohne Messwiederholung	ein- und mehrfaktorielle Varianzanalyse mit Messwiederholung
-Streuung	Konfidenzintervall für σ	Levene-Test F-Test	Morgan-Pitman-Test	Levene-Test	-
-Korrelation	Konfidenzintervall für ρ Absicherung von r gegen 0 Absicherung von a gegen 0	Test auf Gleichheit zweier Korrelationskoeffizienten (unabhängig)	Test auf Gleichheit zweier Korrelationskoeffizienten (abhängig)	Test auf Gleichheit mehrerer Korrelationskoeffizienten (unabhängig)	-

Statistikprogramme

Bereits das Office-Programm Excel kann vieles aus dem Bereich der deskriptiven Statistik. Für inferenzstatistische Fragestellungen werden darüber hinaus verschiedene spezielle Programmpakete genutzt:

Programm	Studentenversion	Anwendung
ⓡ www.r-project.org/	kostenloser Download: http://cran.r-project.org/	professionelle Anwender und Studierende Syntaxsteuerung (und auch grafische Benutzeroberfläche) Windows, Linux, Macintosh, UNIX
SPSS www.spss.com/ de	SPSS Advanced oder Custom Statistics, http://www.statcon.de/	Studierende in Sozialwissenschaften (Marktführer) Menüsteuerung (und Syntax) Windows, Macintosh
SYSTAT. www.systat.com	keine Studentenversion	professionelle Anwender Menüsteuerung (und Syntax) Windows
STaTa Statistical Software www.stata.com	Stata SE 12 Studentenversion unter http://www.statcon.de	Studierende Menü- und Syntaxsteuerung Windows, Macintosh, Linux
§sas.	www.sas.com	Studenten, die SAS im Rahmen einer Lehrveranstaltung nutzen ist Software kostenfrei über SAS OnDemand for Academics	Studierende, professionelle Anwender Syntaxsteuerung Windows, Macintosh, UNIX
StatSoft° Statistica www.statsoft.de	Studentenversionen: http://www.statsoft.de/ pro_hochschulen.html	Studierende und professionelle Anwender Menüsteuerung (und auch grafische Syntaxsteuerung) Windows
MINITAB Making Data Analysis Easier www.minitab.com/	http://www.statcon.de	Auszubildende in allgemeiner und Business-Statistik Menüsteuerung Windows

Literaturverzeichnis

Agresti, A. (1990). *Categorial data analysis.* New York: Wiley.

Backhaus, K, Erichson, B. & Plinke, W. (2005). *Multivariate Analysemethoden* (11. Aufl.). Berlin: Springer.

Bakan, D. (1966). The test of significance in psychological research. *Psychological Bulletin, 66,* 423 - 437.

Bauer, H. (2001). *Wahrscheinlichkeitstheorie* (5. Aufl.). Berlin: de Gruyter.

Beck-Bornholt, H. P., & Dubben, H. H. (2001). *Der Hund der Eier legt. Erkennen von Fehlinformation durch Querdenken.* Reinbek bei Hamburg: Rowohlt.

Bleymüller, J., Gehlert, G. & Gülicher, G. (1996). *Statistik für Wirtschaftswissenschaftler* (10. Aufl.). München: Verlag Franz Vahlen.

Bortz, J. (2005). *Statistik. Für Sozialwissenschaftler* (6. Aufl.). Berlin: Springer.

Bortz, J. & Döring, N. (2002). *Forschungsmethoden und Evaluation* (3. Aufl.). Berlin: Springer.

Bortz, J., Lienert, G. A. & Boehnke, K. (2000). *Verteilungsfreie Methoden in der Biostatistik* (2. Aufl.). Heidelberg: Springer.

Büning, H. & Trenkler, G. (1978). *Nichtparametrische statistische Methoden.* Berlin: de Gruyter.

Clauß, G., Finze, F.-R. & Partzsch, L. (1995). *Statistik für Soziologen, Pädagogen, Psychologen und Mediziner* (2. Aufl.). Frankfurt a. M.: Deutsch.

Cohen, J. (1994). The earth is round (p < .05). *American Psychologist, 49, 12,* 997-1003.

Diehl, J. M. & Arbinger, R. (2001). *Einführung in die Inferenzstatistik* (3. Aufl.). Eschborn: Dietmar Klotz.

Eimer, E. (1978). *Varianzanalyse. Eine Einführung.* Stuttgart: Kohlhammer.

Erdfelder, E., Faul, F., & Buchner, A. (1996). GPOWER: A general power analysis program. *Behavior Research Methods, Instruments, & Computers, 28,* 1-11. www.psycho.uni-duesseldorf.de/aap/projects/gpower/.

Fahrmeir, L., Hamerle, A. & Tutz, G. (1998). *Multivariate statistische Verfahren* (2. Aufl.). Berlin: de Gruyter

Fahrmeir, L., Künstler, R. & Pigeot, I. (2004). *Statistik* (5. Aufl.). Berlin: Springer.

Federighi, E. T. (1959). Extended tables of the percentage points of Student's t-distribution. *Journal of the American Statistical Association.* 54, 683.

Gigerenzer, G., Swijtink, Z., Porter, Th., Daston, L., Beatty, J. & Krüger, L. (1999). *Das Reich des Zufalls. Wissen zwischen Wahrscheinlichkeit, Häufigkeit und Unschärfen.* Berlin: Spektrum.

Graf, U., Henning, H. J., Stange, K. & Wilrich, P.-T. (1998). *Formeln und Tabellen der angewandten mathematischen Statistik* (3. Aufl.). Berlin: Springer.

Grissom, R. & Kim, J. J. (2005). Effect Size for Research. London: Lawrence Erlbaum Associates.

Hahn, J. G. & Meeker, W. Q. (1991). *Statistical intervals: A guide for practitioners.* Wiley: New York.

Hair, J. F. Jr., Anderson, R. E., Tatham, R. L. & Black, W. C. (1998). *Multivariate data analysis* (5th ed.). Prentice Hall.

Hartung, J., Elpelt, B. & Klösener, K.-H. (2005). *Multivariate Statistik. Lehr- und Handbuch der angewandten Statistik* (14. Aufl.). München: Oldenbourg.

Hays, W. L., Winkler, R. L. (1970). *Statistics.* New York: Holt, Rinehard and Winston.

Hell, W., Fiedler, K. & Gigerenzer, G. (1993). *Kognitive Täuschungen.* Heidelberg: Spektrum.

Huber, O. (2005). *Das psychologische Experiment* (4. Aufl.). Bern: Huber.

Jungermann, H., Pfister, H. R., & Fischer, K. (1998). *Die Psychologie der Entscheidung.* Heidelberg: Spektrum.

Klemmert, H. (2004). Äquivalenz- und Effekttests in der psychologischen Forschung. Frankfurt a.M.: Peter Lang

Krämer, W. (2000). *So lügt man mit Statistik* (7. Aufl.). Frankfurt a. M.: Campus.

Krishnaiah, P. R. (1981). *Analysis of variance.* New York: Elsevier.

Lipsey, M. W. & Wilson, D. B. (2000). *Practical Meta-Analysis.* Thousand Oaks: Sage.

Nachtigall, C. (1998). *Selbstorganisation und Gewalt.* Berlin: Waxmann.

Nachtigall, C., Steyer, R. & Wüthrich-Martone, O. (2001). Causal Effects in Empirical Research. In M. May & U. Ostermeier (Eds.*), Interdisciplinary perspectives on causality.* Bern Studies in the History and Philosophy of Science. Norderstedt: Libri Books on Demand. pp. 81-100.

Nachtigall, C., Suhl, U. & Steyer, R. (2000). Einführung in die Konfundierungsanalyse. *metheval report 2 (1).* www.uni-jena.de/svw/metheval/report/.

Nachtigall, C., Wüthrich-Martone, O. & Steyer, R. (1999). Was wirkt? Kausale Effekte in der Psychotherapieforschung. In: G. Krampen, H. Zeyer, W. Schönpflug & G. Richardt (Hrsg.), *Beiträge zur Angewandten Psychologie,* (S. 101-104). Deutscher Psychologen Verlag: Berlin.

Neter, J., Kutner, M. H., Nachtsheim, C. J. & Wasserman, W. (1996). *Applied linear models* (4th edition). Chicago: Irwin.

Rinne, H. (2003). *Taschenbuch der Statistik* (3. Aufl.). Frankfurt a. M.: Deutsch.

Rouanet, H., Bernard, J.-M., Bert, M.-C., Lecoutre, B. & Le Roux, B. (2000) . *New ways in statistical methodology. From significance tests to bayesian inference* (2nd edition). Bern: Peter Lang.

Sachs, L. (2003). *Angewandte Statistik* (11. Aufl.). Berlin: Springer.

Schäffer, K-A. (1996). Planung von Stichprobenerhebungen. In: E. Erdfelder, R. Mausfeld, T. Meiser & G. Rudinger: *Handbuch Quantitative Methoden.* S.23-35. Weinheim: PVU.

Schiepek, G. & Tschacher, W. (1997) (Hrsg.). *Selbstorganisiation in Psychologie und Psychiatrie.* Braunschweig: Vieweg.

Schmitz, N. (1983). *Wahrscheinlichkeitstheorie.* Skripten zur mathematischen Statistik. Bd. 7, Münster.

Steyer, R. (2002). Wahrscheinlichkeit und Regression. Berlin: Springer.

Tränkle, U. (1980). *Mathematische und statistische Methoden.* Münster: Aschendorff.

von Randow, G. (2004). *Das Ziegenproblem. Denken in Wahrscheinlichkeiten.* Reinbek bei Hamburg: Rohwolt.

Wilkinson, L. (1999). Statistical Methods in Psychology Journals. Guidelines and Explanations. *American Psychologist, 54,* 594-604.

Winer, B. J., Brown, D. R. & Michels, K. M. (1991). *Statistical principles in experimental desig.* (3rd edition). New York: McGraw-Hill.

Wirtz, M. & Nachtigall, C. (2006). *Deskriptive Statistik. Statistische Methoden für Psychologen. Teil 1* (4. Aufl.). Weinheim: Juventa.

Sachverzeichnis

α-Fehler 128, 190
  kumulierter 190
α-Niveau korrigieren 191
A priori Wahrscheinlichkeit 86
Abhängige Variable 137, 176
Abhängigkeit
  korrelative 92
  regressive 93
  stochastische 75
Allgemeines Lineares Modell 188
Alternativhypothese 124
  spezifische 207
Axiome von Kolmogoroff 23

β-Fehler 128, 130
  Kontrolle 207
Bayes'sches Theorem 84
Bayes-Statistik 86, 115
Baumdiagramm 39
Bedeutsamkeit 205
Bedingte Erwartung 94
Bedingte Wahrscheinlichkeit 71
Bernoulliexperiment 37
Binomialkoeffizient 34, 38
Binomialverteilung 36
  Erwartungswert 62
  Parameter 37
  Tabelle 222
  Varianz 65
Bivariate Normalverteilung 145, 147
Bonferoni-Korrektur 191
Bootstrap 154

χ^2- Test 164
  bei Messwiederholungen 167
  für ein dichotomes Merkmal 165
  für Güte der Anpassung 169
  für mehrere Merkmale 172
  k-fach gestufte Merkmale 168
  Vier-Felder χ^2-Test 173
χ^2-Verfahren 164
χ^2- Verteilung 151
  Tabelle 225
Cochran-Test 168

Dichte 46, 68
Dynamische Systeme 218

Effekt 71, 212
  einer Behandlung 81
  kausaler 212
Effektstärke 206
  vorgegebene 207
Elementarereignis 21
Ereignis 18, 58, 72, 75
Ereignisraum Ω 19
Erklärte Varianz 187
Erwartungswert 60
  bedingter 93
  bei stetigem Zufallsexperiment 61
  Rechenregel 63
Experiment 81, 137
  randomisiert 137

Fairness eines Würfels 29
Faktor 176
  fest 200
  zufällig 200
Faktorstufen 176
Fehlentscheidungen 128
Fehler 1. Art 128
Fehler 2. Art 128
Fehlervarianz 187
Fisher, R. A. 144
Fisher-Schule 211
Fisher-Z-Transformation 148
Fixed factor 200
Freiheitsgrad 119
Friedman-Test 163
F-Test 143
F-Verteilung 153
  Tabelle 226

Gegenereignis 20
Gleichverteilung 44
  Streuung 66
  Erwartungswert 62
  Test auf 168
Gottesbeweis 36

Haupteffekt 195, 196
Häufigkeit
    beobachtete 164
    erwartete 164
    relative 27
Hypothesen 122
    beliebte Irrtümer beim Test 134
    einseitig testen 131
    inhaltliche 123
    post hoc 134
    statistische 123
    (un)gerichtet 123
    (un)spezifische 123

Inferenzstatistik 100, 115
    Grundprinzip 164
Interaktion 195, 196
    disordinal 198
    hybrid 197
    ordinal 197
Irrtumswahrscheinlichkeit 123

Kartesisches Produkt 32
Kausalität 73, 212
Kausale Effekte 212
Kennwerteverteilung 106, 153
    des Mittelwertes 106
    anderer Kennwerte 109
Kleinste-Quadrate-Methode 114
Kolmogoroffs Axiome 22
Kolmogoroff-Smirnov-Test 171
Kombination 33
    mit Wiederholung 35
    ohne Wiederholung 34
Kombinatorik 32
Konfidenzintervall 115
Konfundierung 213
Konservative Entscheidung 216
Kontraste 188
Korrelation 90, 92
    Interpretation der Größe 91
    Test 145, 147
Kovarianz 87
    Rechenregeln 88
Kovarianzanalyse 199
Kruskal-Wallis-Test 163

Laplace, P.-S. 21
Laplace-Verteilung 26, 29
Laplace-Wahrscheinlichkeit 29
Leere Menge 21
Levene-Test 143, 183
Likelihood-Funktion 114
Log-Lineare Modelle 174, 200

Maximum-Likelihood-Methode 114
Mc Nemar Test 167
Mengenlehre 19
Messfehler 49
Metaanalyse 211
Methode der kleinsten Quadrate 114
Mittelwertvergleiche 138, 217
    multiple 192
Mixed model 200
Modus bei Zufallsvariablen 59
Momente von Zufallsvariablen 65
Morgan-Pitman-Test 144
Multinomialverteilung 40
Multiple Mittelwertvergleiche 192
Multivariate Verfahren 217
Münzwurf 36, 58

Neyman-Pearson Schule 211
Nichtlineare Modelle 218
Nominalskalenniveau 157, 164
Nonparametrische Verfahren 158
Normalverteilung
Normalverteilung 47, 149
    Berechnung von W. 50
    Bivariate 147
    Dichte 50
    Eigenschaften 52
    Erwartungswert 62
    Parameter 50
    Streuung und Varianz 66
    Satndardnormalverteilung 50
    Tabelle 223
    Test 169, 171
    Verteilungsfunktion 48
Nullhypothese 124

Parameter 102, 105
Parameterschätzung 105
    Methoden 114
Parametrische Verfahren 157

Permutation 33
    mit Wiederholung 34
    ohne Wiederholung 34
Poissonverteilung 41
    Erwartungswert 62
    Streuung 66
Population 101, 220
Post hoc Analysen 192
Power 207
Progressive Entscheidung 216
Prüfgrößen 125
    Verteilung 149
p-Wert 125, 127, 135, 182

Quadratsummen 177
    innerhalb 178
    zwischen 178
Quadratsummenzerlegung 184, 195
    Typ I-IV 202

Random factor 200
Randomisierung 81, 137, 213
Randomisierungstest nach Fisher 155
Rangbindungen 160
Rangsummen 160
Rangtests 158, 163
    bei abhängigen Stichproben 161
    bei unabhängig. Stichproben 159
Rangvarianzanalyse 182, 200
Regression bei Zufallsvariablen 94
Regressionskoeffizienten testen 148
Relative Häufigkeit 27
Repräsentativität 104
    spezifische 104
Resampling Verfahren 154
Robustheit 147, 214
Roulettespiel 80

Satz der totalen Wahrscheinlichk. 82
Satz von Bayes 84
Schätzer 111
    des Erwartungswertes 60
    der Populationsvarianz 112
    des Populationsmittelwertes 112
    des Standardfehlers 113
    effiziente 112
    erwartungstreue 111
    konsistente 111
    suffiziente 112

Schätzung von Wahrscheinlichkeiten
    27, 60
Scheffé Test 192
Schiefe von Zufallsvariablen 65
Schließende Statistik 100
Schnittmenge 19
Shapiro-Wilks-Test 171
Signifikanz 217
    praktische 206
Signifikanzniveau 127, 133, 135
Signifikanztest 124, 131, 207
    einseitig 131
Skalenniveau 157
SPSS 10, 189
Standardabweichung 65
Standardfehler 109, 111
    anderer Kennwerte 111
    des Mittelwertes 109
    Schätzung 113
Standardnormalverteilung 50
    Tabelle 223
Standardschätzfehler 109
Statistik
    Auswahl von Verfahren 215
    Möglichkeiten und Grenzen 214
Statistische Entscheidungen 127
    Fehler 128, 219
Statistisches Modell 214
Stichprobe 101
    repräsentative 104
    unabhängige 183
    Stichprobenfehler 17, 103
    Stichprobengröße 207
    Stichprobenkennwertevert. 105
Stichprobenverteilung 105
Stochastische Abhängigkeit
    von Ereignissen 75
    von Zufallsvariablen 77
Stochastische Unabhängigkeit 77
    von Zufallsvariablen 81
    Multiplikationsregel 78

t-Test für abhängige Stichproben 141
    für unabhängige Stichproben 138
    Prüfgröße (abh. Stichpr.) 143
    Prüfgröße (unabh. Stichpr.) 139
t-Verteilung 117, 152
    Tabelle 224

Teilmenge 19
Testen einer Korrelation 145
Teststärke 207
Treatment 137
Tukey Test 192

Unabhängige Variable 137
Unabhängigkeit
    stochastische 75, 77
    regressive 93
    von Stichproben 183
Unterschiede 100, 137
Urnenmodell 101
U-Test 161

Varianz von Zufallsvariablen 63
    Rechenregeln 66
Varianzanalyse 175
    Darstellung der Ergebnisse 182
    einfaktoriell 176
    mit Messwiederholung 199
    MANOVA (multivariat) 200
    Prüfgröße 178
    ungleich große Stichproben 183
    Voraussetzung einfakt. VA 182
    zwei- und mehrfaktoriell 193
Varianzentest 144
Venn-Diagramm 19
Vereinigungsmenge 19
Verteilung
    diskrete und stetige 43
    von Prüfgrößen 149
    von Zufallsvariablen 56
Verteilungsfreie Verfahren 157
Verteilungsfunktion 50, 67
    bei stetigen Zufallsvariablen 68
Verteilungsgebundene Verfahren 158
Verteilungstests 168
Verteilungsvoraussetzungen 157
Vertrauensintervall 115
    Standardfehler geschätzt 117
    für Populationsmittelwert μ 116
    für sonstige Kennwerte 120
Vorzeichentest 161

Wahrer Wert 102
Wahrscheinlichkeit 22, 23, 94
    bedingte 71
    Irrtums- 123, 128
    nach Laplace 29
    Rechenregeln 23
    Satz der totalen W. 82
    subjektive 95
Wahrscheinlichkeitsdichte 46, 68
Wahrscheinlichkeitsverteilung 23, 29
    diskrete 43
    stetige 43
Wilcoxon-Test 159
    unabhängige Stichproben 159
    abhängige Stichproben 161
Würfelexperiment 29

Zeitreihenanalysen 218
Zentraler Grenzwertsatz 109
Ziegenproblem 74
z-Transformation 50, 51, 116
Zufall 21
Zufällige Ereignisse 18
Zufallsexperiment 25, 57
    diskretes 42
    stetiges 43
Zufallsstichprobe 104
Zufallsvariable 56
    Definition 57
    Erwartungswert 60
    Kennwerte der Verteilung 59
    numerische 59
    Standardabweichung 65
    stochastische Abhängigkeit 91
    stochastische Unabhängigkeit 91
    Varianz 63
Zusammenhänge 100
    testen 145

Schlusswort

Zum Abschluss möchten die Autoren noch einmal die gesamte Tücke und Schwierigkeit statistischen Arbeitens hervorheben. Wie schwer das Handwerk sein kann, zeigt eine Meldung der *Eifeler Nachrichten* aus dem Jahr 1995 über die damals gerade veröffentlichte Kriminalstatistik:

> „Die schlechte Nachricht: Im Gegensatz zu 1994, wo noch nicht einmal jeder zweite Straftäter in der Eifel unter 21 war, war es 1995 jeder dritte."

In diesem Sinne wünschen wir Ihnen gutes Gelingen!

Christof Nachtigall & Markus Wirtz